应用型高等院校改革创新示范教材

Python 程序设计与应用
（第二版）

主　编　张广渊

副主编　倪　燃

中国水利水电出版社

www.waterpub.com.cn

·北京·

内 容 提 要

本书是一本基础性强、可读性好、适合入门的 Python 语言教材。读者通过本书的学习能够快速掌握 Python 语言的入门知识，并通过实践项目学习了解项目的基本开发流程和常用第三方库的使用。

本书内容分为两大部分，第一部分基础知识，共 10 章：绪论，Python 编程环境搭建，Python 程序设计入门，程序控制，列表、元组、字典、集合，函数，模块，文件，面向对象程序设计，异常处理；第二部分项目实践，共 5 个项目：根据函数绘制曲线、办公自动化程序设计、网页数据下载与处理（网络爬虫）、Django+MySQL Web 开发和二手房价格预测。

本书面向软件编程入门级读者，也适合具备一定基础，开始学习第三方库的使用和初级项目实施的读者，还可作为全国计算机等级考试（Python 语言）的参考书。

图书在版编目（CIP）数据

Python程序设计与应用 / 张广渊主编. -- 2版. --
北京 ： 中国水利水电出版社，2024.2
应用型高等院校改革创新示范教材
ISBN 978-7-5226-2368-9

Ⅰ. ①P… Ⅱ. ①张… Ⅲ. ①软件工具－程序设计－
高等学校－教材 Ⅳ. ①TP311.561

中国国家版本馆CIP数据核字(2024)第002747号

策划编辑：石永峰　　责任编辑：魏渊源　　加工编辑：张玉玲　　封面设计：苏敏

书　　名	应用型高等院校改革创新示范教材 Python 程序设计与应用（第二版） Python CHENGXU SHEJI YU YINGYONG
作　　者	主 编 张广渊 副主编 倪 燃
出版发行	中国水利水电出版社 （北京市海淀区玉渊潭南路 1 号 D 座　100038） 网址：www.waterpub.com.cn E-mail: mchannel@263.net（答疑） 　　　　 sales@mwr.gov.cn 电话：（010）68545888（营销中心）、82562819（组稿）
经　　售	北京科水图书销售有限公司 电话：（010）68545874、63202643 全国各地新华书店和相关出版物销售网点
排　　版	北京万水电子信息有限公司
印　　刷	三河市德贤弘印务有限公司
规　　格	184mm×260mm　16 开本　18 印张　461 千字
版　　次	2019 年 3 月第 1 版　2019 年 3 月第 1 次印刷 2024 年 2 月第 2 版　2024 年 2 月第 1 次印刷
印　　数	0001—3000 册
定　　价	54.00 元

第二版前言

Python 语言已成为目前最受欢迎的语言之一，其生态链应用也越来越广泛，从绘制图形到词频统计，从图像处理到 Web 开发，从科学计算到嵌入式开发，越来越多的场景可以使用 Python 语言来解决。尤其是人工智能时代的到来，调用方便、科学计算功能强大依旧使 Python 在 AI 领域拥有最强大的竞争力，可以说 Python 语言就是人工智能领域的 BASIC 语言。

本书的编写旨在推动把 Python 语言教学作为应用型本科大学相关专业公共基础课程来进行教授。本书在内容编写上分为两部分：第一部分基础知识，通过浅显易懂的语言结合丰富的配图让编程初学者快速入门，掌握 Python 语言；第二部分项目实践，通过设计项目实践环节初步展现解决问题的过程和方法，让初学者能够使用编程思维解决问题，并通过项目实施了解项目的开发流程，掌握常用第三方库的使用。因此，本书既可以面向计算机软件编程零基础和刚入门的读者，也适用于具备一定基础，开始学习第三方库使用和初级项目实施的读者。

本书围绕全国计算机等级考试 Python 语言考试大纲在内容上做了对应的编排，覆盖了大纲所要求掌握的内容范围，基础知识部分每一章的后面都附有适量习题，可作为全国计算机等级考试（Python 语言）的参考书。

全书分两部分共 15 章。第一部分基础知识，共 10 章：第 1 章阐述计算机的基本概念、软硬件的发展历史和现状，并对 Python 语言的基本概念和特点作了介绍；第 2 章介绍 Python 编程环境的搭建，主要包括 Anaconda、IDLE 和 PyCharm 三种常用环境的搭建与使用；第 3 章介绍 Python 语言基本内容，主要包括标识符、基本运算、赋值、字符串操作和内置函数等；第 4 章主要介绍选择和循环等程序控制结构；第 5 章介绍 Python 语言常用的四种结构，即列表、元组、字典和集合；第 6 章介绍函数的使用、参数的传递、全局变量和局部变量的使用；第 7 章介绍模块、包和第三方库的引入和使用；第 8 章介绍文件的基本操作，并对 CSV 文件和 Excel 文件在 Python 中的读写调用进行了详细叙述；第 9 章对面向对象程序设计方法进行了描述；第 10 章专门围绕异常处理进行了详细描述。

第二部分项目实践，分 5 个项目进行练习：项目 1 主要是绘制图形和项目的打包发布任务，包含 turtle、matplotlib 等第三方库的介绍；项目 2 介绍了使用 Python 实现按需求批量生成电子表格、表格数据分类及处理、Excel 和 Word 文件的批量处理及格式转换等任务，包含 openpyxl、python-docx、docxcompose、comtypes 等第三方库；项目 3 设计了一个网页爬虫任务，通过项目实施实现对 urllib、etree、xpath、time、Pandas、jieba、wordcloud 等第三方库的介绍和使用；项目 4 基于 Django 框架和 MySQL 数据库实现了一个简单的基于动态数据展示的 Web 应用；项目 5 设计实现了一个基于图形用户界面（GUI）的二手房价格预测程序，包含 tkinter、requests、bs4、pypinyin、pandas、re、sklearn、matplotlib、seaborn 等库的基本使用方法，通过爬取到的二手房数据做预处理，训练一个预测模型，得到房源的预测价格。

本书由张广渊任主编，倪燃任副主编，其中第 1 章、第 10 章由张广渊编写，第 2 章、第 11 章和第 12 章由倪燃编写，第 3 章由吴昌平、赵慧编写，第 4 章由吴昌平、杨海编写，第 5 章由李凤云、杨海编写，第 6 章由朱振方、吴媚编写，第 7 章由朱振方、罗晨编写，第 8 章由李凤云、罗晨编写，第 9 章由赵慧编写，第 13 章由李凤云编写，第 14 章由朱振方编写，第 15 章由王嘉月编写，全书由张广渊统稿。

本书内容基于 Python3 编写，所有源程序代码均在 Python3 编程环境下运行通过。

由于编者水平有限，书中难免有疏漏甚至错误之处，恳请读者批评指正。

编 者

2023 年 8 月

第一版前言

Python 语言已成为目前最受欢迎的计算机语言之一，其生态链应用也越来越广泛，从绘制图形到词频统计，从图像处理到 Web 开发，从科学计算到嵌入式开发，越来越多的场景可以使用 Python 语言来解决。尤其是人工智能时代的到来，调用方便、科学计算功能强大的 Python 依旧在 AI 领域拥有最强大的竞争力，可以说，Python 语言就是人工智能领域的 BASIC 语言。

本书的编写旨在推动 Python 语言教学作为应用型本科大学相关专业的公共基础课程来进行教授。本书内容分为两大部分：第一部分是 Python 语言编程基础知识，通过浅显易懂的语言结合丰富的配图，使得编程初学者能够快速入门掌握 Python 语言；第二部分是项目实践，通过设计项目实践环节，初步展现解决问题的过程和方法，使初学者能够使用编程思维解决问题，并通过项目实施了解简单项目的开发流程，掌握一些常用第三方库的使用。因此，本书既面向计算机软件编程零基础和刚入门的读者，也适用于具备一定基础、开始学习第三方库的使用和初级项目实施的读者。

本书依据全国计算机等级考试 Python 语言考试大纲在内容上做了对应的编排，覆盖了大纲所要求掌握的内容范围，在基础知识部分各章的后面都附有大量的习题可供练习，可作为参加全国计算机等级考试 Python 语言考试的参考用书。

本书第一部分基础知识共分 10 章。第 1 章阐述了计算机的基本概念、软硬件的发展历史和现状，并对 Python 语言的基本概念和特点作了介绍；第 2 章介绍了 Python 编程环境的搭建，主要包括 Anaconda、IDLE 和 PyCharm 三种常用环境的搭建和使用；第 3 章介绍了 Python 语言基本内容，主要包括标识符、基本运算、赋值、字符串操作和内置函数的介绍；第 4 章主要介绍选择和循环等程序控制结构；第 5 章介绍了 Python 语言常用的四种结构，包括列表、元组、字典和集合；第 6 章介绍了函数的使用、参数的传递以及全局变量和局部变量的使用；第 7 章介绍了模块、包和第三方库的引入和使用；第 8 章对面向对象程序设计方法进行了描述；第 9 章介绍了文件的基本操作，并对 CSV 文件和 Excel 文件在 Python 中的读写调用进行了详细叙述；第 10 章专门围绕异常处理进行了详细描述。

第二部分项目实践分 4 个项目进行练习。项目一主要是围绕如何绘制图形以及如何进行项目发布的任务来进行 turtle、matplotlib 和项目打包发布介绍；项目二设计实现对微信好友数据进行分析和绘制图表的任务；项目三设计了一个网页爬虫任务，通过项目实施实现对 urllib、etree、xpath、time、Pandas、jieba、wordCloud 等第三方库的介绍和使用；项目四基于 Django 框架和 MySQL 数据库，实现了一个简单的基于动态数据展示的 Web 应用。

本书第 1、10 章由张广渊编写，第 2、9 章、项目 1 和项目 2 由倪燃编写，第 3、4 章由吴昌平编写，第 5、8 章和项目 3 由李凤云编写，第 6、7 章和项目 4 由朱振方编写，全书由张广渊统稿。

本书内容基于 Python 3 编写，所有源程序代码均在 Python 3 编程环境下运行通过。Python 计算生态和资源可从 https://github.com/vinta/awesome-Python 获得。

由于编者水平有限，在本书编写过程中难免出现错误和疏漏，恳请广大读者批评指正。

编　者

2018 年 12 月

目　录

第二部分　项 目 实 践

第一部分　基 础 知 识

第1章　绪　　论

本章导读

本章从计算机发展历史开始介绍计算机的软硬件基本组成，使学生对计算机硬件和软件编程建立初步的概念。另外还对 Python 语言入门涉及的知识进行了介绍。

本章要点

- 计算机发展历史。
- 冯·诺依曼结构。
- 操作系统与应用软件。
- Python 语言介绍。

1.1　计算机发展历史

1.1.1　计算机的历史

1. 机械计算机

最早的计算工具是我国的算盘，距今已有 2000 多年的历史。人们按照一定的规则上下拨动算珠，可以进行不同类型的计算。

在 8—9 世纪，阿拉伯数字传入欧洲。在 15 世纪，John Napier 发明了奈氏骨牌，可以进行数值乘法。

第一台机械式计算器于 1642 年由 Blaise Pascal 实现，可以进行加法运算。1694 年由 Gottfried Wilhlem von Leibniz 实现的计算器除了能做加法，还能通过连续相加和移位实现乘法运算。

第一台商用机械计算器由 Charles Xavier Thomas 实现，可以做加减乘除的运算。

真正被认为是现代计算机前身的是 Baggage 在 1833 年对分析机的设想。该机可并行对 50 位十进制数字的数值进行操作，并可存储 1000 个这样的数。它包括输入设备、控制单元、处理机、存储器、输出设备等现代计算机所具备的器件。可惜由于加工的问题，该机最终没能实现。

Baggage 还提出了穿孔卡片的设想。穿孔卡片最终在 1890 年实现。穿孔卡片不仅仅提供了输入输出的方法，而且还是一种存储数字的存储器。它在计算机发展史上占有重要的地位，成为许多计算机公司的开端。著名的 IBM 公司的前身就是从穿孔卡片开始的。

2. 电子计算机

1942 年，物理学家 John V.Atanasoff 发明了第一台电子计算机。该计算机使用了现代数字开关技术。

第二次世界大战极大地推动了计算机的发展。在这种背景下，1946 年，John P.Eckert 和 John W.Mauchly 及同事建造了第一台电子计算机，即 ENIAC。该机使用了约 18000 个真空管，占地 167m^2，耗电达 180kW，采用卡片打孔作为 I/O，可运算 10 位数字，每秒可进行 300 次乘法运算。但运行不同的程序，ENIAC 要重新接线或设置开关。

对计算机进行编程的思想是 1945 年由数学家 John V.Neumann 提出的，其思想被称为"存储程序技术"。第一代可编程电子计算机出现在 1947 年，这些计算机使用了 RAM（随机存储器）存储程序和数据。

1.1.2　个人计算机的历史

1. 第 1 阶段

1971—1973 年是 4 位和 8 位低档微处理器时代，通常称为第 1 代，其典型产品是 Intel 4004 和 Intel 8008 微处理器和分别由它们组成的 MCS-4 和 MCS-8 微机。Intel 4004 是一种 4 位微处理器，由于功能有限，主要用于计算器、电动打字机、照相机、台秤、电视机等家用电器上，使这些电器设备具有了智能，从而提高它们的性能。Intel 8008 是世界上第一种 8 位的微处理器，存储器采用 PMOS 工艺，用于简单的控制场合。

2. 第 2 阶段

1974—1977 年是 8 位中高档微处理器时代，通常称为第 2 代，其典型产品是 Intel 8080/8085、Motorola 公司的 M6800、Zilog 公司的 Z80 等。它们的特点是采用 NMOS 工艺，集成度提高约 4 倍，运算速度提高约 10~15 倍（基本指令执行时间为 1~2μs），指令系统比较完善，具有典型的计算机体系结构和中断、DMA 等控制功能。它们均采用 NMOS 工艺，集成度约 9000 只晶体管，平均指令执行时间为 1~2μs，采用汇编语言、BASIC、Fortran 编程，使用单用户操作系统。

3. 第 3 阶段

1978—1984 年是 16 位微处理器时代，通常称为第 3 代，其典型产品是 Intel 公司的 8086/8088、Motorola 公司的 M68000、Zilog 公司的 Z8000 等微处理器。其特点是采用 HMOS 工艺，集成度（20000~70000 晶体管/片）和运算速度（基本指令执行时间为 0.5μs）都比第 2 代提高了一个数量级。指令系统更加丰富、完善，采用多级中断、多种寻址方式、段式存储机构、硬件乘除部件，并配置了软件系统。

1981 年 IBM 公司推出的个人计算机采用 8088 CPU。1982 年，Intel 公司在 8086 的基础上研制出了 80286 微处理器。1984 年，IBM 公司推出了以 80286 处理器为核心组成的 16 位增强型个人计算机 IBM PC/AT。由于 IBM 公司在发展个人计算机时采用了技术开放的策略，从而使个人计算机风靡世界。

4. 第 4 阶段

1985—1992 年是 32 位微处理器时代，又称为第 4 代，其典型产品是 Intel 公司的

80386/80486、Motorola 公司的 M69030/68040 等。其特点是采用 HMOS 或 CMOS 工艺,集成度高达 100 万晶体管/片,具有 32 位地址线和 32 位数据总线。每秒钟可完成 600 万条指令(Million Instructions Per Second,MIPS)。

1989 年,大家耳熟能详的 80486 芯片由 Intel 推出。这款经过四年开发、耗费 3 亿美元资金投入的芯片的伟大之处在于它首次突破了 100 万个晶体管的界限,集成了 120 万个晶体管,使用了 1μm 的制造工艺。80486 的时钟频率从 25MHz 逐步提高到 33MHz、40MHz、50MHz。

5. 第 5 阶段

1993—2005 年是奔腾(Pentium)系列微处理器时代,通常称为第 5 代,其典型产品是 Intel 公司的奔腾系列芯片及与之兼容的 AMD 的 K6 系列微处理器芯片。内部采用了超标量指令流水线结构,并具有相互独立的指令和数据高速缓存。随着 MMX(Multi Media eXtended)微处理器的出现,微机的发展在网络化、多媒体化和智能化等方面跨上了更高的台阶。

多能奔腾是继 Pentium 之后 Intel 又一个成功的产品,其生命力也相当顽强。多能奔腾在原 Pentium 的基础上进行了重大改进,增加了片内 16KB 数据缓存和 16KB 指令缓存、4 路写缓存、分支预测单元和返回堆栈技术。特别是新增加的 57 条 MMX 多媒体指令,使得多能奔腾即使在运行非 MMX 优化的程序时也比同主频的 Pentium CPU 要快得多。

1997 年推出的 Pentium II 处理器结合了 Intel MMX 技术,能以极高的效率处理影片、音效和绘图资料,首次采用 Single Edge Contact(S.E.C)匣型封装,内建了高速快取内存。这款芯片可让计算机用户获取、编辑和通过互联网与亲友分享数码相片,编辑与新增文字、音乐或制作家庭电影特效,使用视频电话或在网上传送影片。Intel Pentium II 处理器晶体管数目为 750 万个。

1999 年推出的 Pentium III 处理器加入 70 个新指令,加入的 SIMD 扩展指令集称为 MMX,能大幅提升视频、3D、音乐等应用的性能,还能大幅提升互联网的使用体验,让用户能浏览逼真的线上博物馆和商店,下载高品质影片。Intel 首次导入 0.25μm 技术,Intel Pentium III 晶体管数目约为 950 万个。

2000 年推出的 Pentium 4 处理器内建了 4200 万个晶体管,采用 0.18μm 的电路。Pentium 4 初期推出版本的速度就高达 1.5GHz,晶体管数目约为 4200 万个。

6. 第 6 阶段

2005 年至今是酷睿(Core)系列微处理器时代,通常称为第 6 代。"酷睿"是一款领先节能的新型微架构,设计的出发点是提供卓然出众的性能和能效,提高每瓦特性能,也就是所谓的能效比。早期的酷睿是基于笔记本处理器的。

2010 年 6 月,Intel 再次发布革命性的处理器——第 2 代酷睿 i3/i5/i7。Intel 在酷睿架构后推出了 Tick-Tock 战略,每两年升级一次工艺,每两年升级一次架构,每年都有新一代处理器问世。2018 年,第 8 代酷睿 i3/i5/i7 已占据市场主流,已有第 9 代酷睿处理器曝光。

1.2 软硬件基本知识

1.2.1 冯·诺依曼结构

PC(Personal Computer,个人计算机)是由硬件系统和软件系统两大部分组成的。

硬件（Hardware）是指实际的物理设备，包括计算机的主机及其外部设备。

软件（Software）是指实现算法的程序及其文档，包括计算机本身运行所需的系统软件（System Software）和用户完成特定任务所需的应用软件（Application Software）等。

1. PC 的硬件结构

冯·诺依曼（Von Neumann）提出的 EDVAC 方案明确提出电子计算机由运算器、控制器、存储器、输入设备和输出设备五部分构成，并描述了这五部分的功能和相互关系，提出了两个重要思想：存储程序和使用二进制。

一个复杂的运算，总可以分解成一系列简单的基本操作步骤。用计算机解题，首先应确定这个问题的算法，明确运算过程，然后用一系列计算机可直接执行的基本操作即指令组成的程序来实现这个过程。"存储程序"的思想是：把程序和所需数据事先以一定顺序存储在计算机的存储器中，运行时从存储器中逐一取出程序中的一条条指令，并实现其基本操作，最后达到解题的目的。存储程序摆脱了 ENIAC 那种烦琐费时的线路连接方法，使计算机的应用通用化，运行真正自动化。

（1）二进制。"二进制"的思想是指在计算机中，指令和数据都以二进制形式表示。计算机采用二进制，而不采用十进制，是因为二进制数据有以下一些主要特点：

1）二进制数容易表示。二进制数只含有两个数字 0 和 1，因此可用大量存在的具有两个不同稳定物理状态的元件来表示，例如可用指示灯的不亮和亮、继电器的断开和接通、晶体管的截止和导通、磁性元件的反向和正向剩磁、脉冲电位的低和高等来分别表示二进制数字的 0 和 1。计算机中采用具有两个稳定状态的电子或磁性元件表示二进制数，这比十进制的每一位要用具有 10 个不同的稳定状态的元件来表示实现起来要容易得多。同时，由于表示二进制数的元件的状态数少，故数据传送不易出错，工作稳定可靠。

2）二进制数的运算规则简单。二进制数的加法和乘法的运算规则都比十进制数简单得多，这使得计算机中的运算部件的结构也相应比较简单。它的加法规则和乘法规则都只有4 条：

0+0=0　0+1=1　1+0=1　1+1=10　0×0=0　0×1=0　1×0=0　1×1=1

实际上，由于二进制数的运算规则简单，它的算术运算都可通过移位和相加这两种简单的操作来实现，这就使得计算机的运算部件结构简单、运行可靠。

3）二进制可进行逻辑计算。因二进制数的两个数字 0 和 1 与逻辑代数的逻辑变量取值一样，故可采用二进制数进行逻辑运算。这样就可以运用逻辑代数作为工具来分析和设计计算机中的逻辑电路，使得逻辑代数成为计算机设计的数学基础。

这一思想冲破了 ENIAC 中仍采用的传统十进制的影响，使得计算机的存储容量大大增加，结构大为简化，运算速度大大提高。

为了和十进制区别，Python 在书面表示时，二进制采用 0b 或 0B 作为前缀，八进制采用0o 或 0O 作为前缀，十六进制采用 0x 或 0X 作为前缀。

（2）冯·诺依曼结构。"存储程序和程序控制"的思想是冯·诺依曼机的基本结构，即计算机硬件系统由运算器、控制器、存储器、输入设备和输出设备组成。到目前为止，几乎所有计算机的结构都是冯·诺依曼结构。

1）运算器。运算器（Arithmetic Unit）的主要功能是完成对数据的算术运算、逻辑运算和逻辑判断等操作。在控制器的控制下，它对取自存储器或寄存在其内部寄存器的数据进行算术或逻辑运算，其结果暂存于内部寄存器或送到存储器。

2）控制器。控制器（Control Unit）的主要作用是控制各部件的工作，使计算机自动地执行程序。它按存储顺序取出指令，并对指令进行分析，然后向各部件发出相应的控制信号，使这些部件协调动作，完成指令所规定的操作。这样逐一执行一系列指令，使计算机能够按照这一系列指令组成的程序的要求自动运行。

控制器和运算器合在一起成为中央处理器（Central Processing Unit，CPU），它是计算机的核心部件。

3）存储器。存储器（Memory）是用来存储程序和数据的部件。用户先通过输入设备把程序和数据存储在存储器中。运行时，控制器从存储器逐一取出指令加以分析，发出控制命令以完成指定的操作；根据控制命令，从存储器取出数据送到运算器中运算或把运算器中的结果送到存储器保存。由此可见，既可从存储器进行"读"，又可对存储器进行"写"。

衡量存储器的指标有三：一是存储容量，二是存储速度，三是价格。人们从未感到过存储容量已经够用，存储速度已经够快。因此存储器总是不断发展的，即其容量越来越大，速度越来越快，价格越来越低，体积越来越小，耗电越来越省，寿命越来越长。存储器的种类很多，有快有慢，有贵有贱。于是人们在进行存储系统的设计时，大都采用多种类型的存储器建立一个存储层次体系。因为速度快的存储器价格贵，容量就不能做得很大；价格便宜的存储器可以把容量做得很大，但它的存储速度却比较慢。因此，设计人员必须在容量、速度、价格三者之间进行权衡。

典型的存储层次包括高速缓冲存储器（Cache）、主存储器（Main Memory）、辅助存储器（Auxiliary Storage）、海量存储器（Mass Storage），存取速度由高到低依次排列。高速缓冲存储器采用速度很高的半导体静态存储器，有的微型计算机甚至把它和微处理器做在一起。主存储器的速度也比较高，常采用半导体动态存储器。辅助存储器则主要用硬磁盘或软磁盘，而海量存储器采用容量极大的磁带或光盘。粗略地分，存储器有内存和外存两个层次。

运算器、控制器、内存储器合起来称为计算机的主机。

4）输入设备和输出设备。输入（Input）设备能把程序、数据、图形、图像、声音、控制现场的模拟量等信息通过输入接口转换成计算机可以接收的电信号。常用的输入设备有键盘、鼠标器、操纵杆、卡片输入机、纸带输入机、光笔、语音识别装置、数字化仪、扫描仪、条形码阅读器、光学字符阅读机（Optical Character Reader，OCR）、调制解调器（Modem）及各种模/数（A/D）转换器等。输出（Output）设备能把计算机的运行结果或过程通过输出接口转换成人们所要求的直观形式或控制现场能接受的形式。常见的输出设备有显示器、打印机、绘图仪、卡片穿孔机、纸带穿孔机、语音合成装置、缩微胶卷输出设备、调制调解器及各种数/模（D/A）转换器等。

2. PC 系统的类型

PC 系统的类型可以从软件和硬件两个角度划分，我们在这里主要讨论从硬件方面划分的类型。

当 CPU 读取数据时，数据通过外部数据总线连接进入 CPU。不同的 CPU 有不同的数据总线宽度，主板为了连接数据源和 CPU，就必须设计与 CPU 总线宽度相匹配的总线。例如，如果 CPU 的数据总线宽度为 32 位，则主板的总线宽度也应该是 32 位，这样系统可以在单个周期内移动 32 位有效数据进出处理机。CPU 的数据总线宽度是主板和存储器系统设计的主要影响因素，它指明了在一个周期内有多少位能移入或移出芯片。486 系统具有 32 位 CPU 总线。Pentium 系列的 CPU 都具有 64 位的数据总线，即支持 Pentium 系列 CPU 的主板总线宽度也是 64 位。不能将 64 位的 CPU 用在 32 位的主板上。

因此，我们可以将 PC 系统按硬件分为 8 位、16 位、32 位和 64 位等类型。

3. PC 的系统部件

现代 PC 既简单又复杂。说它简单，是因为这些年来系统所用的许多元器件被集成为越来越少的组件；说它复杂，是因为现代 PC 系统中的每一个部件都完成了比以前系统中相同部件多得多的功能。

下面是组装一个现代计算机系统所需要的基本组件。

（1）主板。主板是系统的核心。所有的其他部件都通过主板相互连接。可用的主板有几种不同的外形和形状参数。主板上通常包含以下部件：CPU 插座、芯片组、存储器插槽、ROM BIOS、超级 I/O 芯片、总线槽、时钟、电池等。

芯片组中包含最重要的电路。芯片组控制着 CPU 总线、存储器、PCI 总线、ISA 总线、系统资源等。它体现了主板的主要特性和规范。

芯片组决定了系统能够支持什么样的 CPU、可以安装什么样的存储器、机器所能支持的最高频率是多少、系统采用何种外部总线。在主板上还有一个 ROM 存储芯片，用来存放 BIOS 信息，其中包括 POST 自检程序、自举装载程序和部分硬件的基本驱动程序等。

（2）CPU。CPU（中央处理单元）也称为中央处理器，可以说它是整个计算机的大脑，所有的指令和程序都是在这里执行的，它是在很小的硅片上集成了几百万个晶体管。计算机的性能和执行指令的速度很大程度上取决于它。

（3）存储器。这里的存储器指的是系统存储器，通常称为 RAM（随机存储器），用来保存 CPU 所需要的数据和指令。由于 RAM 本身的特性，在断电后所有的内容都会被清除。在重新打开电源后，需要重新装入程序和指令供 CPU 使用。计算机一开始装入的程序称为初始化程序，被存放在 ROM（只读存储器）中，ROM 不同于 RAM，它在断电后内容不会消失。

（4）显示适配器。现在的计算机都采用视频系统来显示与用户的交互信息，包括文本、图像和多媒体信息等。显示适配器（通常被称为显示卡或显卡）用来控制这些在屏幕上显示的信息。显示适配器有四个基本组成部件：显示主芯片、显示存储器（称为显存或视频 RAM）、数/模（D/A）转换器、视频 BIOS。显示主芯片通过向显示存储器中写入数据来控制在屏幕上显示的内容。

（5）显示器。显示器就是 PC 机和用户直接交互的屏幕，一般采用独立部件与机箱分离实现，也有的便携系统或原装 PC 机将显示器与机箱整合在一起。

（6）机箱。机箱（又称机壳或机架）是组成 PC 的基础，所有 PC 的其他部件都安装在机箱内。我们可根据不同的应用选择不同的机箱设计。

（7）电源。由于 PC 的各部件一般都要求直流供电，因此在 PC 机中我们需要一个电源转换器把 220V 交流电（有的国家市电标准是 110V 交流电）转换成各部件所要求的 3.3V、5V 或 12V 直流电。电源的质量对整个系统的稳定性有很大的影响。

（8）软盘驱动器/硬盘驱动器：软盘驱动器和硬盘驱动器都采用磁存储原理存储数据。软盘驱动器由于速度慢、容量小，已经被淘汰。硬盘驱动器的容量和读写速度要比软盘驱动器大和快。在现代 PC 中，操作系统以及绝大部分的应用软件都存放在硬盘驱动器中供系统使用。

硬盘驱动器不同的型号有不同的容量和其他特性。

（9）CD-ROM。CD-ROM 和 DVD-ROM 是大容量可更换介质的存储器。采用特殊的设备（一般采用刻录机）可以实现对盘片的写和重写，由于设备价格和介质价格的不断降低，在现在的 PC 中都有配置，而且在主板的 BIOS 中也提供了对 CD-ROM 的启动支持。

（10）声卡和音箱。在 PC 中加入声卡和音箱后就可以代替 PC 扬声器实现 PC 对声音的回放和处理。目前大部分的主板都集成有声卡，也有单独的声卡可供用户选择。高质量的声卡可提供高效的声音回放、精美的声音合成功能。

要使 PC 发出声音，需要为声卡连接音箱，一般建议采用有源音箱实现较高质量的声音回放。音箱是一个能将模拟电子脉冲信号转换成机械性的振动，并通过空气的振动再形成人耳可以听到的声音的装置。

（11）键盘。键盘目前是 PC 上的默认输入设备，用户通过键盘与 PC 实现信息的交互。键盘根据不同的应用有不同的布局、尺寸和外形，有些键盘还有专用的功能键和符号键。而且由于键盘采用标准接口与主机相连接，用户可以自由选择适合自己的键盘。

（12）鼠标。鼠标是另一种通用的输入设备，它是随着采用图形用户接口（GUI）的操作系统的出现而出现的。目前市场上也有其他类型的定位设备，但由于鼠标廉价、方便，因此应用最为广泛。标准鼠标由两个按键进行输入，也有的鼠标由三个按键和滚轮来实现更多的功能。

（13）其他可选硬件。计算机系统除了键盘和鼠标这些常用设备外，根据需要也可选取以下可选硬件，以便扩充其输入/输出功能：

1）扫描仪。扫描仪是一种主要用于图像输入的设备。其内部主要包括灯管、光电耦合器、机械传动结构、主控单元等。它工作时，主要是利用主控单元完成复杂的图像扫描和图像预处理运算，然后通过接口卡完成计算机和扫描仪之间的数据传输。常用的扫描仪有三种，即手持式扫描仪、台式扫描仪、滚筒式扫描仪。

2）打印机等设备。常用的打印机有三种，即针式打印机、喷墨打印机、激光打印机，它们的主要任务是在纸或者其他介质上输出可以永久保存的图形和文字。

1.2.2　计算机软件发展

面对只有硬件的计算机（称为裸机），人们只能用机器语言编制解题程序，这给计算机的应用带来了极大不便。如果要方便灵活地使用计算机解决实际问题，还必须给它配备各种软件。如果把计算机的硬件比作人的身躯，那么计算机的软件就是人的灵魂。计算机软件是相对于计算机硬件而言的。一般地说，软件是所有程序及数据结构的总称。1983 年，美国电气和电子工程学会明确地给软件下了这样一个定义：软件是计算机程序、方法、规则、相关的文档以及在计算机上运行它时所必需的数据。这一定义深刻阐明了软件的实质，也充分表明了软件与程序的区别。随着计算机硬件制造工艺技术的发展，硬件成本不断下降，而软件成本在整个计算机系统中所占的比重越来越大。

软件通常分为系统软件和应用软件两大类。系统软件是计算机设计制造者提供的使用和管理计算机的软件，包括操作系统、语言处理系统、数据库管理系统和常用服务程序等。应用软件是用户利用计算机提供的各种系统软件而开发的解决各种实际问题的软件。

1.　微机上的典型操作系统

在所有软件中，操作系统（Operating System，OS）是最基本、最重要的，它是对"裸机"

功能的第一次扩充，所有其他软件都必须通过操作系统对硬件功能进行再扩充，它们必须在操作系统的统一管理和支持下运行，可以说操作系统是硬件与其他软件的接口。用户不是直接使用计算机硬件资源，而是通过操作系统提供的命令去方便地操作计算机，所以它又是用户与计算机之间的接口。

操作系统的作用是控制和管理计算机的硬件资源（如中央处理器、存储器、打印机、调制解调器、鼠标等）和软件资源，从而提高计算机的利用率，方便用户使用计算机。

在微型计算机系统中，常用的操作系统有以下几个：

（1）PC-DOS（Personal Computer Disk Operating System）。最初是美国 Microsoft 公司专门为 IBM 的 PC 系列微型计算机开发并授权给 IBM 公司使用的一种单用户操作系统，1993 年 9 月协议失效后，IBM 不断推出高版本的 PC-DOS，而 Microsoft 则不断推出高版本的 MS-DOS，直到 MS-DOS6.22。

（2）UNIX。是美国贝尔实验室开发的通用多用户多任务交互式的操作系统，其源代码的 90% 以上以及绝大部分系统程序都是用 C 语言编写的，因而具有很好的可移植性。UNIX 最初适用于小型计算机，20 世纪 80 年代后，在大量有影响的大、中、小型机上都可以运行 UNIX，特别是以微机为硬件环境的分时系统进入市场后，UNIX 得到极大推广，各种 16 位、32 位微机竞相移植 UNIX，因而被公认为 32 位微机的主要操作系统。

（3）Windows。是 Microsoft（微软）公司推出的一种运行在 286 以上机型上的图形窗口式操作系统。1985 年 11 月，Windows 1.0 问世。1992 年 4 月，Microsoft 推出了 Windows 3.1。Windows 3.1 增加了 TrueType 字体，用户界面更加友好，并首次采用了对象链接与嵌入（Object Linking and Embedding，OLE）技术。从 1983 年提出设想，到 1994 年 Windows 3.11 问世，经历了十几年的风风雨雨，最终成为用户乐于使用的个人计算机操作系统，并主宰了个人计算机操作系统产品的市场。1995 年 8 月，Microsoft 推出最新的 Windows 95，它是一个真正的 32 位操作系统软件，正是因为 Windows 95 的推出，全世界计算机产业的发展更加迅速。现在还有 32/64 位的 Windows XP、Windows 7、Windows 8、Windows 10 等可供用户选择使用。

2．语言处理系统

语言处理系统由各种程序设计语言处理程序（亦称编译程序）组成，它位于操作系统的外层。语言处理程序分为三类：汇编程序、解释程序和编译程序。

（1）汇编程序。汇编程序（Assembler）是将汇编语言编写的源程序翻译加工成机器语言表示的目标程序的一种软件。汇编程序一般还提供查错、修改等功能，并对源程序中出现的伪指令等作相应的处理。

（2）解释程序。解释程序（Interpreter）将高级程序设计语言编写的源程序按动态的运行顺序逐句进行翻译并执行，即每翻译一句就产生一系列完成该语句功能的机器指令并立即执行这一系列机器指令，如此进行直至源程序运行结束。在这一过程中，若出现错误，则系统会显示出错信息，待修正后才能继续下去。解释程序的这种工作方式便于实现人机对话。

（3）编译程序。编译程序（Compiler）能将用高级程序设计语言编写的源程序翻译成用汇编语言或机器语言表示的目标程序。

编译程序把源程序翻译成目标程序一般经过词法分析、语法分析、中间代码生成、代码优化和目标代码生成五个阶段。

从以上所述可见，汇编程序和编译程序都产生目标程序，而解释程序不产生目标程序，解释程序可提供人机对话的工作方式，使得用户对源程序的调试、修改和扩充比较方便，但程序执行的速度比较慢；编译程序对源程序进行编译产生目标程序，将来执行的速度较快，但对源程序修改后必须重新编译。

3. 数据库系统

随着计算机在信息管理领域中日益广泛深入的应用，不仅产生了数据库系统（Database System），随之还出现了各种数据库管理系统（Database Management System，DBMS）。

数据库系统是一门综合的软件技术，它研究如何有效地组织数据和方便地处理数据。数据库系统是一个记载和维护数据信息的系统，它由数据、硬件、软件和用户四部分构成。

数据是数据库系统的重要资源。在系统中，一般把它组织成一些数据库存储，它具有冗余小、可共享等特点。所谓数据库，可理解成按一定的方式组织起来的操作数据的集合。

硬件是数据库系统的物质基础，包括存储系统中数据的存储设备以及有关的控制设备，如硬盘、光盘等。

软件是数据库管理系统。它是用户和物理数据库之间的接口，能把数据库的物理细节屏蔽起来，向用户提供一个使用方便灵活的友善的工作界面。

数据库管理系统是一组软件的集合，用来定义数据库，帮助和控制用户增加、删除、修改和检索数据时对数据库的访问和使用，提供数据独立性、完整性和安全性的保障。

4. 应用软件

在计算机硬件和系统软件的支持下，面向具体问题和具体用户的软件称为应用软件。应用软件是一些具有一定功能并满足一定要求的应用程序的组合。目前，一些应用软件有的已逐步标准化、模块化，形成了解决某类典型问题的应用程序组合，即软件包（Package），如财务管理软件包、统计软件包、运筹学软件包等。

随着计算机应用的日益广泛深入，各种应用软件的数量不断增加，质量日趋完善，使用更加灵活方便，通用性越来越强，人们只要学习一些基础知识和基本操作方法，就可以利用这些应用软件进行数据处理、文字处理、辅助设计等。

必须指出的是，如同软硬件的界限在不断变化一样，系统软件和应用软件之间也不存在明显的界限。

1.3 常用编程语言介绍

1.3.1 机器语言

计算机指令系统中的指令由 0 和 1 组成并且能被机器直接理解执行，它们被称为机器指令。机器指令的集合就是该计算机的机器语言，即计算机可以直接接收、理解的语言。机器语言能利用机器指令精确地描述算法，并且所编程序占用内存空间少、执行速度快。

但是我们已经看到，用机器语言编写程序是一件十分烦琐的工作，不仅要记住用 0、1 代码表示的各条指令的不同功能，而且这种全部由 0、1 代码组成的程序直观性很差，容易出错，阅读检查和修改调试都比较困难。

不仅如此，由于不同类型的计算机的指令系统不同，机器语言也不同。因此，机器语言是一种面向机器的语言。

1.3.2　汇编语言

为了解决机器语言使用不便等问题，20 世纪 50 年代中期，人们用一些英语单词及其缩写作为助记符来反映机器指令的功能和主要特征。用助记符来代替机器指令中操作指令中的操作码，便于理解和记忆，例如用 MOV 表示数据传送、ADD 表示加法、SUB 表示减法等；同时，用符号地址来代替机器指令中的操作数或操作数地址，例如 0CH 表示立即数 12、AL 表示寄存器 AL 等，于是就产生了汇编语言（Assembly Language）。

汇编语言是用助记符、符号地址、标号等符号来编写程序的语言。在汇编语言中，可以用比较直观的符号来表示机器指令的操作码、地址码、常量和变量等，所以它也被称为符号语言。

例如，一个汇编语言程序简例如下：

```
MOV   AL,0C
SUB   AL,05
HLT
```

这里，第一条指令语句表示把 12 传送（MOVe）到寄存器 AL 中；第二条指令语句表示把寄存器 AL 中的值减去（SUBtract）5，结果保留在寄存器 AL 中；第三条指令语句表示停止（HaLT）。显然这个汇编语言程序要比机器语言程序直观得多。

由于计算机只能接受、理解机器语言编写的机器语言程序，因此用汇编语言编写的汇编语言源程序是不能直接在计算机上运行的，必须先把它翻译成机器语言程序。把汇编语言源程序翻译加工成机器语言程序（目标程序）的过程称为汇编，这个工作是由汇编程序来完成的。

与机器语言一样，汇编语言也是面向机器的语言。一种汇编语言是为某种特定类型的计算机专门设计的，不同类型计算机的汇编语言不能通用。事实上，汇编语言中用助记符表示的指令语句与该计算机的机器指令基本上是一一对应的，汇编语言可以说是机器语言的符号表示。汇编语言与机器语言都依赖于机器，与计算机硬件直接相关，被称为低级程序设计语言，简称低级语言。

汇编语言较机器语言易于理解与记忆，并保持了机器语言程序占用存储空间少、执行速度快的优点；在有关过程控制和数据处理等问题的程序设计中，实时性要求较高的部分仍经常采用汇编语言。

1.3.3　高级程序设计语言

高级程序设计语言又称算法语言或高级语言。高级程序设计语言不再依赖机器，而是面向过程。换句话说，一般情况下，人们无须了解计算机的内部结构，只要选择适当的数据结构和正确的算法，就可以依照高级程序设计语言的语法规则编写能描述解题过程的程序。

高级程序设计语言很接近人们习惯使用的自然语言和数学语言。它允许用由英语单词组成的语句编写解题程序，程序中所用的各种运算符号、运算表达式与日常使用的数学式子相仿，因此容易被人们理解和使用。

用高级程序设计语言编写的程序不能直接在计算机上运行，必须先经过相应语言处理系统加工，才能在计算机上执行。

目前，已有数百种高级程序设计语言。这些语言各有特点，分别适用于编写某些方面的程序。应用比较广泛的有以下几种语言：

（1）FORTRAN（FORmula TRANslator）。由 IBM 公司于 1954 年推出，它是第一种高级语言，主要用于科学计算、数据分析，被称为 20 世纪 60 年代的语言，是美国的第一个国家标准语言。

（2）ALGOL（ALGOrithmic Language）。由 GAMM（德意志联邦共和国应用数学与力学协会）于 1958 年推出，也用于科学计算、数据分析，我国在 70~80 年代使用较多。ALGOL 语言是结构化语言的雏形。

（3）COBOL（COmmon Business Oriented Language）。在美国国防部组织下，由 CODASYL（COnference on Data System Language，数据库系统语言协会）推出，主要用来进行商业数据处理，是美国的第二个国家标准语言。

（4）Pascal 语言。是 1971 年由瑞士的 N.Wirth 教授推出的，堪称全能新秀，它是 ALGOL 语言的改进和发展，是完全的结构化语言，被称为 70 年代的语言。

（5）BASIC（Beginners All purpose Symbolic Instruction Code）语言。是美国的 J.G.Kemeny 和 T.E.Kurtz 教授于 1965 年推出的，作为一种入门语言，曾经在个人计算机上使用最多。

（6）LISP（LISt Processing language）。由 MIT 的 J.McCarthy 于 1980 年推出，称为表处理语言，曾经在人工智能中使用最多。

（7）PROLOG（PROgramming in LOGic）。由法国的 A Colmeraner 于 1972 年推出，在日本第五代计算机的 KIPS 计划中作为核心语言引起人们的普遍重视。

（8）C 语言。于 1973 年由贝尔实验室的 D.M.Ritchie 推出，作为 UNIX 操作系统的书写语言，正广泛运用于系统设计中，主要用于书写系统程序。而紧随其后的 C++是 Microsoft 公司开发的基于 C/C++的集成开发工具。它是一种应用较广泛的面向对象的程序设计语言，使用它可以实现面向对象的程序设计。而 C 语言只是 C++的一个子集，C++包含了 C 语言的全部内容，C++保持与 C 语言的兼容。现在所流行的 Visual C++是代码效率最高的 Windows 应用程序的开发工具，其编译器、调试器、连接器、编辑器、资源编辑器的功能特别强大，在编辑器中还提供了自动语句生成功能，编辑器会自动提示函数的参数、对象的参数、对象的成员。另外，Visual C++ 还提供了很多向导，用户可以利用它直接编写 Windows 应用程序。

（9）Visual BASIC for Windows 程序设计语言。由 Microsoft 公司于 1991 年推出，从而使得开发 Windows 应用软件变得简单、方便，利用它可以有效地开发出符合 Windows 风格的应用程序。Visual BASIC 是采用可视化工具、面向对象、事件驱动的高级程序设计语言。

（10）Java。是 Sun 公司于 1995 年推出的一种新的程序设计语言。虽然提出该语言的初衷与 Internet 无关，但它确实是借助 Internet 而流行开来的。

一般将机器语言称为第一代语言，汇编语言称为第二代语言，高级语言称为第三代语言。第四代语言是 20 世纪 70 年代后期开始出现的非过程化语言，如面向对象的程序设计语言等。

与硬件发展不同，语言的发展不是高一代取代低一代，而是多代共存。

1.4 Python 语言简介

1.4.1 Python 语言的历史

Python 语言最初是由 Guido von Rossum 创立的，Guido 是荷兰人，1982 年毕业于阿姆斯特丹大学，获得了数学和计算机硕士学位。1989 年，Guido 在荷兰的 CWI（Centrum voor Wiskunde en Informatica，国家数学和计算机科学研究院）工作，为了打发圣诞节假期，开始为 ABC 语言写一个插件，因此创立了 Python 语言。

ABC 语言是由荷兰的 CWI 开发的，当时 Guido 在 CWI 工作，并参与到 ABC 语言的开发。ABC 语言以教学为目的。与当时的大部分语言不同，ABC 语言的目标是"让用户感觉更好"。ABC 语言希望让编程语言变得容易阅读，容易使用，容易记忆，容易学习，并以此来激发人们学习编程的兴趣。在当时，ABC 语言编译器需要比较高配置的计算机才能运行，同时 ABC 语言在软件设计上也有许多问题，由于这些原因，尽管已经具备了良好的可读性和易用性，ABC 语言最终没有流行起来。

Python 的名字来自 Guido 非常喜欢的一部电视剧 Monty Python's Flying Circus。1991 年初，Python 发布了第一个公开发行版。Guido 希望能够创造一种介于 C 语言和 UNIX shell 脚本语言之间，功能全面、易学易用、可拓展的语言。

1.4.2　Python 语言的特点

Python 语言最大的特点就是具有丰富和强大的库。同时，它又常被昵称为胶水语言，能够把用其他语言（尤其是 C/C++）制作的各种模块很轻松地联结在一起。同时，Python 还具有下述鲜明的特点，正是这些特点使得 Python 迅速发展起来。

1. 使用方便

Python 是一种脚本语言，是解释型语言，这使其能够在各种不同的平台上运行。只要安装相应的解释器，既不需要复杂的设置和配置，也不需要进行编译链接，敲入的 Python 代码就可以直接运行起来。

2. 清晰易读

Python 语言使用缩进来表示程序中的嵌套关系，强制形成一致的编程风格；同时，其省略了变量的预定义，使其代码更接近自然语言的表达，这使得使用 Python 语言编写的程序非常容易读懂。

3. 功能丰富

Python 基于开源拥有非常强大的基本类库和数量众多的第三方扩展库，这使得人们要通过编程实现相应的功能变得非常简单，这也是 Python 得以流行的原因之一。

除此之外，Python 还具有实用化的面向对象编程特点，它用最简单的方法让编程者能够享受到面向对象带来的好处。即使作为脚本语言，Python 的执行速度并不慢。

1.4.3　Python 语言的应用

通常情况下，Python 被用来做数据分析。用 C 设计一些底层的算法进行封装，然后用 Python 进行调用。因为算法模块较为固定，所以用 Python 直接进行调用，方便且灵活，可以根据数据分析与统计的需要灵活使用。Python 也是一个比较完善的数据分析生态系统，其中 matplotlib 经常会被用来绘制数据图表，它是一个 2D 绘图工具，有着良好的跨平台交互特性。日常做描述统计用到的直方图、散点图、条形图等都会用到它，几行代码即可出图。我们日常看到的 K 线图、月线图也可用 matplotlib 绘制。如果在证券行业做数据分析，Python 是必不可少的。再如 Pandas 也是 Python 在做数据分析时常用的数据分析包，也是很好用的开源工具。Pandas 可对较为复杂的二维或三维数组进行计算，同时还可以处理关系型数据库中的数据。SciPy 可以解决很多科学计算的问题，如微分方程、矩阵解析、概率分布等数学问题。

Python 是 Web 开发的主流语言，Java 在 Web 开发中应用得已经较为广泛，原因是其有一套成熟的框架。但 Python 也具有独特的优势。比如 Python 相比于 JavaScript、PHP 在语言层面较为完备，而且对于同一个开发需求能够提供多种方案。库的内容丰富，使用方便。Python 在 Web 方面也有自己的框架，如 Django 和 Flask 等。可以说用 Python 开发的 Web 项目小而精，不仅支持最新的 XML 技术，而且数据处理的功能较为强大。

由于 Python 强大而丰富的库以及数据分析能力，其在人工智能方面的应用最为广泛。比如说在神经网络、深度学习方面，Python 都能够找到比较成熟的包来加以调用。而且 Python 是面向对象的动态语言，且适用于科学计算，这就使得 Python 在人工智能方面备受青睐。虽然人工智能程序不限于 Python，但依旧为 Python 提供了大量的 API，这也正是因为 Python 当中包含着较多的适用于人工智能的模块，如 sklearn 模块等。调用方便、科学计算功能强大依旧是 Python 在 AI 领域最强大的竞争力，可以说 Python 语言就是人工智能领域的 BASIC 语言。

除了上述应用之外，Python 语言还在游戏、搜索、嵌入式系统、移动开发等领域有广泛的应用。

练 习 一

一、选择题

1. 以存储程序原理为基础的冯·诺依曼结构的计算机一般都由五大功能部件组成，它们是（　　）。
   - A．运算器、控制器、存储器、输入设备和输出设备
   - B．运算器、累加器、寄存器、外围设备和主机
   - C．加法器、控制器、总线、寄存器和外围设备
   - D．运算器、存储器、控制器、总线和外围设备

2. 关于中央处理器，下列说法错误的是（　　）。
   - A．包括运算器
   - B．是计算机处理信息的核心
   - C．包括 CPU 和 ROM
   - D．又称 CPU

3. 以下不是高级语言的是（　　）。
   - A．汇编语言
   - B．C
   - C．PASCAL
   - D．Python

4. 以下不属于解释型语言的是（　　）。
   - A．BASIC
   - B．C
   - C．JavaScript
   - D．Python

5. 目前，在人工智能领域使用最广泛的语言是（　　）。
   - A．R
   - B．C
   - C．MATLAB
   - D．Python

6. 以下关于二进制整数的定义正确的是（　　）。
   - A．0bC3F
   - B．0B1019
   - C．0B1010
   - D．0b1708

二、填空题

1．冯·诺依曼结构的五大功能部件是：运算器、_____、_____、输入设备和输出设备。

2．Python 语言和 BASIC 语言一样，都属于_____型语言。

3．Python 语言中常用来绘制图表的第三方库是_____，常用来进行数据分析的第三方库是_____。

4．Python 语言的特点是_____、_____和_____。

第 2 章　Python 编程环境搭建

编程环境的搭建问题使得大多数 Python 初学者们头疼不已，本书推荐使用 Anaconda 来管理你的安装环境和各种工具包，你能够真正体会到"简单易学"这个词。

Anaconda 是一个用于科学计算的 Python 发行版，支持 Linux、Mac、Windows 系统。Anaconda 是在 conda（一个包管理器和环境管理器）上发展出来的，附带了一大批常用数据科学包，还提供了包管理与环境管理的功能，可以很方便地解决多版本 Python 并存、切换以及各种第三方包安装问题，使你可以不做任何设置即可立即开始 Python 编程。

在编辑器方面，本章主要介绍了 Anaconda 自带的 Spyder 编辑器，同时也对 Python 自带的 IDEL 编辑器和另一个强大的编辑器 PyCharm 进行了介绍。

- 熟悉 Anaconda、Spyder 下载安装及基本界面。
- 了解 IDLE 开发环境。

2.1　Anaconda 安装与 Python 编程界面

2.1.1　Anaconda 安装过程

1. 下载 Anaconda

Anaconda 可以从官方网站（https://www.anaconda.com/download/）下载，下载过程中请注意选择操作系统，我们以 3.10 版本为例介绍其下载和安装。Anaconda 的官网界面如图 2.1 所示，目前提供 Winodws（64 位）、Mac、Linux 版本的下载。

图 2.1　Anaconda 官方网站下载

在国内，也可以通过清华大学开源软件镜像站进行下载。

需要注意的是，如果你的操作系统是 Windows 7，则应选择 2021 年或之前发布的 Anaconda3.7 或 3.6 等版本下载，下载地址为 https://mirrors.tuna.tsinghua.edu.cn/anaconda/archive/。

目前 3.10 版本下载完成后安装文件图标如图 2.2 所示。

图 2.2　Anaconda3-2023.03-1-Windows-x86_64.exe 安装文件图标

2.　安装 Anaconda

图 2.3 至图 2.10 为整个 Anaconda 的完整安装过程，需要注意的是在选择安装目录时需要指定安装目录为全英文安装路径。

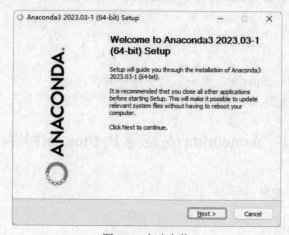

图 2.3　启动安装

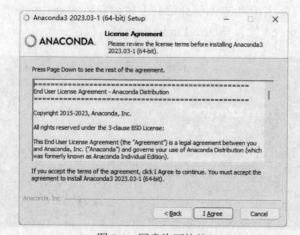

图 2.4　同意许可协议

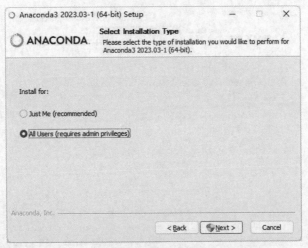

图 2.5　选择可见用户

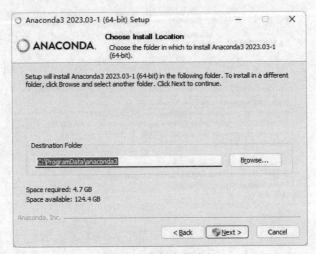

图 2.6　选择安装路径

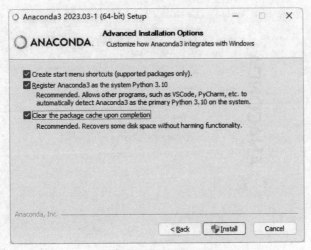

图 2.7　高级安装选项

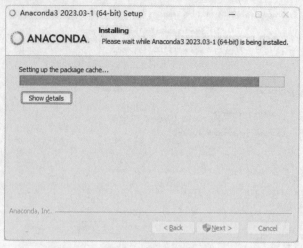

图 2.8 开始安装

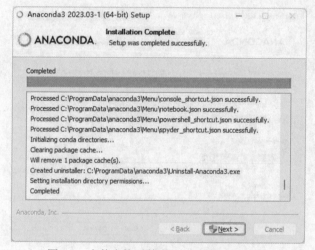

图 2.9 安装完毕后单击 Next 按钮完成安装

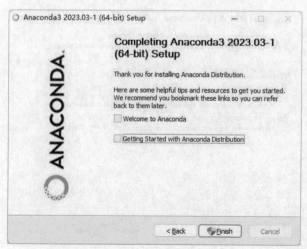

图 2.10 安装完成

3. 启动 Anaconda Navigator

Anaconda 安装后，在桌面上找到快捷图标或者在"开始"菜单中选择启动 Anaconda Navigator。启动后的界面如图 2.11 所示。

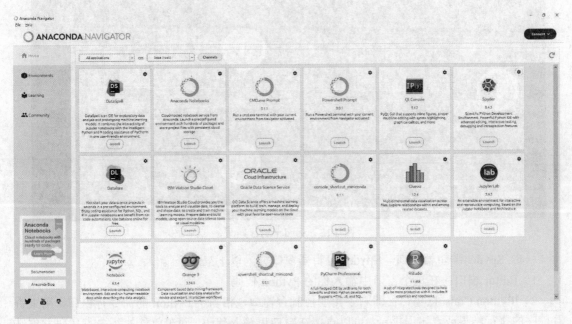

图 2.11　Anaconda Navigator

从界面中可以看到它包含多个应用程序，Anaconda Navigator 就是这些程序的导航入口。所以我们说 Anaconda 就像一个集成开发工具箱，将 Python 用到的所有工具都集成在里面，对于初学者来说不需要另外任何配置即可进行编程。下面介绍本书主要用到的编辑器 Spyder。

2.1.2　Anaconda 中的 Python 编辑器 Spyder

1. Spyder 基本窗口

如图 2.12 所示在 Anaconda Navigator 中单击 Spyder 下的 Launch 按钮或者在"开始"菜单中选择 Spyder，Anaconda 会为我们启动 Python 的编译工具 Spyder。启动后的 Spyder 如图 2.13 所示。

图 2.12　启动 Spyder

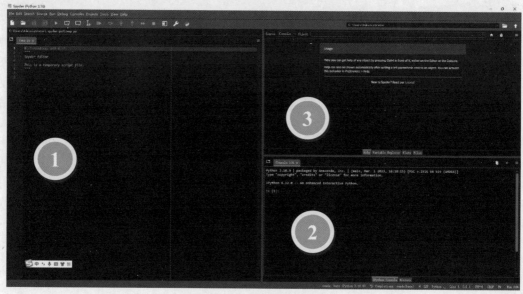

图 2.13　Spyder 运行界面

（1）Spyder 编辑器窗口。Spyder 编辑器窗口分为以下三个子窗口：

1）Editor 窗口：在这个窗口中输入你的 Python 代码。

2）IPython Console 窗口：即右下角的控制台窗口，相当于 Python 的命令行窗口，用来查看程序的执行结果或者错误提示，可以直接在窗口里输入代码，回车就能执行一行代码并将结果显示在这个窗口中，还可以选择查看历史 log。

3）variable explorer/file explorer/help 窗口：在这个窗口中可以显示现有的变量、文件和帮助。

（2）Spyder 工具条（图 2.14）。

图 2.14　Spyder 工具条

Spyder 有以下四个主要工具条：

1）文件工具条 ：创建、打开、保存 py 文件。

2）运行工具条 ：运行整个文件、运行当前代码块（cell）、运行当前代码块并转到下一代码块、运行选中代码，对应图标分别代表在菜单 Run 下的选项，如图 2.15 所示。

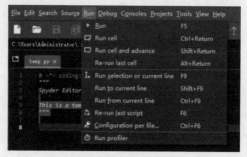

图 2.15　菜单 Run

在 Spyder 中，大家可以使用#%……%来对代码分块，而 run cell 就是运行这一块代码，快捷键为 Ctrl+Return。使用 Shift+Return 组合键可以运行当前 cell 并将光标移动到下一个 cell。使用 F9 快捷键可以运行选定的程序代码，使用 F6 快捷键可以重新执行上一次的代码。

3）调试工具条 ⏸▶ ↻ ↓ ↑ ▶▶ ■：分别代表在菜单 Debug 下的选项，如图 2.16 所示。

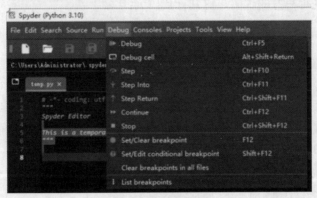

图 2.16　菜单 Debug

通过这个工具条可以方便地给代码添加断点并进行单步调试。

4）目录工具条 C:\Users\Administrator ✓ ▸ 📁 ⬆：在其中设定当前文件的保存目录，指定 file explorer 显示文件夹路径。

需要注意的是，当你的 Spyder 界面发生变更或控制面板被关闭时可单击 Tools 菜单下的 Reset Spyder to factory defaults 来恢复出厂默认设置。

此外，新版的 Spyder5 可以通过 Tools 菜单下的 Performance（偏好）在"应用程序"和"高级设置"的选项界面中将语言设置成"简体中文"，方便大家使用，如图 2.17 所示。

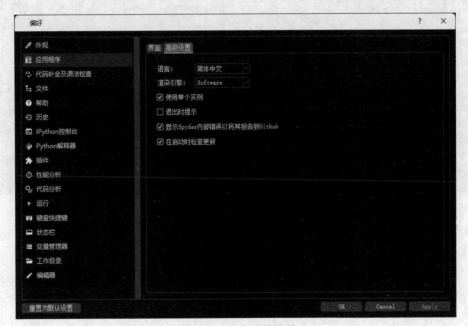

图 2.17　语言设置界面

下面我们就开始一个简单的 Python 程序编写。

2. 使用 Spyder 编写代码并运行

【例 2.1】使用 Spyder 编写变量定义、运算和输出并观察各窗口变化。

如图 2.18 所示，当启动 Spyder 后，Spyder 会自动创建一个 temp.py 的 python 代码源文件，同时在源文件中有几行写好的代码，这几行代码为：

```
#-*- coding: utf-8 -*-
"""
Spyder Editor

This is a temporary script file.
"""
```

第一行代码的作用是指定该代码文件的编码方式为 utf-8，后几行代码为对该文件的注释（注释采用三个双引号开始，三个双引号结束，中间部分均为注释部分），注释部分可以进行删除，但删除时需要注意整体删除（前后三引号及其中间部分），否则会影响代码运行。

继续在代码窗口中输入以下三行代码：

```
a=10
b=15
print(a+b)
```

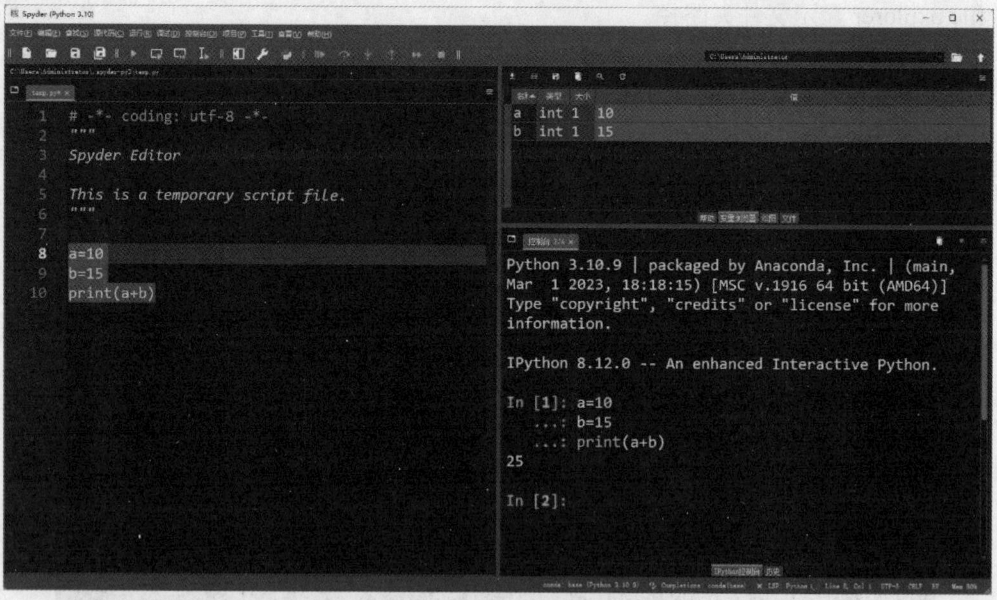

图 2.18 简单 Python 程序运行结果

选中三条语句，按 F9 快捷键或者单击工具条中的 按钮，程序执行该段代码。观察右侧控制台窗口和变量管理器窗口的变化。

注意，这里没有直接使用运行按钮，如果直接使用运行按钮，Spyder 将会把 temp.py 文件全部保存并从文件第一行运行至最后一行，通常在学习时会有多个代码段写在同一个 py 文件中的情况，因此推荐大家使用选中并按 F9 快捷键运行的方法，可以只运行选择部分的代码而不是全部文件中的代码。注意查看运行变化。

（1）控制台窗口变化（图 2.19）。

```
Python 3.10.9 | packaged by Anaconda, Inc. | (main,
Mar  1 2023, 18:18:15) [MSC v.1916 64 bit (AMD64)]
Type "copyright", "credits" or "license" for more
information.

IPython 8.12.0 -- An enhanced Interactive Python.

In [1]: a=10
   ...: b=15
   ...: print(a+b)
25

In [2]:
```

图 2.19　控制台窗口变化

这里

```
In[1]:   a=10
   …:   b=15
   …:   print(a+b)
```

表示 Python 开始执行这三条语句。

```
25
```

是执行的结果。

（2）变量管理器窗口。在右上方的窗口中单击变量管理器，可以看到我们使用 a=10 和 b=15 语句分别创建了两个整型（int 类型）变量并对它们进行了赋值，如图 2.20 所示。

图 2.20　创建整型变量

（3）使用 console 窗口直接运行。

【例 2.2】在控制台窗口中直接输入代码运行。

在右下侧的控制台窗口中，也可以通过输入命令的方式运行程序，如图 2.21 所示，在控制台窗口中输入

```
In [2]: c="hello"
```

并按回车键。观察变量管理器窗口，可以看到增加了一个 str 类型变量 c，其值为 "hello"。

继续输入代码

```
In [3]: d=" Tom"
In [4]: print c+d
```

此时，在命令行窗口中会显示如图 2.22 所示的一行信息。

```
In [4]: print c+d
  Cell In[4], line 1
    print c+d
          ^
SyntaxError: Missing parentheses in call to 'print'. Did you mean print(...)?
```

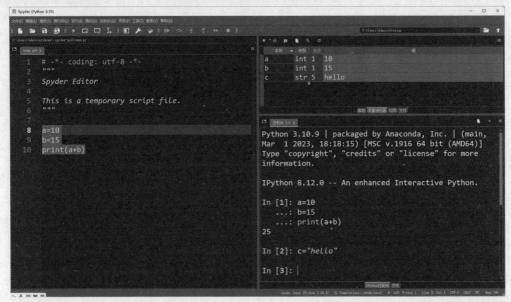

图 2.21　console 窗口中直接运行

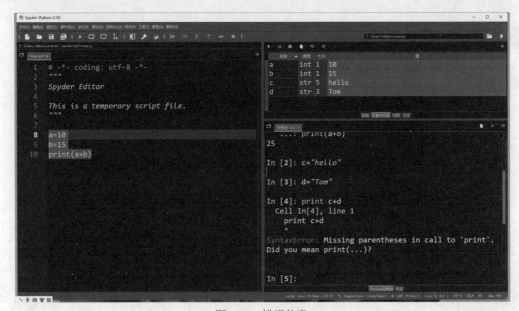

图 2.22　错误信息

此段表示在 print c+d 语句中有语法错误，正确的写法应该为 print(c+d)。
修改语句后继续执行，则得到正确的输出结果，如图 2.23 所示。

图 2.23　修改运行

注意：为表述方便，本书在 console 控制台中命令的写法均为以下表述：

```
>>> d=" Tom"
>>> print (c+d)
```

（4）在 console 中使用帮助。在 console 中，可以使用 help(参数)的方式来进行相关函数的帮助查询。这对初学者来说是一个非常方便的查找资料的方式。另外，当自己写函数的时候也需要注意帮助文件的编写。

其中 help 的参数可以是函数名、模块名、变量名等。

【例 2.3】在 console 窗口中使用帮助函数。

如图 2.24 所示，在 console 窗口中输入 help(print)并回车，可以将 print 的用法输出出来。

```
>>>help(print)
```

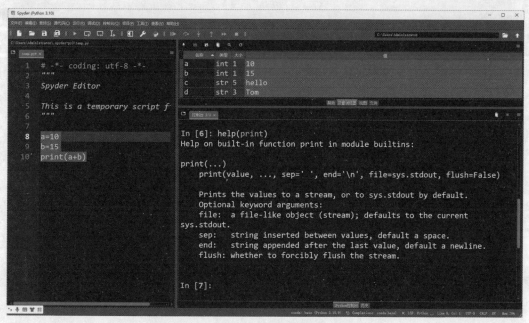

图 2.24　help 工具

2.2　Anaconda 其他常用功能

前面介绍过 Anaconda Navigator 是一个 Python 的工具箱，这里除了 Python 编程使用的 Spyder 之外，还包含了很多实用的工具。下面就对常用的工具和常用的包进行简单介绍。

2.2.1　常用应用程序及 pip 模块安装命令

在使用 Python 时，经常需要用到很多第三方库，如 MySQL 驱动程序、Web 框架 Flask、科学计算 Numpy 等，本节介绍第三方库的安装和使用方法。

1．使用 pip 安装第三方模块

在 Python 中，安装第三方模块是通过包管理工具 pip 完成的。在 Windows 环境下，确保安装时勾选了 pip 和 Add Python.exe to Path。在 console 窗口下尝试运行 pip，如果 Windows

提示未找到命令，可以重新运行安装程序添加 pip。

一般来说，第三方库都会在 Python 官方的 pypi.Python.org 网站注册，要安装一个第三方库，必须先知道该库的名称，可以在官网或者 pypi 上搜索，例如一个库的名称叫 Pillow，那么安装 Pillow 的命令就是

```
pip install Pillow
```

安装完毕后就可以使用 Pillow 库了。

2. 使用 Anaconda 安装第三方库

用 pip 一个一个安装第三方库费时费力，还需要考虑兼容性。我们推荐直接使用 Anaconda，当安装上 Anaconda 后就相当于把数十个第三方库模块自动安装好了，非常简单易用。

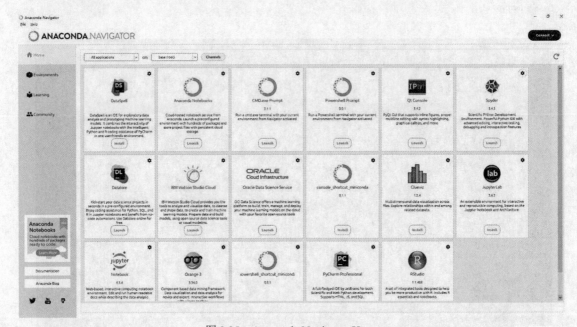

图 2.25　Anaconda Navigator Home

由图 2.25 看到，在 Anaconda Navigator 的 Home 界面中包含了若干已安装（带有 Launch 按钮）的和未安装（带有 Install 按钮）的应用。大家可以根据需要自行选择安装，其中 Jupyter Notebook 起初是 Python 代码的专属工具，Anaconda 一直致力于通过 JupyterLab 增强 Jupyter Notebook 的功能，使其更像是一个 IDE。因此，JupyterLab 是包含了 Jupyter Notebook 的一个超集。所以，在 Jupyter Notebook 中能做的事情，在 JupyterLab 中都可以做，而且能做的事情更多。它允许开发者打开多种格式的文件，这些文件中包含了他们可能用到的或者由代码产生的数据和其他资源。使用这个 IDE 进行程序设计的开发人员也很多。

2.2.2　常用科学包介绍

Anaconda 中包含了 190 多种科学包用于科学计算。这些包在 Anaconda Navigator 的 Learning 菜单中都有所介绍，如图 2.26 所示。里面包含了若干文档、训练、视频及其他文档文件。下面具体介绍几个常用工具包。

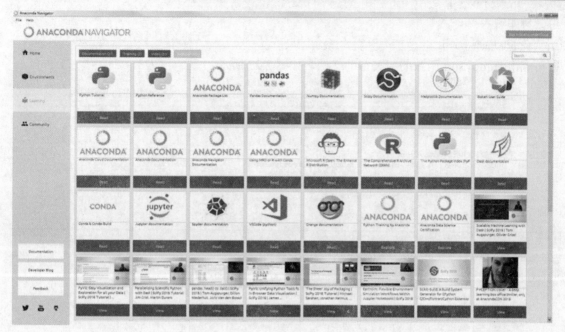

图 2.26　Anaconda Navigator Learning

1. NumPy

（1）NumPy 简介。NumPy 代表 Numeric Python，其前身就是 Numeric。它是一个由多维数组对象和用于处理数组的例程集合组成的库。2005 年，Travis Oliphant 通过将 Numarray 的功能集成到 Numeric 包中创建了 NumPy 包。这个开源项目有很多贡献者。

使用 NumPy，开发人员可以执行以下操作：

1）数组的算术和逻辑运算。

2）傅里叶变换和用于图形操作的例程。

3）与线性代数有关的操作。NumPy 拥有线性代数和随机数生成的内置函数。

NumPy 通常与 SciPy（Scientific Python）和 Matplotlib（绘图库）一起使用。

标准的 Python 发行版不会与 NumPy 模块捆绑在一起。可以使用 Python 包安装程序 pip 来安装 NumPy。

```
pip install numpy
```

Anaconda 安装好后自带 numpy 包。测试是否有安装 numpy 的方法可以直接在代码中导入 numpy 包，如下所示在 console 中输入

```
>>>Import numpy as np
```

回车后无错误提示即已安装成功，如果未安装，则会提示错误信息 ModuleNotFoundError。

（2）一个 numpy 的例子。NumPy 中提供了各种排序相关功能。这些排序函数实现不同的排序算法，每个排序算法的特征在于执行速度、最坏情况性能、所需的工作空间和算法的稳定性。这里选择一个 NumPy 的排序函数举例，本书后面涉及 numpy 包的时候会详细介绍。

在 console 中输入

```
>>>Import numpy
```

该语句对 numpy 包进行了引用，此时如果想查看相关函数的帮助文档，直接使用 help 即

可。例如输入

```
>>>help (numpy.sort)
```

即可调出 numpy.sort 函数的相关帮助文档，如图 2.27 所示。

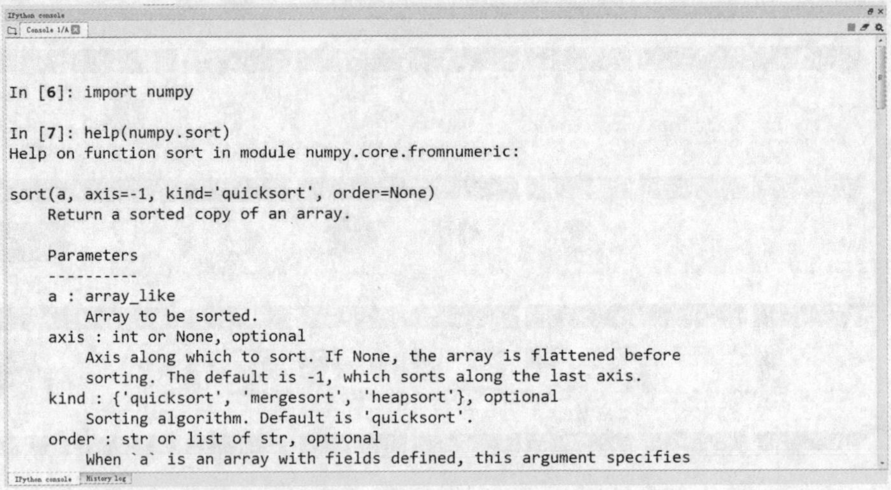

```
In [6]: import numpy

In [7]: help(numpy.sort)
Help on function sort in module numpy.core.fromnumeric:

sort(a, axis=-1, kind='quicksort', order=None)
    Return a sorted copy of an array.

    Parameters
    ----------
    a : array_like
        Array to be sorted.
    axis : int or None, optional
        Axis along which to sort. If None, the array is flattened before
        sorting. The default is -1, which sorts along the last axis.
    kind : {'quicksort', 'mergesort', 'heapsort'}, optional
        Sorting algorithm. Default is 'quicksort'.
    order : str or list of str, optional
        When `a` is an array with fields defined, this argument specifies
```

图 2.27　numpy.sort 函数的帮助文档

由帮助文档可以看出，numpy 的 sort()函数返回输入数组的排序副本。其格式如下：

```
numpy.sort(a, axis, kind, order)
```

其中，参数 a 是要排序的数组；参数 axis 是沿着它排序数组的轴，如果没有数组会被展开，沿着最后的轴排序；参数 kind 默认为'quicksort'（快速排序）；如果数组包含字段，参数 order 则是要排序的字段。

【例 2.4】使用 numpy 对数组进行排序，观察并分析 numpy 的 sort 功能。

在 editor 窗口中输入以下代码，选中后按 F9 快捷键：

```python
import numpy as np
a = np.array([[3,7],[9,1]])
print( "我们的数组是：" )
print( a )
print( "\n" )
print( "调用 sort() 函数：" )
print( np.sort(a) )
print( "\n" )
print( "沿轴 0 排序：" )
print( np.sort(a, axis = 0) )
print( "\n" )
#在 sort 函数中排序字段
dt = np.dtype([("name", "S10"),("age", int)])
a = np.array([("raju",21),("anil",25),("ravi", 17), ("amar",27)], dtype = dt)
print( "我们的数组是：" )
print( a )
print( "\n" )
print( "按 name 排序：" )
print( np.sort(a, order = "name"))
```

此时得到运行结果如下：

```
我们的数组是：
[[3 7]
 [9 1]]

调用 sort() 函数：
[[3 7]
 [1 9]]

沿轴 0 排序：
[[3 1]
 [9 7]]

我们的数组是：
[('raju', 21) ('anil', 25) ('ravi', 17) ('amar', 27)]

按 name 排序：
[('amar', 27) ('anil', 25) ('raju', 21) ('ravi', 17)]
```

2. Pandas

（1）Pandas 简介。Pandas 是基于 NumPy 的一种工具，其全称是 Python Data Analysis Library，该工具是为了解决数据分析任务而创建的。Pandas 纳入了大量库和一些标准的数据模型，提供了高效操作大型数据集所需的工具。Pandas 提供了大量能使我们快速便捷地处理数据的函数和方法。你很快就会发现，它是使 Python 成为强大而高效的数据分析环境的重要因素之一。同样，在安装好 Anaconda 后会有自带的 Pandas 提供给用户使用。通过 import pandas 来测试并导入 pandas 包。

Pandas 基于两种数据类型：series 和 dataframe。

series 是一个一维的数据类型，其中每一个元素都有一个标签。标签可以是数字或者字符串。

dataframe 是一个二维的表结构。Pandas 的 dataframe 可以存储许多种不同的数据类型，并且每一个坐标轴都有自己的标签。你可以把它想象成一个 series 的字典项。

（2）Pandas 应用举例。Pandas 功能十分强大，这里不一一进行举例。可以通过 pandas 包进行各种类型的数据变换和数据分析，同时 Pandas 还有快速绘制图表功能。

【例 2.5】使用 Pandas 随机生成四组数据并绘制折线图

例如在 Editor 中加入代码

```
import pandas as pd
import numpy as np

df = pd.DataFrame(np.random.randn(10,4),index=pd.date_range('2018/12/18',
    periods=10), columns=list('ABCD'))
df.plot()
```

运行后，可以得到如图 2.28 所示的图像。

其中，ABCD 为随机生成的 Dataframe。

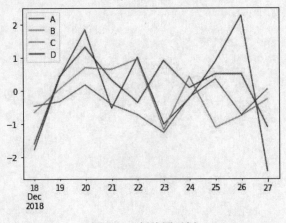

图 2.28　折线图示例

3. Matplotlib

Matplotlib 是一个 Python 的绘图库，它以各种硬拷贝格式和跨平台的交互式环境生成出版质量级别的图形。

【例 2.6】利用 Matplotlib 进行绘图。

输入以下代码：

```
import matplotlib.pyplot as plt
import numpy as np
from mpl_toolkits.mplot3d import Axes3D
fig = plt.figure(figsize=(12, 8))
ax = Axes3D(fig)

#生成 X, Y
X = np.arange(-4, 4, 0.25)
Y = np.arange(-4, 4, 0.25)
X,Y = np.meshgrid(X, Y)
R = np.sqrt(X**2 + Y**2)

#height value
Z = np.sin(R)

#绘图
#rstride(row)和 cstride(column)表示的是行列的跨度
ax.plot_surface(X, Y, Z,
                rstride=1,    #行的跨度
                cstride=1,    #列的跨度
                cmap=plt.get_cmap('rainbow')    #颜色映射样式设置
                )

#offset 表示距离 zdir 的轴距离
ax.contourf(X, Y, Z, zdir='z', offest=-2, cmap='rainbow')
ax.set_zlim(-2, 2)

plt.show()
```

代码运行后可以生成看上去很专业的一个三维图形，如图 2.29 所示。

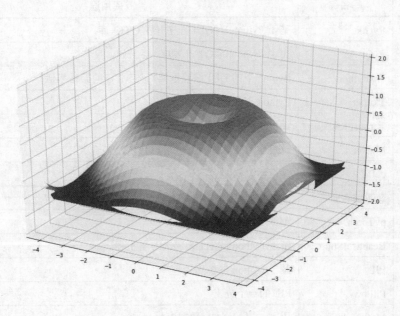

图 2.29　三维图形示例

Python 还有很多其他的第三方库提供各种功能服务和支持，表 2.1 给出了常用的第三方库及其功能。

表 2.1　常用第三方库

分类	库名称	库用途
Web 框架	Django	开源 Web 开发框架，鼓励快速开发，并遵循 MVC 设计，开发周期短
	ActiveGrid	企业级的 Web 2.0 解决方案
	Karrigell	简单的 Web 框架，自身包含了 Web 服务、py 脚本引擎和纯 Python 的数据库 PyDBLite
	webpy	Web 框架
	CherryPy	基于 Python 的 Web 应用程序开发框架
	Pylons	基于 Python 的一个高效和可靠的 Web 开发框架
	Zope	开源的 Web 应用服务器
	TurboGears	基于 Python 的 MVC 风格的 Web 应用程序框架
	Twisted	网络编程库，大型 Web 框架
	Quixote	Web 开发框架
科学计算	Matplotlib	用 Python 实现的类 MATLAB 的第三方库，用以绘制一些高质量的数学二维图形
	SciPy	基于 Python 的 MATLAB 实现
	NumPy	基于 Python 的科学计算第三方库，提供了矩阵、线性代数、傅里叶变换等解决方案

分类	库名称	库用途
GUI	PyGtk	基于 Python 的 GUI 程序开发 GTK+库
	PyQt	用于 Python 的 QT 开发库
	WxPython	Python 下的 GUI 编程框架，与 MFC 的架构相似
	Tkinter	Python 下标准的界面编程包
机器学习	TensorFlow	深度学习框架
	MxNet	深度学习开源库
	caffe	深度学习框架
	sciket-learn	SciPy 的面向机器学习的分支
	pyTorch	AI 科学计算包
其他	BeautifulSoup	基于 Python 的 HTML/XML 解析器
	PIL	基于 Python 的图像处理库
	Pillow	PIL 的一个分支
	MySQLdb	用于连接 MySQL 数据库
	PyGame	基于 Python 的多媒体开发和游戏软件开发模块
	Py2exe	将 Python 脚本转换为 Windows 上可以独立运行的可执行程序
	pefile	Windows PE 文件解析器

2.3　了解 IDLE 开发环境

从 Python 的官网下载 Python 安装包并安装后会自带一个集成开发环境 IDLE，初学者可以利用它方便地创建、运行、测试和调试 Python 程序。

注意：Anaconda 中集成了 Python，不需要再下载安装。

Python 官网地址为 https://www.python.org/，可以在官网中查看到 Python 最新源码、二进制文档、新闻资讯等。

Python 文档下载地址为 https://www.python.org/doc/，同样根据 Python 版本与操作系统需求选择下载安装相应的安装包文件。

例如，对于 64 位 Windows 版的 Python3.x，可以登录网址 https://www.python.org/downloads/windows/，选择稳定版本安装，目前最新版本为 3.11.4，稳定版本为 Python3.10.12，需要注意的是该版本已不可在 Windows 7 或更早的操作系统下安装，如果你的操作系统是 Windows 7，需要选择 2021 年之前或更早的版本下载并安装，如图 2.30 所示。其版本主要区别在于：web-based installer 需要通过联网完成安装；executable installer 是可执行文件（*.exe）方式安装；embeddable zip file 为嵌入式版本，可以集成到其他应用中。

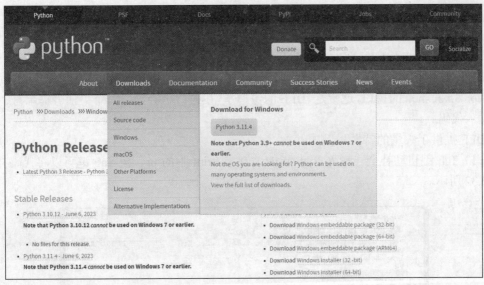

图 2.30　Python 官网下载 Python3

2.3.1　启动 IDLE

当安装好 Python 以后，IDLE 就自动安装好了，不需要另外去找。在"开始"菜单中选择 IDLE（Python3.x 64-bit）即可启动。

注意，如果已经安装好了 Anaconda，也就同样安装了对应版本的 IDLE 开发环境。在"开始菜"单中找到 Anaconda prompt，并在 prompt 窗口中输入 IDLE 后回车即可启动 IDLE。IDLE 运行界面如图 2.31 所示。

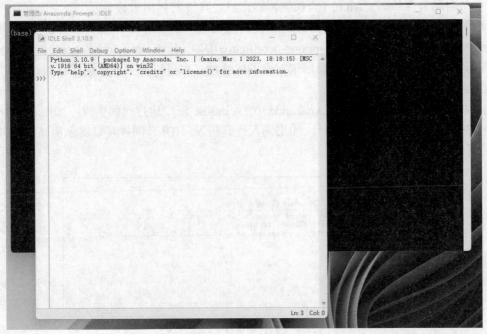

图 2.31　IDLE 运行界面

2.3.2　使用 IDLE 编写 Python 程序

1．IDLE（Python GUI）Python shell

IDLE 是一个功能完备的代码编辑器，允许在这个编辑器中编写代码。启动 IDLE 时会出现 Python 3.x.x shell 的窗口，这就是 IDLE 的窗口了，在窗口中会显示三个尖括号提示符(>>>)，可以输入代码。

IDLE 提供了大量的特性，例如：

（1）Tab 键自动补全。输入 Python 的关键字 Print 中的 pr，按 Tab 键可以将代码补全，如图 2.32 所示。

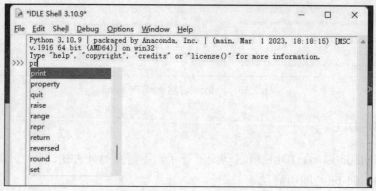

图 2.32　IDLE 使用技巧

（2）回退代码语句。当运行代码后，可使用 Alt+P 组合键回退到上一次编辑的 Python 代码。使用 Alt+N 组合键转入下一条代码。

（3）自动补全代码。Alt+/（查找编辑器内已经写过的代码来补全）。

（4）补全提示。Ctrl+Shift+Space 组合键的功能是，如果默认与输入法冲突，可以通过以下路径找到快捷键定义并修改：Options->configure IDLE…->Keys-> force-open-completions。

提示的时候只要按空格键就会出来对应的候选项，也可以按上下键进行自动补全。

2．在 Shell 中运行代码

IDLE 在 Shell 中运行代码与 Anaconda 中的 console 窗口运行代码类似，如图 2.33 所示，在提示符下直接输入代码即可执行。如果输入代码错误，IDLE 同样可以提示出错代码并给出错误分析。

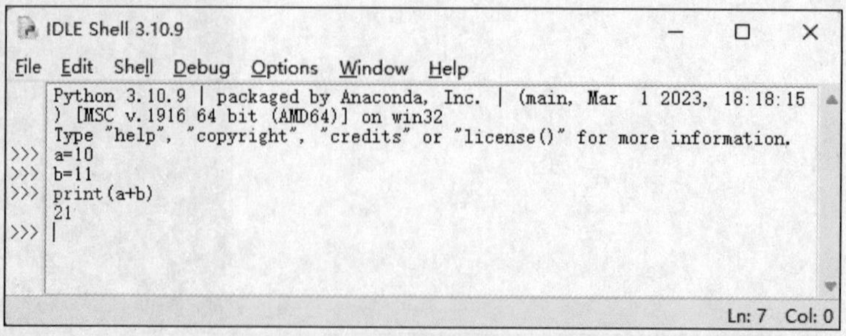

图 2.33　Shell 中运行 Python 代码

在 Shell 中，可以在 Debug 窗口中选择 Debugger 调出 Debug Control。通过此窗口可以随时查看变量、函数在运行过程中的状态，并进行断点调试，其界面如图 2.34 所示。

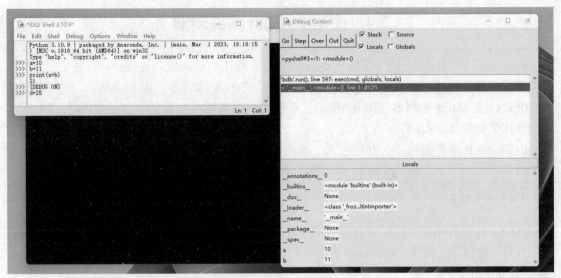

图 2.34　Debug Control 窗口

3. 创建 py 代码文件并运行

IDLE 也可以创建多行的 py 代码文件并批量执行代码。在 File 菜单下新建一个文件，IDLE 会重新打开一个代码编辑窗口，可以通过这个窗口编写代码并保存为 a.py，单击 Run→Run Module 来执行代码，执行代码时会自动弹出 IDLE Shell 并显示 input()函数里的输入提示信息"请输入 a 的值"，按代码提示输入 a、b 的值，程序继续运行输出 a+b 的结果。

运行过程如图 2.35 所示。

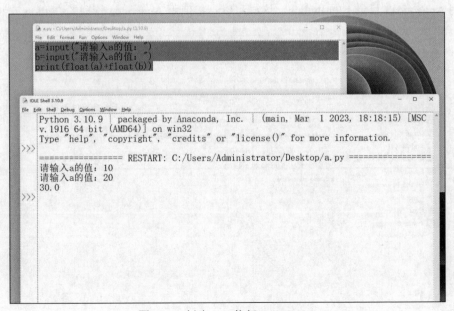

图 2.35　创建 a.py 执行 Run Module

同样，在 Run 菜单下可以利用 Check Module 来检查程序语法错误。另外，在执行过一次的 Shell 中可以直接通过 import a 再次运行代码文件 a.py。

2.4　使用 PyCharm 编辑器

PyCharm 是 Jetbrains 专门针对 Python 语言开发使用的编辑器。Jetbrains 开发了许多好用的编辑器，包括 Java 编辑器（IntelliJ IDEA）、JavaScript 编辑器（WebStorm）、PHP 编辑器（PHPStorm）、Ruby 编辑器（RubyMine）、C 和 C++编辑器（CLion）、.Net 编辑器（Rider）、iOS/macOS 编辑器（AppCode）等。

PyCharm 因其配置简单、功能强大、使用起来省时省心、对初学者友好而深受 Python 编程者的欢迎。下面来介绍 PyCharm 编辑器的基本使用方法。

2.4.1　下载安装

PyCharm 提供免费的社区版和付费的专业版。专业版额外增加了一些功能，如项目模板、远程开发、数据库支持等。PyCharm 的各个版本可以通过访问其官网 http://www.jetbrains.com/pycharm/download/来下载。

PyCharm 的安装过程非常简单，照着提示一步步操作即可，这里不再详细叙述。注意安装路径使用全英文路径，尽量不要使用带有中文或空格的目录，这样在之后的使用过程中会减少一些路径访问错误。

2.4.2　新建项目

安装好 PyCharm 之后，我们开始创建第一个项目，界面如图 2.36 所示，在左侧导航栏中选择 Pure Python，右侧的 Location 选择项目的路径，Interpreter 可以选择 Python 版本，这里可以直接使用 Anaconda3 目录下的 Python，这样可以直接使用 Anaconda 管理的 Python 安装包。

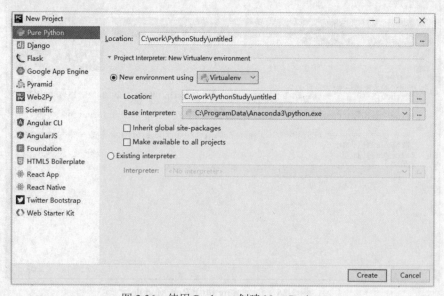

图 2.36　使用 Pycharm 创建 New Project

选择完成之后，单击 Create 按钮进入界面，这时就可以创建文件了。

这里以刚刚创建的 untitled 文件夹为例，依次单击 untitled（右键单击）→New→Python File，如图 2.37 所示，弹出如图 2.38 所示的对话框。

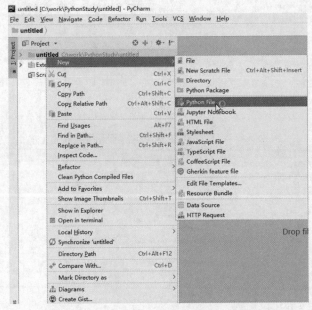

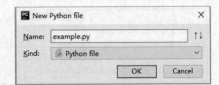

图 2.37　使用 PyCharm 创建 Python 文件　　　　　图 2.38　使用 PyCharm 给 Python 文件起名

在 Name 一栏输入文件名即可，记得添加.py 后缀，在这里我们输入 example.py，单击 OK 按钮之后就可以开始编程了，如图 2.39 所示。

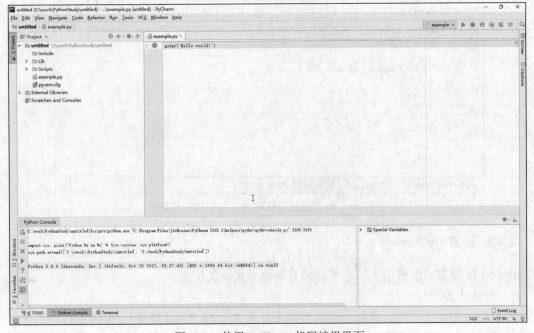

图 2.39　使用 PyCharm 代码编辑界面

输入完代码后，在界面中右击并选择 Run 'example'即可开始执行，如图 2.40 所示。

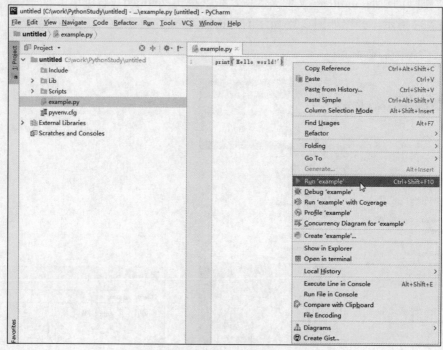

图 2.40　PyCharm 使用鼠标右键运行代码

对于同一个脚本，第一次运行使用右键并选择 Run 'example'，之后可以直接单击右上角或者左下角的绿三角直接运行，如图 2.41 所示。

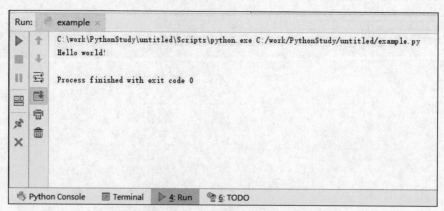

图 2.41　PyCharm 下使用 Run 按钮运行代码

2.4.3　配置 PyCharm

PyCharm 提供的配置很多，这里介绍几个比较重要的配置。

1. 编码设置

PyCharm 提供了方便、直接的解决方案来处理 Python 的编码问题。可以通过单击 File→Settings 进入 Settings（设置）界面，如图 2.42 所示。

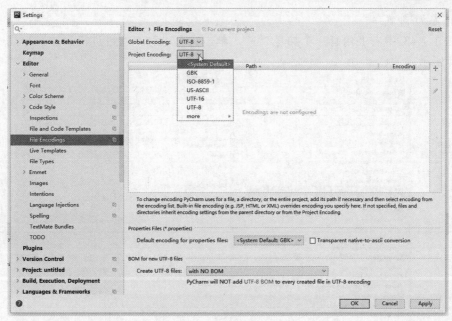

图 2.42　PyCharm 下的 Settings（设置）界面

在 File Encodings 选项中，对应的 IDE Encoding、Project Encoding、Property Files 三处都使用 UTF-8 编码，同时在文件头添加以下代码段即可：

```
#-*- coding: utf-8 -*
```

2．项目版本管理

当有多个版本安装在计算机中或者需要管理虚拟环境时，在 Settings 界面中 Project Interpreter 可以指定项目对应的 Python 版本和环境，如图 2.43 所示。

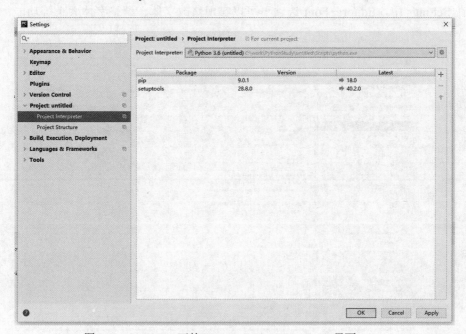

图 2.43　PyCharm 下的 Settings Project Interpreter 界面

3. 添加/卸载库

在图 2.43 中右上角有一个加号"+"，单击它可以对本项目进行添加、卸载库操作，如图 2.44 所示。

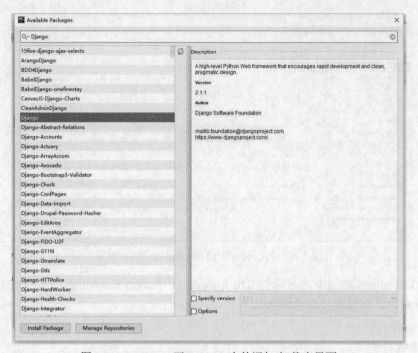

图 2.44　PyCharm 下 Settings 中的添加/卸载库界面

4. 修改字体

在 Settings 中，Editor→Font 选项下可以实现修改字体、调整字体大小等功能，如图 2.45 所示。

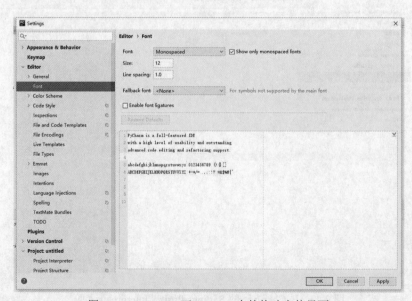

图 2.45　PyCharm 下 Settings 中的修改字体界面

5. 调试

PyCharm 为我们提供了方便易用的断点调试功能，步骤如下：

（1）在代码区要设置断点的语句左边单击，单击后出现红色圆形区域，说明断点设置成功。

（2）单击"运行"按钮右边的"调试运行"按钮 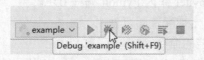，如图 2.46 所示。

图 2.46　PyCharm 下的"调试运行"按钮

这时在调试栏出现对应调试按钮，如图 2.47 所示。

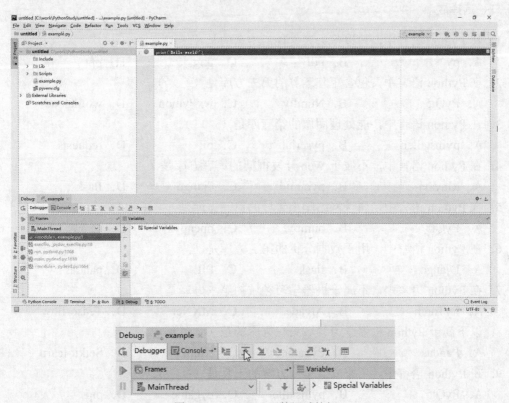

图 2.47　PyCharm 下的调试按钮

几个调试按钮的功能解释如下：

● Resume Program：断点调试后，单击按钮，继续执行程序。

● Step Over：在单步执行时，在函数内遇到子函数时不会进入子函数内单步执行，而是将子函数整个执行完再停止，也就是把子函数整体作为一步。

● Step Into：单步执行，遇到子函数就进入子函数并且继续单步执行。

● Step Out：当单步执行到子函数内时，用 Step Out 可以执行完子函数的余下部分，并返回到上一层函数。

如果程序在某一步出现错误，程序会自动跳转到错误页面，方便我们查看错误信息。

练 习 二

一、判断题

1. Anaconda 中提供了 Spyder 作为 Python 编程 IDE。　　　　　　　　（　　）
2. Anaconda 下载安装后无须配置即可使用。　　　　　　　　　　　　（　　）
3. pip 是 Python 模块安装的命令。　　　　　　　　　　　　　　　　（　　）
4. Spyder 的 Editor 窗口和 iPython 窗口用途一样，都可以输入命令。　（　　）
5. Python 是一种解释语言，在运行过程中不可进行调试。　　　　　　（　　）

二、选择题

1. 在 Python 语言中，可以作为源文件后缀名的是（　　）。
   A. py　　　　　　　　B. pdf　　　　　　C. png　　　　　　D. ppt
2. 在 Python 语言中，包含矩阵运算的第三方库是（　　）。
   A. PyQt5　　　　　　B. NumPy　　　　　C. wxPython　　　D. wordcloud
3. 在 Python 语言中，能处理图像的第三库是（　　）。
   A. pyinstaller　　　　B. pyserial　　　　C. pil　　　　　　D. requests
4. 在 Python 语言中，不属于 Web 开发框架的第三方库是（　　）。
   A. Mayavi　　　　　　B. pyramid　　　　C. django　　　　D. flask
5. 在 Python 语言中，属于网络爬虫领域的第三方库是（　　）。
   A. PyQt5　　　　　　B. numpy　　　　　C. openpyxl　　　D. scrapy
6. 在 Python 语言中，用于数据分析的第三方库是（　　）。
   A. Django　　　　　　B. flask　　　　　C. PIL　　　　　　D. pandas
7. 在 Python 语言中，不属于机器学习领域的第三方库是（　　）。
   A. PyTorch　　　　　B. Arcade　　　　　C. MXNet　　　　D. Tensorflow
8. 以下属于 Python 机器学习领域第三方库的是（　　）。
   A. Pandas　　　　　　B. Pygame　　　　C. NumPy　　　　D. Scikit-learn
9. 在 Python 语言中，用来安装第三方案的工具是（　　）。
   A. PyQt5　　　　　　B. pyinstaller　　　C. pygame　　　　D. pip
10. 以下不属于 Python 数据分析领域第三方库的是：（　　）。
    A. scarpy　　　　　B. numpy　　　　　C. matplotlib　　D. pandas
11. 以下不属于 Python 开发用户界面第三方库的是（　　）。
    A. PyQt　　　　　　B. turtle　　　　　C. pygtk　　　　　D. wxPython

三、操作题

1. 下载安装 Anaconda。
2. 下载安装 IDLE。
3. 下载安装 PyCharm。

第 3 章 Python 程序设计入门

本章导读

本章学习 Python 程序设计用到的一些最基础的知识，包括常量、变量、字符串、标识符、关键字、标准数据类型、运算符与表达式、注释、基本输入/输出、赋值语句等。有了这些基础，就可以编写简单的 Python 程序了。

本章要点

- 运算符与表达式。
- 数据类型。
- 赋值语句。
- 基本输入输出函数。

3.1 简单程序案例

初学者如何快速提升自己的编程能力？提升编程能力的捷径就是亲自去敲代码，本书中所有的代码建议初学者都亲自去敲一遍，去执行、去调试、找错误、去分析，只要勤思考，同时注意基础知识的积累和不断实践、对问题求解精益求精、与团队成员团结协作，你的编程能力一定会得到很大提高。

下面先来看两个简单的程序案例。

案例 3.1 华氏温度转换为摄氏温度

任务描述：编写程序将温度从华氏温度转换为摄氏温度，转换公式为 C=5/9*(F-32)，其中，F 为华氏温度，C 为摄氏温度。

相关知识：为了完成本任务，你需要掌握：

（1）从华氏温度转换为摄氏温度，转换公式为 C=5/9*(F-32)。

（2）理解 format 输出。

测试说明：

测试输入：100

预期输出：华氏温度 100 转换为摄氏温度为 37.78

测试输入：110

预期输出：华氏温度 110 转换为摄氏温度为 43.33

>>>#华氏温度转换成摄氏温度

```
>>>F=eval(input())
>>>C=(5/9)*(F-32)          #温度转换
>>>print('华氏温度{}转换为摄氏温度为{:.2f}'.format(F,C))    #实现结果
```

案例 3.2　求圆周长和圆面积

任务描述：编写程序，输入圆半径，求圆周长和圆面积。输出时有文字说明，取两位小数。

相关知识：为了完成本任务，你需要掌握：

（1）圆周长 $l = 2 * \pi * r$。

（2）圆面积 $s = \pi * r^2$。

（3）输入的圆半径最好为 float 型。

（4）print()格式化输出。

测试说明：

测试输入：6

预期输出：圆周长为 37.70，圆面积为 113.10

测试输入：18

预期输出：圆周长为 113.10，圆面积为 1017.88

```
>>>#输入圆半径，求圆周长和圆面积
>>>r=eval(input())                      #获取输入半径的值
>>>PI=3.1415926
>>>L=2*PI*r                             #计算圆周长
>>>S=PI*r*r                             #计算面积
print('圆周长为{:.2f}，圆面积为{:.2f}'.format(L,S))     #输出：保留两位小数的圆周长和圆面积
```

3.2　常量与变量

常量与变量是程序设计的最基本元素，是构成表达式和编写程序的基础。

3.2.1　常量

在程序执行过程中，其值不能被改变的量称为常量。Python 常量包括数字、字符串、布尔值等，它们又被称为不可变数据类型。例如，12.5、98、"中国水利水电出版社"都是 Python 常量。

1. 数字

数字也称数值，Python 支持以下三种数值类型：

（1）整型（int）。用于表示整数，不带小数点，可以有正号或负号。例如 23、-456、987648 等。Python3 对整型没有大小限制，只要内存许可就可表示。因此，Python 可以表示非常大的整数，这给大数据的计算带来很多便捷之处。

（2）浮点型（float）。用于表示实数（浮点数），可以有正号或负号。浮点数就是带小数点的数。例如 2.0、3.14 均为浮点数。小数点前面或者后面可以没有数字，如 3.或者.3 也均为浮点数，分别表示 3.0 和 0.3。

浮点数也可用科学记数法表示，如 2.346e12 表示 $2.346×10^{12}$，此处的 e 用大写字母 E 也

可以，如-0.56E-12 表示-0.56×10^{-12}。注意，字母 e 前面必须有数字，字母 e 后面必须为整数。一个浮点数用 8 个字节存储，最多可以表示 15 位有效数字，取值范围：负数时从-1.797693134862316E+308 到-4.94065645841247E−324；正数时从 4.94065645841247E−324 到1.797693134862316E+308。

浮点数在计算机内部表示和运算时会有极小的误差。例如，在交互状态测试 4.2+2.1 的值：

```
>>>4.2 + 2.1
6.300000000000001
```

得到的结果不是 6.3 而是 6.300000000000001。其实这不是 Python 的问题，而是实数的无限精度与计算机的有限内存之间的矛盾。一般情况下，这点的小误差是允许的。如果不能容忍这种误差（如金融领域），可以使用 Python 中的 decimal 模块解决这个问题。

（3）复数型（complex）。用于表示数学中的复数，如 6+3j、2.8-5.2j，复数的虚部以字母 j 或 J 结尾。

2. 字符串（String）

字符串是 Python 中常用的数据类型。字符串常量是用一对英文半角引号括起来的 0 个或多个字符序列，这里的"引号"可以是单引号、双引号、三引号（三个单引号或者三个双引号），如'hello'、"12.30"、'''大家好'''、"""你好"""、""都是 Python 字符串，其中""是空字符串（0 个字符）。

注意，使用三引号可以指定多行字符串，例如：

''' 多行字符串示例
一行
一行
又一行，可以在多行字符串里面使用单引号'或双引号"
'''

以上在一对三引号之间指定了一个包含四行文字的字符串。

下面介绍一下字符串中的转义字符。

有一些具有特殊含义的控制字符，如回车、换行等，这些非显示字符难以用一般形式的字符表示。为了表示它们，Python 用转义字符的方式定义它们，即用"\"开头，后面跟一个固定字符表示某个特定的控制符。常用的转义字符及其含义见表 3.1。

表 3.1　常用的转义字符及其含义

转义字符	含义	转义字符	含义
\（在行尾时）	续行符	\n	换行
\\	反斜杠符号	\v	纵向制表符
\'	单引号	\t	横向制表符
\"	双引号	\r	回车
\a	响铃	\f	换页
\b	退格	\oyy	八进制数 yy 代表的字符，例如\o12 代表换行
\e	转义	\xyy	十进制数 yy 代表的字符，例如\x0a 代表换行
\000	空	\other	其他的字符以普通格式输出

3. 布尔型

布尔型常量只有两个值：True 和 False。True 表示逻辑真，False 表示逻辑假。布尔型一般用于条件判断，根据计算结果为 True 或 False 计算机可以执行不同的后续代码。

布尔型是特殊的整型，如果将布尔值进行数值运算，True 会被当作整数 1，False 会被当作整数 0。逻辑运算时，数字型非零当作 True，非空字符串当作 True。

需要注意的是，布尔值区分大小写，也就是说，true 或 TRUE，都不等同于 True。

4. 空值

Python 有一个特殊的空值常量 None。与 0 值和空字符串""不同，None 表示什么都没有。

3.2.2 变量

变量是程序最基本、最重要的组成元素之一。所谓变量，是指在程序执行过程中其值可以改变的量。稍微有点实用价值的程序都离不开变量。用到哪些变量？它们的类型是什么？变量的名称是什么？这些都是编写程序要考虑的基本问题。利用程序进行数据处理，通常先把常量数据提供给变量，再对变量进行各种运算、处理。把常量数据提供给变量，可以通过赋值语句实现。例如：

```
num1 = 100
num2 = 25
result = num1+num2
```

以上是 Python 的三个赋值语句。num1、num2、result 都是变量，或者说都是变量名。变量名的命名规则和标识符的命名规则是一样的。

再来看以下代码：

```
num1 = 100
num2 = 25
result1 = num1 + num2
num1 = 88
num2 = 33
result2 = num1 + num2
```

和其他多数程序设计语言不同的是，Python 程序无须使用专门的定义语句对变量先定义（定义变量的名称、变量的数据类型等）。就像从前面几条赋值语句中看到的，Python 通过赋值语句直接使用了变量。赋值语句在给变量赋值的同时还确定了变量的类型，这个类型和给变量赋的值的类型是一致的。也就是说，由于 100、25、88、33 都是整数，因此 num1、num2 都是整型变量。同理，result1、result2 也是整型变量。

同一个变量可以赋予不同类型的值，但不能同时存在。例如：

```
x=100
x='dog'
```

如果想查看变量的类型，可以使用"type(变量名)"来实现。交互代码如下：

```
>>>x=100
>>>type(x)
<class 'int'>
>>>x='dog'
>>>type(x)
<class 'str'>
```

Python 语言采用基于值的内存管理方式，不同的值分配不同的内存空间。变量不是某一个固定内存单元的标识，而是对内存中存储的某个数据的引用。下面对此做进一步的探讨说明。

```
x = 100
```

Python 做了这样的工作：在内存中找个地方（存储单元）把整数 100 存起来，把 x 和这个地方联系起来。这个过程，可以想象成把"标有 x 的标签"贴在了存放 100 的存储单元上。接下来再有：

```
x = 'dog'
```

在内存中再找个地方（存储单元）把字符串'dog'存起来。可以想象成把标有 x 的标签从存放 100 的存储单元上撕下来，贴到存放'dog'的存储单元上，这时表示整数 100 的 x 就不存在了。接下来再有：

```
y = x
```

可以想象成把标有 y 的标签贴到标有 x 的标签贴到的存储单元上。简单地说，就是 y 标签和 x 标签都贴在了'dog'上。

id(对象)函数用于获取对象的内存地址。我们用该函数测一下上述过程变量的地址（即标签所贴存储单元的地址），可以看到 x 和 y 两个不同的变量其内存地址是相同的，即两个不同的指针指向同一个内存地址，这两个指针的值为所指向的内存地址中存放的数据。

```
>>>x = 100
>>>id(x)
1599618864
>>>x = 'dog'
>>>id(x)
50222048
>>>y = x
>>>id(y)
50222048
```

3.3　标识符、关键字和标准数据类型

3.3.1　标识符、关键字

1. 标识符

标识符是程序开发人员自己定义的一些符号和名称，这些符号和名称用来标识编写程序用到的变量名、函数名、文件名等。简单地说，标识符就是一个名字。

Python 规定标识符只能由字母、数字和下划线三种字符组成，且第一个字符必须为字母或下划线。Python 标识符没有长度限制。

Python2 不支持中文。Python3 编码方式采用 Unicode 编码，该编码本身支持中文。因此，Python3 允许汉字出现在标识符中，但不提倡使用汉字作为标识符的组成。

关于标识符还需要注意以下几点：

（1）标识符是严格区分大小写的，所以一定要分清 alibaba 和 Alibaba 是两个不同的标识符。

（2）标识符的命名最好选择有含义的英文单词，如 name、age、country 等，能反映出其作用，做到见名知意。

（3）虽说 Python 对标识符的长度没有限制，但尽量不要太长，太长的话看起来和写起来都不方便。太短也不好，不能见名知意。一般标识符长度控制在 1~3 个单词之间。

（4）不能使用关键字作为标识符。

2. 关键字

每个关键字都有特殊的含义，见表 3.2。Python 语言自己已经使用了关键字，不允许开发者定义和关键字相同名字的标识符。Python 自带了一个 keyword 模块，用于检测关键字。

表 3.2　Python 关键字

关键字	含义
False	布尔类型的值，表示假，与 True 相反
None	None 比较特殊，表示什么也没有，它有自己的数据类型 NoneType
True	布尔类型的值，表示真，与 False 相反
and	用于表达式运算，逻辑与操作
as	用于类型转换
assert	断言，用于判断变量或者条件表达式的值是否为真
break	中断循环语句的执行
class	用于定义类
continue	跳出本次循环，继续执行下一次循环
def	用于定义函数或方法
del	删除变量或序列的值
elif	条件语句，与 if、else 结合使用
else	条件语句，与 if、elif 结合使用，也可用于异常和循环语句
except	except 包含捕获异常后的操作代码块，与 try、finally 结合使用
finally	用于异常语句，出现异常后，始终要执行 finally 包含的代码块，与 try、except 结合使用
for	for 循环语句
from	用于导入模块，与 import 结合使用
global	定义全局变量
if	条件语句，与 else、elif 结合使用
import	用于导入模块，与 from 结合使用
in	判断变量是否在序列中
is	判断变量是否为某个类的实例
lambda	定义匿名函数
nonlocal	用于标识外部作用域的变量
not	用于表达式运算，逻辑非操作
or	用于表达式运算，逻辑或操作
pass	空的类、方法或函数的占位符
raise	异常抛出操作

关键字	含义
return	用于从函数返回计算结果
try	try 包含可能会出现异常的语句，与 except、finally 结合使用
while	while 循环，允许重复执行一块语句，一般无限循环的情况下用它
with	与 as 搭配一起用
yield	与 return 类似，返回生成器

进入 Python 交互模式，输入以下命令可以获取关键字列表：

```
>>>import keyword
>>>keyword.kwlist
```

除 True、False 和 None 外，其他关键字均为小写形式。

注意：Python 是一种动态语言，根据时间变化，Python 关键字列表有可能会更改。

3.3.2　标准数据类型

Python 的标准数据类型可分为 7 种，之所以有不同的数据类型，是基于不同的场景需要。例如，一个人的名字可以用字符来存储，年龄可以用数字来存储，爱好可以用集合来存储。

标准数据类型及简要描述见表 3.3。

表 3.3　标准数据类型

数据类型名称	描述
Number（数字）	包括 int（整型）、float（浮点型）、complex（复数型）
String（字符串）	例如'hello'
Bool（布尔型）	True、False
List（列表）	例如[1,2,3]
Dictionary（字典）	例如{1:"nihao",2:"hello"}
Tuple（元组）	例如(1,2,3,abc)
Set（集合）	例如{'乒乓球', '足球', '游泳', '唱歌'}

3.4　运　算　符

先看一个简单的 Python 表达式：9+5-3，这里 Python 把 9、5、3 称为操作数，"+"和"-"称为运算符。所谓表达式就是由运算符、操作数以及圆括号等组成的式子。运算符表示执行何种运算，操作数包括常量、变量、函数等。通过对表达式运算可以得到一个值。

下面分别对 Python 的运算符和表达式进行介绍。

3.4.1　算术运算符

算术运算符可实现算术运算，见表 3.4。

表 3.4 算术运算符

运算符	描述	实例
+	加	10+20 输出结果 30
-	减	10-20 输出结果-10
*	乘	10*20 输出结果 200
/	除	20/10 输出结果 2.0
%	取模，返回除法的余数	20%6 输出结果 2
**	幂，返回 x 的 y 次幂	2**3 为 2 的 3 次方，输出结果 8
//	取整除，返回商的整数部分	9//2 输出结果 4，9.0//2.0 输出结果 4.0

注意：一定严格按规定的运算符书写。表示乘号的*不能省略。a 乘以 b 要写成 a*b，不能写成 a · b 或 a×b 或 ab。a 除以 b 要写成 a/b，不能写成 a÷b。

3.4.2 关系运算符

关系运算符用于两个值的比较，返回结果为 True 或 False，见表 3.5。

表 3.5 关系运算符

运算符	描述	实例
==	等于	(10 == 20) 返回 False
!=	不等于	(10 != 20) 返回 True
>	大于	(10 > 20) 返回 False
<	小于	(10 < 20) 返回 True
>=	大于等于	(10 >= 20) 返回 False
<=	小于等于	(10 <= 20) 返回 True

关系运算符的优先级低于算术运算符。例如 a+b>c 等价于(a+b)>c。

Python 允许关系运算符连写，例如用 2<x<5 表示 x 大于 2 并且 x 小于 5。

3.4.3 逻辑运算符

逻辑运算符用来连接关系表达式，见表 3.6。

表 3.6 逻辑运算符

运算符	描述	示例
and	"与"操作，如果两个操作数都为真（非零），则为真	(True and False)结果为 False
or	"或"操作，如果两个操作数中的任何一个非零，则为真	(True or False)结果为 True
not	"非"操作，用于反转操作数的逻辑状态	Not True 结果为 False

逻辑运算符的优先级是 not>and>or。

例如 x>y 或者 y>z 在 Python 中用 x>y or y>z 表示。

注意：逻辑操作符 and 和 or 也称作短路操作符或惰性求值，它们的参数从左向右解析，一旦结果可以确定就停止。例如，如果 A 和 C 为真而 B 为假，A and B and C 不会解析 C。例如：

```
>>>3 and 4
4
>>>4 and 3
3
>>>4 or 3
4
>>>3 or 4
3
```

在以上例子中，3 and 4，由于是短路操作符，结果为 4，是因为 and 运算符必须所有的运算数都是 True 才会把所有的运算数都解析，并且返回最后一个变量，即为 4；改变一下顺序 4 and 3，结果也不一样，为 3。

而或逻辑（or），只要有一个是 True，即停止解析运算数，返回最近为 True 的变量，即 3 or 4，值为 3；改变顺序 4 or 3，值为 4。

3.4.4 位运算符

位运算是对整数在内存中的二进制位进行操作。例如，十进制数 6 对应的二进制数是 0110，十进制数 11 对应的二进制数是 1011，那么 6 & 11 的结果是 2，二进制为 0010，这是二进制对应位进行逻辑"与"运算的结果。Python 位运算见表 3.7。

表 3.7 位运算符

运算符	描述	实例
&	按位与运算符：参与运算的两个值，如果两个相应位都为 1，则该位的结果为 1，否则为 0	(a&b)输出结果 12，二进制解释：0000 1100
|	按位或运算符：只要对应的两个二进位有一个为 1 时结果位就为 1	(a|b)输出结果 61，二进制解释：0011 1101
^	按位异或运算符：当两对应的二进位相异时结果为 1	(a^b)输出结果 49，二进制解释：0011 0001
~	按位取反运算符：对数据的每个二进制位取反，即把 1 变为 0，把 0 变为 1	(~a)输出结果-61，二进制解释：1100 0011
<<	左移动运算符：运算数的各二进位全部左移若干位，由"<<"右边的数指定移动的位数，高位丢弃，低位补 0	a<<2 输出结果 240，二进制解释：1111 0000
>>	右移动运算符：把">>"左边的运算数的各二进位全部右移若干位，">>"右边的数指定移动的位数	a>>2 输出结果 15，二进制解释：0000 1111

下面的变量 a 为 60，b 为 13，二进制格式如下：

```
a = 0011 1100
b = 0000 1101
```

3.4.5 赋值运算符

赋值运算符用于给变量赋值，最简单、最常用的是"="。赋值运算符见表3.8。

表3.8 赋值运算符

运算符	描述	实例
=	简单的赋值运算符	c = a + b
+=	加法赋值运算符	c += a 等效于 c = c + a
-=	减法赋值运算符	c -= a 等效于 c = c - a
*=	乘法赋值运算符	c *= a 等效于 c = c * a
/=	除法赋值运算符	c /= a 等效于 c = c / a
%=	取模赋值运算符	c %= a 等效于 c = c % a
**=	幂赋值运算符	c **= a 等效于 c = c ** a
//=	取整除赋值运算符	c //= a 等效于 c = c // a

3.4.6 成员运算符

成员运算符用于判断序列中是否有某个成员。成员运算符见表3.9。

表3.9 成员运算符

运算符	描述	实例
in	x in y：如果 x 在序列 y 中，返回 True，否则返回 False	3 in [1, 2, 3, 4] 结果为 True
not in	x not in y：如果 x 不在序列 y 中，返回 True，否则返回 False	3 not in [6, 8, 3]结果为 False

3.4.7 标识（身份）运算符

标识（身份）运算符用于比较两个对象的内存位置，见表3.10。

表3.10 标识（身份）运算符

运算符	描述	实例
is	判断两个标识符是不是引用自一个对象	x is y，如果 id(x)等于 id(y)，返回 True
is not	判断两个标识符是不是引用自不同对象	x is not y，如果 id(x)不等于 id(y)，返回 True

3.4.8 运算符优先级

Python 规定了运算符优先级。在表达式求值时，按优先级的高低次序进行。Python 运算符优先级见表 3.11。

表 3.11　运算符优先级

优先级	运算符	描述
1	**	指数（最高优先级）
2	~、+、-	按位翻转、一元加号和减号
3	*、/、%、//	乘、除、取模和取整除
4	+、-	加法、减法
5	>>、<<	右移、左移运算符
6	&	位与运算符
7	^、|	位运算符
8	<=、<、>、>=	比较运算符
9	==、!=	等于、不等于运算符
10	=、%=、/=、//=、-=、+=、*=、**=	赋值运算符
11	is、is not	身份运算符
12	in、not in	成员运算符
13	not、or、and	逻辑运算符

3.5　源程序书写风格

3.5.1　注释

为了提高程序的可读性，通常在程序的适当位置加上必要的注释。注释是给人看的，可以是任意内容，解释器会忽略注释不作为有效代码执行。

注释的写法：

（1）行注释：以#开头，可以单独成行，也可以在某行代码的后边。

（2）多行注释：用三个单引号 ''' 或者三个双引号 """ 将注释括起来。

```
#this is the first comment
SPAM = 1    #and this is the second comment
''' 前后三个单引号可进行多行注释，通常是对函数、对象的说明。
注释代码仍以#为主
'''
```

3.5.2　缩进

把行首的空白（空格）称为缩进。例如：

```
#print absolute value of an integer:
a = 100
if a >= 0:
    print(a)        #本行有缩进
else:
    print(-a)       #本行有缩进
```

像 if、while、def 等这样的语句，首行以关键字开始，行尾的冒号（:）表示缩进的开始，即该行之后的一行或多行代码构成语句块必须缩进。通过用缩进来体现代码之间的逻辑关系，同一层次的语句必须有相同的缩进，它们构成一个代码块。

缩进的空白数量是可变的，但是每一个代码块语句必须有相同的缩进，这个必须严格执行。约定俗成的规则是使用 4 个空格的缩进。

编程时尽量不要使用 Tab 键来控制缩进，因为不同的系统和平台对 Tab 键的定义是不一样的，在更换系统和平台后容易产生缩进不一致导致的错误。

缩进的好处是让你写出格式化的代码。Python 有意让违反了缩进规则的程序不能通过编译，以此来强制程序员养成良好的编程习惯。缩进的另一个好处是让你写出缩进较少的代码。你会倾向于把一段很长的代码拆分成若干函数，从而得到缩进较少的代码。

3.5.3　语句换行

Python 通常是一行写完一条语句。但如果语句很长，可以使用反斜杠（\）来实现多行语句，例如：

```
total = item_one + \
            item_two + \
            item_three
```

在[]、{}或()中的多行语句，不需要使用反斜杠（\），例如：

```
total = ['item_one', 'item_two', 'item_three',
         'item_four', 'item_five']
```

另外，Python 也允许把多个语句写在一行上，此时语句之间用分号（;）间隔。

3.5.4　必要的空格与空行

运算符两侧建议使用空格分开，不同函数之间建议增加一个空行来增加可读性。

3.6　赋 值 语 句

赋值语句是 Python 最基本、最常用的语句。在前面介绍变量时已经涉及了赋值语句。赋值语句的一般格式为：

```
变量 = 表达式
```

表示将赋值运算符"="右边的表达式求出结果，赋给左边的变量。例如：

```
x = 3 + 2 * 5
```

x 的值变为 13。

说明：赋值运算符"="左边必须是变量。若写成 23=x 就不是合法的赋值语句。此外，此处的"="不同于数学中的等号，它不表示相等。例如 a=a+1 数学中是错误的，而在 Python 中这是合法的赋值语句，它表示把 a 的值加 1 再赋给 a；b=b+c 表示把 b 的值和 c 的值加起来再赋给 b。请看以下语句：

```
b = 2
c = 3
b = b + c
```

执行完这三条语句后，b 的值是 5。

b=b+c 也可以写成 b+=c，见表 3.8。

如果同时为多个变量赋同一个值，可以采用以下方式：

```
x = y = z = 23
```

还可以将多个值赋给多个变量，例如：

```
a,b = 1,2
```

该语句把 1 赋给了 a，把 2 赋给了 b。

3.7　基本输入/输出

作为一个程序，不论是一个复杂的软件，还是一个简单的模块，都可以把它归结到输入（Input）、处理（Process）和输出（Output）三个部分，我们称之为 IPO 模型，下面先来介绍 Python 语言的基本输入/输出。

3.7.1　基本输入

用 Python 进行程序设计，最基本的输入可以用 input()函数实现。

一般格式为：

```
input([提示信息])
```

看一个例子：

```
>>> x = input('输入 x 值:')
输入 x 值: 123
>>> x
'123'
```

input()函数用来接收用户键盘输入，以回车键结束输入，函数的返回值是字符串。

如果想通过键盘输入得到一个整数，很简单，只需要使用强制类型转换即可，例如：

```
>>> x = int(input('输入 x 值:'))
输入 x 值: 123
>>> x
123
```

想通过键盘输入得到一个浮点数：

```
>>> x = float(input('输入 x 值:'))
输入 x 值: 12.3
>>> x
12.3
```

下面再介绍一个功能强大的函数 eval()。例如：

```
>>> x =eval(input('输入 x 值:'))
输入 x 值: 123
>>> x
123
```

再如：

```
>>> x =eval(input('输入 x 值:'))
```

```
输入 x 值: 12.3
>>> x
12.3
```

从以上可以看出，在这个场合，eval()兼具了 int()和 float()的功能。我们知道，input()函数从键盘输入中为我们得到的是一个字符串，也就是说，无论我们的初衷是得到一个整数、小数或者其他的值，input()都在我们输入的值的两边加上一对引号，而 eval()函数能帮我们去掉引号。

其实 eval(str)的功能是这样的：将字符串 str 当成表达式来求值并返回计算结果。

请看：

```
>>> x =eval(input('输入 x 值: '))
输入 x 值: 1+2
>>> x
3
>>>
```

以上 eval(input('输入 x 值: '))执行情况可以这样解析：input()函数从键盘输入中为我们得到一个字符串'1+2'，eval()函数去掉两边的引号，得到表达式 1+2，求值得 3。

3.7.2 基本输出

1. print()函数

Python 用 print()函数进行输出。

【例 3.1】print()函数示例。

```
print('欢迎学习使用 print()函数')      #输出"欢迎学习使用 print()函数"
name = input('请输入你的姓名:' )       #键盘输入的一个姓名赋给 name
print('你好！',name)                  #输出"你好！"及 name 的值（键盘输入的姓名）
print('1+ 2 =', 1 + 2)              #输出字符串 '1+ 2 ='及数值表达式 1 + 2 的运算结果 3
```

运行结果：

```
欢迎学习使用 print()函数
请输入你的姓名:张三
你好！张三
1 + 2 = 3
```

从以上例子可以看出，print()函数可以输出常量、变量、表达式的值。

print()函数的一般格式如下：

```
print(value, …, sep=' ', end='\n')
```

参数含义：

（1）value：需要输出的值可以是多个，用","分隔。

（2）sep：多个输出值之间的间隔，默认为一个空格。

（3）end：输出语句结束以后附加的字符串，默认是换行（'\n'）。

上面的例子中，sep 和 end 参数用的是默认值。如果自定义 sep 和 end，就要给予设置。

【例 3.2】print()函数示例。

```
print(1,2,3,sep='!',end='$$$$')
print(4)
print(5,6,7)
```

运行结果：

```
1!2!3$$$$4
5 6 7
```

2. 格式化字符串输出

Python 支持格式化字符串的输出。用法是将一个值插入到一个有字符串格式符 %的字符串中，见表 3.12。

表 3.12　字符串格式化符号

符号	描述	符号	描述
%c	格式化字符及其 ASCII 码	%f	格式化浮点数，可指定小数点后的精度
%s	格式化字符串	%e	用科学记数法格式化浮点数
%d	格式化整数	%E	作用同%e，用科学记数法格式化浮点数
%u	格式化无符号整型	%	%f 和%e 的简写
%o	格式化无符号八进制数	%G	%f 和%E 的简写
%x	格式化无符号十六进制数	%p	用十六进制数格式化变量的地址
%X	格式化无符号十六进制数（大写）		

【例 3.3】格式化输出示例。

```
print ("我叫%s 今年 %d 岁!" % ('小明', 10))
```

运行结果：

```
我叫小明今年 10 岁!
```

本例中，"我叫%s 今年 %d 岁!"是我们的模板。%s 为第一个格式符，表示一个字符串。%d 为第二个格式符，表示一个整数。('小明', 10)的两个元素'小明'和 10 为替换%s 和%d 的真实值。在模板和 ('小明', 10)之间有一个%分隔，它代表了格式化操作。

整个字符串"我叫%s 今年 %d 岁!" % ('小明', 10)实际上构成一个字符串表达式。我们可以像一个正常的字符串那样，将它赋值给某个变量。例如：

```
a = "我叫%s 今年 %d 岁!" % ('小明', 10)
print(a)
```

其中，格式化整数和浮点数还可以指定是否补 0 和整数与小数的位数。

【例 3.4】格式化输出示例。

```
print('%2d-%02d' % (3, 1))
print('%.2f' % 3.1415926)
```

运行结果：

```
3-01
3.14
```

在上面的例子中，%2d 是长度为 2 的数字，不足前面补空格，%02d 是长度为 2 的数字，不足两位补 0，%.2f 是保留两位小数点的浮点数。

Python2.6 开始，新增了一种格式化字符串的函数 str.format()，它增强了字符串格式化的功能。该函数把字符串当成一个模板，通过传入的参数进行格式化，并且使用大括号"{}"作为特殊字符代替"%"。

【例 3.5】格式化输出示例。

```
print('hello %s'%'world')
print('hello { }'.format('world'))
```

运行结果：

```
hello world
```

format()函数可以接受多个参数，位置可以不按顺序。例如：

```
>>>"{} {}".format("山东交通", "学院")          #不设置指定位置，按默认顺序
'山东交通 学院'
>>> "{0} {1}".format("山东交通", "学院")        #设置指定位置
'山东交通 学院'
>>> "{1} {0} {1}".format("山东交通", "学院")     #设置指定位置
'学院 山东交通 学院'
```

也可以设置参数：

```
>>>print("姓名: {name}, 邮箱 {email}".format(name="李四", email="ww34w@163.com"))
姓名: 李四, 邮箱 ww34w@163.com
```

下面介绍数字格式化。

例如，对 3.1415926 保留四位小数输出：

```
>>>print("{:.4f}".format(3.1415926))
3.1416
```

str.format()格式化数字的多种方法见表 3.13。

表 3.13　格式化数字

数字	格式	输出	描述
3.1415926	{:.2f}	3.14	保留小数点后两位
3.1415926	{:+.2f}	+3.14	带符号保留小数点后两位
-1	{:+.2f}	-1.00	带符号保留小数点后两位
2.71828	{:.0f}	3	不带小数（四舍五入）
5	{:0>2d}	05	数字补 0（填充左边，宽度为 2）
5	{:s<4d}	5sss	数字补 s（填充右边，宽度为 4）
10	{:s<4d}	10ss	数字补 s（填充右边，宽度为 4）
1000000	{:,}	1,000,000	以逗号分隔的数字格式
0.25	{:.2%}	25.00%	百分比格式
1000000000	{:.2e}	1.00e+09	指数记法
13	{:10d}	13	右对齐（默认，宽度为 10）
13	{:<10d}	13	左对齐（宽度为 10）
13	{:^10d}	13	中间对齐（宽度为 10）
11	'{:+d}'.format(11)	+11	带符号整数输出

　　表中^、<、>分别是居中、左对齐、右对齐，后面带宽度，":"号后面带填充的字符，只能是一个字符，不指定则默认是用空格填充。

+表示在正数前显示+，负数前显示-，（空格）表示在正数前加空格。

【例 3.6】交换两个变量的值。

方法一：使用临时变量。

```
#用户输入
x = input('输入 x 值: ')
y = input('输入 y 值: ')
#创建临时变量 temp，并交换
temp = x
x = y
y = temp
print('交换后 x 的值为: {}'.format(x))
print('交换后 y 的值为: {}'.format(y))
```

运行结果：

```
输入 x 值: 2
输入 y 值: 3
交换后 x 的值为: 3
交换后 y 的值为: 2
```

以上实例中，我们创建了临时变量 temp，并将 x 的值存储在 temp 变量中，接着将 y 值赋给 x，最后将 temp 赋值给 y 变量。

【例 3.7】交换两个变量的值。

方法二：不使用临时变量。

```
#用户输入
x = input('输入 x 值: ')
y = input('输入 y 值: ')
#不使用临时变量
x,y = y,x
print('交换后 x 的值为: {}'.format(x))
print('交换后 y 的值为: {}'.format(y))
```

运行结果：

```
输入 x 值: 2
输入 y 值: 3
交换后 x 的值为: 3
交换后 y 的值为: 2
```

3.8　字符串操作

3.8.1　字符串的存储方式

例如，字符串 s='abcde'，在内存中的存储方式如图 3.1 所示。在图 3.1 中，每个字符对应一个编号（又称索引或下标），第一个字符编号是 0，然后依次递增 1；也可从反方向编号，最后一个字符编号是-1，倒数依次递增-1。

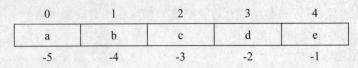

图 3.1　字符串的存储方式

如果想从字符串中取出字符，可以通过指定下标获取。

【例 3.8】字符串操作示例。

```
s = 'abcde'
print(s[0],s[1],s[2],s[3],s[4])
print(s[-5],s[-4],s[-3],s[-2],s[-1])
```

运行结果：

```
a b c d e
a b c d e
```

Python3 字符串下标（编号、索引）有正向和负向两种，这为字符串操作带来很大方便。

3.8.2　字符串切片

切片是指对操作对象截取一部分的操作。字符串、列表、元组都支持切片操作。这里先介绍字符串切片。

用于切片的索引与用于访问各个字符的索引相同：按从左到右方向来说，第一个索引为 0，而最后一个索引总是比字符串长度小 1。需要注意的是，[start:end]返回从索引 start 到 end-1 的字符串，[start:end]是左闭右开型区间。以 s='abcde'为例，s[1:3]截取的是从索引 1 到索引 2 的子串'bc'。在 Python 中，有关下标的结构都满足左闭右开原则。

【例 3.9】字符串切片示例。

```
s='abcde'
print(s[1:3])
print(s[0:4])
print(s[0:5])
print(s[1:-1])
```

运行结果：

```
bc
abcd
abcde
bcd
```

如果省略切片的开始索引，Python 将假定它为 0，如果省略切片的终止索引，它默认提取到字符串末尾。

【例 3.10】字符串切片示例。

```
s='abcde'
print(s[:3])    #从头开始到下标 2
print(s[2:])    #从下标 2 开始到末尾
```

运行结果：

```
abc
cde
```

切片操作还有一种格式：

```
[start:end:step]
```

表示从 start 提取到 end-1，每间隔 step（又称步长，不能为 0）个字符提取一个字符。

【例 3.11】字符串切片示例。

```
letter='0123456789abc'
print(letter[1:12:2])
print(letter[::3])
```

运行结果：

```
13579b
0369c
```

若 step 设置为负数，我们还可以反向取出字符串。

【例 3.12】字符串切片示例。

```
letter = '0123456789abc'
print(letter[::-1])        #从末尾向开头方向提取，每次间隔一个字符
print(letter[::-3])        #从末尾向开头方向提取，每次间隔三个字符
print(letter[10:2:-3])
print(letter[-2:2:-3])
```

运行结果：

```
cba9876543210
c9630
a74
b85
```

从右向左截取字符串，这时我们将 step 设置为负数，start 和 end 设置参数时要注意，start 位置应在 end 位置的右边，因为是从右开始截取的。

3.8.3　字符串运算符

前面我们用%运算符来格式化字符串，用[ ]进行字符串切片。除此之外，还有一些字符串运算符。表 3.14 列出了常用的字符串运算符。

表 3.14　常用的字符串运算符

字符串运算符	描述
+	字符串连接
*	重复输出字符串
[]	通过索引获取字符串中的字符
[:]	截取字符串中的一部分
in	成员运算符，如果字符串中包含给定的字符返回 True
not in	成员运算符，如果字符串中不包含给定的字符返回 True
r/R	如果不想让反斜杠转义，可以在字符串的第一个引号前加上字母 r（可以大小写），表示原始字符串
%	格式化字符串

下面举例说明字符串运算符的用法。

【例 3.13】字符串运算符示例。

```
print('123'+'abc')          #字符串连接
print('Hello\nworld')       #\n 转义字符表示换行
print('-'*18)               #输出 18 个-
print(r'Hello\nworld')      #取消转义
print('el' in 'Hello')      #字符串包含测试
```

运行结果：

```
123abc
Hello
world
------------------
Hello\nworld
True
```

3.9　内置函数

内置函数又称内建函数，是指 Python 本身所提供的函数，任何时候都可以使用。Python 内置函数执行效率很高，熟练地使用这些内置函数可以在编写代码时事半功倍。Python 常用的内置函数有数学函数、字符串函数、类型转换函数、反射函数、I/O 函数等。这里主要介绍数学函数、字符串函数和类型转换函数。

3.9.1　数学函数

数学函数能够完成算术运算，见表 3.15。

表 3.15　数学函数

函数	说明
abs(x)	求绝对值
complex([real[, imag]])	创建一个复数
divmod(a, b)	分别取商和余数，注意整型、浮点型都可以
float([x])	将一个字符串或数转换为浮点数，如果无参数将返回 0.0
int([x[, base]])	将一个字符转换为 int 类型，base 表示进制
pow(x, y[, z])	返回 x 的 y 次幂
range([start], stop[, step])	产生一个序列，默认从 0 开始
round(x[, n])	对 x 的第 n+1 位四舍五入
sum(iterable[, start])	对集合求和
oct(x)	将一个数字转化为八进制
hex(x)	将整数 x 转换为十六进制字符串
chr(i)	返回整数 i 对应的 ASCII 字符
bin(x)	将整数 x 转换为二进制字符串
bool([x])	将 x 转换为 Boolean 类型

【例 3.14】数学函数示例。

```
print(abs(-2))            #求数值的绝对值
print(divmod(5.5,2))      #返回两个数值的商和余数
print(max(1,6,3) )        #取 3 个中较大者
print(min(7,2,3))         #取 3 个中较小者
print(pow(2,3))           #返回两个数值的幂运算值
print(round(65.32451,3))  #对浮点数进行四舍五入求值
print(sum([1,2,3]))       #求和
```

运行结果：

```
2
(2.0, 1.5)
6
2
8
65.325
6
```

还有一些常用的数学函数，例如平方根函数、三角函数等不属于 Python 内置函数，它们包含在 math 模块中，需要 import math 导入后才能使用。

3.9.2　字符串函数

字符串是一种常见的数据类型，在日常中面临各式各样的字符串处理问题，这就要求我们必须掌握一些常用的字符串处理函数，见表 3.16。

表 3.16　字符串函数

函数	说明
capitalize()	将字符串的第一个字符转换为大写
center(width, fillchar)	返回一个指定的宽度 width 居中的字符串，fillchar 为填充的字符，默认为空格
count(str, beg= 0,end=len(string))	返回 str 在 string 里面出现的次数，如果指定 beg 或 end 则返回指定范围内 str 出现的次数
bytes.decode(encoding="utf-8", errors="strict")	bytes 对象的 decode()方法可解码给定的 bytes 对象，这个 bytes 对象可以由 str.encode()来编码返回
encode(encoding='UTF-8',errors='strict')	以 encoding 指定的编码格式编码字符串，如果出错默认报一个 ValueError 的异常，除非 errors 指定的是'ignore'或'replace'
endswith(suffix, beg=0, end=len(string))	检查字符串是否以 obj 结束，如果 beg 或 end 指定则检查指定的范围内是否以 obj 结束，如果是返回 True，否则返回 False
expandtabs(tabsize=8)	把字符串 string 中的 tab 符号转为空格，tab 符号默认的空格数是 8
find(str, beg=0 end=len(string))	检测 str 是否包含在字符串中，如果 beg 和 end 指定范围，则检查是否包含在指定范围内，如果是返回开始的索引值，否则返回-1
index(str, beg=0, end=len(string))	功能与 find()方法一样，如果 str 不在字符串中会报一个异常
isalnum()	如果字符串至少有一个字符并且所有字符都是字母或数字则返回 True，否则返回 False

函数	说明
isalpha()	如果字符串至少有一个字符并且所有字符都是字母则返回 True，否则返回 False
isdigit()	如果字符串只包含数字则返回 True，否则返回 False
islower()	如果字符串中包含至少一个区分大小写的字符，并且所有这些（区分大小写的）字符都是小写，则返回 True，否则返回 False
isnumeric()	如果字符串中只包含数字字符则返回 True，否则返回 False
isspace()	如果字符串中只包含空格则返回 True，否则返回 False
istitle()	如果字符串是标题化的（所有单词都是以大写开始，其余字母均为小写）则返回 True，否则返回 False
isupper()	如果字符串中包含至少一个区分大小写的字符，并且所有这些（区分大小写的）字符都是大写，则返回 True，否则返回 False
join(seq)	以指定字符串作为分隔符，将 seq 中所有的元素（的字符串表示）合并为一个新的字符串
len(string)	返回字符串长度
ljust(width[, fillchar])	返回一个原字符串左对齐，并使用 fillchar 填充至长度 width 的新字符串，fillchar 默认为空格
lower()	转换字符串中所有大写字符为小写
lstrip()	截掉字符串左边的空格
maketrans()	创建字符映射的转换表，对于接受两个参数的最简单的调用方式，第一个参数是字符串，表示需要转换的字符，第二个参数也是字符串，表示转换的目标
max(str)	返回字符串 str 中最大的字母
min(str)	返回字符串 str 中最小的字母
replace(old, new [, max])	将字符串中的 str1 替换成 str2，如果 max 指定，则替换不超过 max 次
rfind(str, beg=0,end=len(string))	功能类似于 find()函数，从右边开始查找
rindex(str, beg=0, end=len(string))	功能类似于 index()函数，从右边开始查找
rjust(width,[, fillchar])	返回一个原字符串右对齐，并使用 fillchar（默认空格）填充至长度 width 的新字符串
rstrip()	删除字符串末尾的空格
split(str="", num=string.count(str))	以 str 为分隔符截取字符串，如果 num 有指定值，则仅截取 num 个子字符串
splitlines([keepends])	按照行（'\r', '\r\n', \n）分隔，返回一个包含各行作为元素的列表，如果参数 keepends 为 False 则不包含换行符，如果为 True 则保留换行符
startswith(str, beg=0,end=len(string))	检查字符串是否是以 obj 开头，是则返回 True，否则返回 False。如果 beg 和 end 指定值，则在指定范围内检查
strip([chars])	在字符串上执行 lstrip()和 rstrip()

函数	说明
swapcase()	将字符串中大写转换为小写，小写转换为大写
title()	返回"标题化"（所有单词都是以大写开始，其余字母均为小写）的字符串
translate(table, deletechars="")	根据 str 给出的表（包含 256 个字符）转换 string 的字符，要过滤掉的字符放到 deletechars 参数中
upper()	转换字符串中的小写字母为大写
zfill (width)	返回长度为 width 的字符串，原字符串右对齐，前面填充 0
isdecimal()	检查字符串是否只包含十进制字符，如果是返回 true，否则返回 False

【例 3.15】字符串函数示例。

```
str_example = 'hello world hello!'
index1=str_example.find("or")
print(index1)
result = str_example.count("he")
print(result)
new_str = str_example.replace('he','HE',1)
print(new_str)
print(str_example.split())
```

运行结果：

```
7
2
HEllo world hello!
['hello', 'world', 'hello!']
```

3.9.3　类型判断和类型间转换

1. 类型判断

有 type()和 isinstance()两种方法判断数据类型。

（1）type()函数。type()函数在 Python 中是既简单又实用的一种对象数据类型查询方法。

type()函数格式：type(对象)

功能：返回对象的相应类型。

例如：

```
>>>type('25')
<class 'str'>
>>>type(1).__name__=='int'
True
```

对于内建的基本类型来说，使用 type()来检查是没有问题的，可是当应用到其他场合时，type()就显得不可靠了。这时就需要使用 isinstance()来进行类型检查。

（2）isinstance()函数。

格式：isinstance(对象,类型)

功能：判断一个对象是否是一个已知的类型。

第二个参数为类型名或类型名的一个列表，其返回值为布尔型。

若对象的类型与参数二的类型相同则返回 True。若参数二为一个元组，对象类型与元组中类型名之一相同，即返回 True。

交互状态运行示例：

```
>>> a = 4
>>> isinstance (a,int)
True
>>> isinstance (a,str)
False
>>> isinstance (a,(str,int,list))
True
```

2. 类型间转换

对不同类型的数据进行类型转换，可以使用 Python 类型转换函数，常用类型转换函数见表 3.17。

表 3.17　常用类型转换函数

函数格式	使用示例	描述
int(x [,base])	int("8")	可以转换包括 String 类型和其他数字类型为 int 型，但是会丢失精度
float(x)	float(1)或者 float("1")	可以转换 String 和其他数字类型为 float 型，不足的位数用 0 补齐，例如 1 会变成 1.0
complex(real ,imag)	complex(1,2)	第一个参数可以是 String 或数字，第二个参数只能为数字类型，第二个参数没有时默认为 0
str(x)	str(1)	将数字转化为 String
repr(x)	repr(Object)	返回一个对象的 String 格式
eval(str)	eval("12+23")	执行一个字符串表达式，返回计算的结果，如例子中返回 35
tuple(seq)	tuple((1,2,3,4))	参数可以是元组、列表或字典，为字典时，返回字典的 key 组成的集合
list(s)	list((1,2,3,4))	将序列转变成一个列表，参数可为元组、字典、列表，为字典时，返回字典的 key 组成的集合
set(s)	set(['b', 'r', 'u'])或者 set("asdfg")	将一个可迭代对象转变为可变集合，并且去重复，返回结果可以用来计算差集 x - y、并集 x | y、交集 x & y
frozenset(s)	frozenset([0, 1, 2, 3, 4, 5])	将一个可迭代对象转变成不可变集合，参数为元组、字典、列表等
chr(x)	chr(0x30)	chr()用一个范围在 range(256)内（就是 0～255）的整数作参数，返回一个对应的字符，返回值是当前整数对应的 ASCII 字符
ord(x)	ord('a')	返回对应的 ASCII 数值或 Unicode 数值
hex(x)	hex(12)	把一个整数转换为十六进制字符串
oct(x)	oct(12)	把一个整数转换为八进制字符串

3.10　turtle 画图程序

活跃的社区和丰富的第三方模块（module）是 Python 强大的原因之一。通过引入模块，Python 语言的功能得到扩展。Python 的强大来源于世界各地程序员的无私奉献提供的丰富的库和模块。turtle 模块就是其中之一。turtle 模块源于 20 世纪 60 年代的 Logo 编程语言，现在经常用于向中小学生进行编程普及。让我们敲入以下代码并执行，近距离地感受一下 turtle 模块的魅力吧。

```python
#draw.py，注意文件名不可以命名为 turtle.py，以避免与模块重名
import turtle as t
t.pensize(3)                #画笔粗细为 3
t.pencolor('red')           #画笔颜色为红色
for i in range(30):         #循环 30 次
    t.circle(100)           #画一个直径为 100 的圆
    t.left(12)              #向左转 12 度
```

运行结果如图 3.2 所示。

图 3.2　turtle 模块 draw.py 运行结果

练　习　三

一、选择题

1. 下列表达式中（　　）在 Python 中是非法的。
   A．x = y = z = 1　　　　　　　　　　B．x = (y = z + 1)
   C．x, y = y, x　　　　　　　　　　　D．x += y

2. 下面程序的执行结果的解释为（　　）。
   ```python
   print (1.2 - 1.0 == 0.2)
   False
   ```

A．Python 的实现有错误　　　　　　　　B．浮点数无法精确表示

C．Python 将非 0 数视为 False

3．下述字符串格式化语法正确的是（　　　）。

A．'GNU's Not %d %%'　% 'UNIX'　　　　　B．'GNU\'s Not %d %%'　% 'UNIX'

C．'GNU's Not %s %%'　% 'UNIX'　　　　　D．'GNU\'s Not %s %%'　% 'UNIX'

4．下列代码的运行结果是（　　　）。

```
print (('a' < 'b' < 'c')
```

A．a　　　　　　　　B．False　　　　　　C．c　　　　　　　　D．True

5．a 与 b 定义如下，下列（　　　）为 True。

```
a = '123'
b = '123'
```

A．a != b　　　　　　B．a is b　　　　　　C．a == 123　　　　　D．a + b = 246

6．关于 Python 内存管理，下列说法中错误的是（　　　）。

A．变量不必事先声明　　　　　　　　　　B．变量无须先创建和赋值而直接使用

C．变量无须指定类型　　　　　　　　　　D．可以使用 del 释放资源

7．下面不是 Python 合法标识符的是（　　　）。

A．int32　　　　　　B．40XL　　　　　　C．self　　　　　　D．__name__

8．下列运算符中优先级最高的是（　　　）。

A．&　　　　　　　　B．is　　　　　　　C．/　　　　　　　　D．**

9．a 乘以 b 要写成（　　　）。

A．a*b　　　　　　　B．a • b　　　　　　C．a×b　　　　　　D．ab

10．True and 6 的运算结果是（　　　）。

A．True　　　　　　B．1　　　　　　　C．0　　　　　　　D．6

11．代码 print(0.2+0.3==0.5)的输出结果是（　　　）。

A．True　　　　　　B．1　　　　　　　C．0　　　　　　　D．-1

12．以下关于 Python 字符编码的描述中错误的是（　　　）。

A．Python 字符编码使用 ASCII 编码

B．chr(x)和 ord(x)函数用于在单字符和 Unicode 编码值之间进行转换

C．print(chr(65))输出 A

D．print(ord('a'))输出 97

13．以下代码的输出结果是（　　　）。

```
a=10.99
print(complex(a))
```

A．10.99　　　　　　　　　　　　　　　　B．10.99+j

C．10.99+0j　　　　　　　　　　　　　　　D．0.99

14．以下关于 Python 语言浮点数类型的描述中错误的是（　　　）。

A．浮点数类型与数学中实数的概念一样

B．浮点数类型表示带有小数的类型

C．小数部分不可以为 0

D．Python 语言要求所有的浮点数必须带有小数部分

15. 以下变量名中不符合 Python 语言变量命名规则的是（　　　）。

    A．keyword_33　　　　　　　　B．keyword33_

    C．33_keyword　　　　　　　　D．_33keyword

16. 以下关于 Python 语言的描述中正确的是（　　　）。

    A．条件 11<=22<33 是不合法的，抛出异常

    B．条件 11<=22<33 是不合法的

    C．条件 11<=22<33 是合法的，输出 False

    D．条件 11<=22<33 是合法的，输出 True

17. 以下不属于 Python 语言关键字的是（　　　）。

    A．except　　　　　B．goto　　　　　C．pass　　　　　D．True

18. 在 Python 语言中不能作为变量名的是（　　　）。

    A．3p　　　　　　　B．p　　　　　　C．Temp　　　　　D．_fg

19. 以下关于 Python 缩进的描述中错误的是（　　　）。

    A．Python 用严格的缩进表示程序的格式框架，所有代码都需要在行前至少加一个空格

    B．缩进表达了所属关系和代码块的所属范围

    C．判断、循环、函数等都能够通过缩进包含一批代码

    D．采用不同数量空格的缩进可以形成多层缩进

20. 以下代码的输出结果是（　　　）。

```
x='A\0B\0C'
print(len(x))
```

    A．3　　　　　　　　B．5　　　　　　C．6　　　　　　D．7

21. 以下代码的输出结果是（　　　）。

```
x=2+9*((3*12)-8)//10
print(x)
```

    A．27　　　　　　　B．28　　　　　　C．27.2　　　　　D．28.2

22. 在 Python 语言中 IPO 模式不包括（　　　）。

    A．Input（输入）　　　　　　　　B．Process（处理）

    C．Program（程序）　　　　　　　D．Output（输出）

23. Python 语言中用来表示代码块所属关系的语法是（　　　）。

    A．方括号　　　　　B．冒号　　　　　C．缩进　　　　　D．花括号

二、填空题

1. 空字符串的布尔值是_____。

2. 布尔值分别有_____和_____。

3. 5/2 的值是_____，5//2 的值是_____。

4. 已知 x=5，执行 x=x+4 后，x 的值是_____。

5. 转义字符'\n'的含义是_____。

6. print (3,6,9,sep=';')的输出结果是_____。

7. Python 以_____划分语句块。

8. 设 s='abcdefg'，那么 s[3]的值是_____，s[3:5]的值是_____。

9．input()函数的返回值是_____类型。

10．Python 内置函数_____返回序列中的最大元素。

三、设计题

1．小王的月收入从去年的 5234 元提升到了今年的 6885 元，请计算小王月收入提升的百分点，并用字符串格式化显示出'xx.x%'，只保留小数点后一位。

2．输入 a、b、c、d 四个整数，计算 a+b-c*d 的结果并输出。

3．编写程序将温度从摄氏温度转换为华氏温度，转换公式为摄氏温度=32+华氏温度×1.8。

4．编写程序，输入一直角三角形的两个直角边长度，求该三角形的斜边长度。输出时有文字说明，取 3 位小数。

第 4 章　程 序 控 制

　　程序是按照一定的控制流程执行的。我们通常称顺序结构、选择结构和循环结构为程序的三种基本结构。顺序结构是最简单、最基本的一种结构，该结构按语句排列的先后顺序执行。但是仅有顺序结构是不够的，因为有时还要根据特定情况有选择地执行某些语句，这时就需要选择结构。另外，有时候还可以在给定的条件下重复执行某些语句，这时需要循环结构。有了这三种基本结构，就可以构建复杂的程序了。本章学习程序的选择结构（分支结构），包括单分支结构、二分支结构、多分支结构；程序的循环结构，包括 while 循环、for 循环和其他与循环有关的语句。

- 选择结构。
- 循环结构。

4.1　选　择　结　构

　　在程序设计中经常遇到这类问题，它需要根据不同的情况采用不同的处理方法。例如，用户登录的时候，只有用户名和密码全部正确才能登录成功。对于这类问题必须借助选择结构（又称分支结构）。本节介绍 if 语句、if...else 语句、if...elif...else 语句。

　　1. if 语句

　　格式如下：

```
if 条件:
    语句块
```

　　说明："条件"一般为关系表达或逻辑表达式，"条件"后面必须有冒号"："，"语句块"为若干行语句，它们有相同的缩进。

　　功能：只有当条件为 True 时才执行下面的语句块。执行流程如图 4.1 所示。

　　我们称 if 语句为单分支结构。需要说明的是 if 语句可以嵌套使用。也就是说，"语句块"中还可以使用 if 语句。下面介绍的二分支结构及多分支结构也都可以互相嵌套使用，解决更复杂的判断问题。

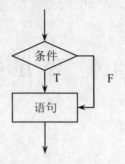

图 4.1   if 语句执行流程

【例 4.1】如果输入的数据是 8088，就输出"终于见到你了"；否则，结束程序。

分析：很显然，该题目无法用顺序结构解决，而用 if 语句就很容易实现。用 if 语句判断输入的数据 a 是否等于 8088，若等于，则输出"终于见到你了"。

程序代码：

```
a = int(input('输入一个数：'))
if   a== 8088:
    print('终于见到你了！')
```

运行结果：

```
输入一个数：8088
终于见到你了！
```

如果输入的数不是 8088，则结束程序，没有文字输出信息。

2. if...else 语句

该语句与 if 语句的不同之处在于：它既指定了条件为 True 时所执行的语句块，也指定了条件为 False 时所执行的语句块。

格式如下：

```
if 条件：
    语句块 1
else：
    语句块 2
```

需要注意的是，if 和 else 必须对齐，语句块 1 和语句块 2 必须有相同的缩进。

功能：条件为 True 时，执行语句块 1；条件为 False 时，执行语句块 2。执行流程如图 4.2 所示。

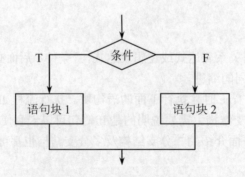

图 4.2   if...else 语句执行流程

我们称 if...else 语句为二分支结构。

例如，以下二分支结构能根据输入的年龄是大于等于 18 还是小于 18 输出不同的信息。

```
age = int(input("请输入你的年龄："))
if   age >= 18:
     print("你是成年人啦！")
else:
     print("你是未成年人！")
```

注意，这种二分支结构是二选一的结构，也就是说只能选择执行其中一个语句块。

【例 4.2】某火车站行李托运的收费标准是：50kg 以内（包括 50kg）为 0.95 元/kg，超过 50kg 部分为 1.90 元/kg。编写程序，要求根据输入的重量计算出应付的行李费。

根据题意计算公式如下：

$$pay = \begin{cases} weight \times 0.95 & weight \leqslant 50 \\ (weight\text{-}50) \times 1.90 + 50 \times 0.95 & weight > 50 \end{cases}$$

分析：输入行李重量后，根据条件 weight >50 进行判断，条件成立时，执行 pay = (weight -50) * 1.9 + 50 * 0.95；否则，执行 pay = weight * 0.95。分支结构结束时，输出 pay。

程序代码：

```
weight =eval(input('请输入行李重量（kg）:'))
if   weight > 50:
     pay = (weight - 50) * 1.9 + 50 * 0.95
else:
     pay = weight * 0.95
print('行李费是：%.2f 元。'%pay)
```

运行结果：

```
请输入行李重量（kg）:78
行李费是：100.70 元。
```

【例 4.3】某快递公司同城收费标准：首重 1kg，12 元；续重 1.3 元/kg，不足 1kg 的按 1kg 计算。编写程序，要求根据输入的重量计算出应付的快递费。

分析：根据题意，快件重量 weight 和快递费 pay 的关系可用以下式子表示：

$$pay = \begin{cases} 12 & weight \leqslant 1 \\ 12 + (weight\text{-}1) \times 1.3 & weight > 1\text{且weight为整数} \\ 12 + (int(weight\text{-}1) + 1) \times 1.3 & weight > 1\text{且weight不是整数} \end{cases}$$

以上式子的计算需要多次判断快件重量 weight，可用 if 的嵌套编程解决。

程序代码：

```
weight =eval(input('请输入快件重量:'))
if   weight <= 1:
     pay = 12
else:
     weight = weight - 1              #续重
     if weight == int(weight):        #续重是整数吗
         pay = 12 + weight*1.3
     else:
         pay = 12 + (int(weight)+1)*1.3
print('快递费是：%.2f 元。'%pay)
```

例 4.2 是二分支问题，例 4.3 是三分支问题，对于三分支以上的多分支问题，使用下面的 if...elif...else 语句更方便。

3. if...elif...else 语句

当需要从多个语句块中选择一个语句块执行时，用 if...elif...else 语句更方便。

格式如下：

```
if   条件 1:
     语句块 1
elif  条件 2:
     语句块 2
elif 条件 3:
     语句块 3
...
elif 条件 n:
     语句块 n
else:
     语句块 n+1
```

功能：从上至下对条件进行检查，当某个条件为 True 时就执行它下面的语句块；如果所有的条件都不为 True 时就执行 else:下面的语句块 n+1。执行流程如图 4.3 所示。

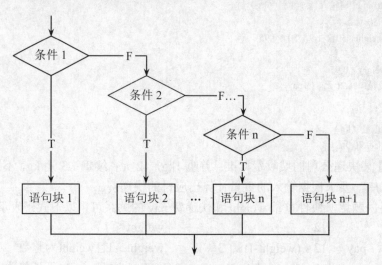

图 4.3   if...elif...else 语句执行流程

我们称 if...elif...else 语句为多分支结构。

【例 4.4】输入一个学生的成绩 x（百分制），当 x≥90 时，输出"优秀"；当 80≤x<90 时，输出"良好"；当 70≤x<80 时，输出"中"；当 60≤x<70 时，输出"及格"；当 x<60 时，输出"不及格"。

分析：本例适合用多分支结构来解决。

程序代码：

```
score = eval(input('请输入学生成绩:'))
if score >= 90:
     level = "优秀"
elif score >= 80:
```

```
        level = "良好"
elif score >= 70:
        level = "中"
elif score >= 60:
        level = "及格"
else:
        level = "不及格"
print('学生的等级是：',level)
```

4.2　循　环　结　构

循环结构可以在满足指定条件下重复执行一段代码。Python 循环结构可以用 while 语句或 for 语句实现。

4.2.1　while 语句

格式如下：

```
while 条件:
        语句块
```

功能：当条件为 True 时，程序循环执行语句块（称为循环体）中的代码。执行流程如图 4.4 所示。

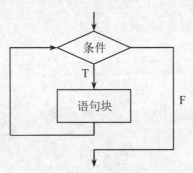

图 4.4　while 语句执行流程

【例 4.5】打印 1～5 的自然数。

程序代码：

```
x = 1
while x <= 5:
        print (x,end=' ')
        x = x + 1
```

运行结果：

```
1 2 3 4 5
```

while 循环每次先判断 x<=5，如果为 True，则执行循环体的代码块，否则退出循环。

在循环体内，x=x+1 会让 x 不断增加，最终因为 x<=5 不成立而退出循环。如果没有 x=x+1 这一语句，while 循环在判断 x<=5 时总是为 True，就会无限循环下去，变成死循环，所以要特别留意 while 循环的退出条件。

【例 4.6】计算 1+2+3+...+100 的值。

分析：计算累加和需要两个变量，变量 s 存放累加和，变量 n 存放加数。重复将 n 加到 s 中。

程序代码：

```
n = 1
s = 0
while n <= 100:
    s = s + n
    n = n + 1
print ('1+2+3+...+100 的值是： ',s)
```

运行结果：

```
1+2+3+...+100 的值是：    5050
```

【例 4.7】假设我国现有人口 14 亿，若年增长率为 1.5%，试计算多少年后我国人口增加到或超过 20 亿。

分析：人口计算公式为 p=y(1+r)n，y 为人口初值，r 为年增长率，n 为年数。

程序代码：

```
p = 14
r = 0.015
n = 0
while p < 20:
    p = p * (1 + r)
    n = n + 1
print("%d 年后，我国人口将达到%f 亿"%(n,p))
```

运行结果：

```
24 年后，我国人口将达到20.013039 亿。
```

【例 4.8】猜数游戏。

```
#该实例演示了数字猜谜游戏
number =7
guess =-1
print("数字猜谜游戏!")
    while guess != number:
    guess = int(input("请输入你猜的数字："))
    if guess == number:
        print("恭喜，你猜对了！")
    elif guess < number:
        print("猜的数字小了...")
    else:
        print("猜的数字大了...")
```

运行结果：

```
数字猜谜游戏!
请输入你猜的数字：4
猜的数字小了...
请输入你猜的数字：9
猜的数字大了...
请输入你猜的数字：7
恭喜，你猜对了！
```

4.2.2 for 语句

格式如下：

```
for 变量 in 序列:
循环体
```

功能：for 语句可以遍历（逐个访问）序列中的元素。每次循环可以调取序列中的一个元素分配给变量并执行循环体，直到整个序列中的元素取完为止。序列可以是一个字符串、列表、元组等。

【例 4.9】遍历字符串'Python'。

```
for s in 'Python':
    print(s)
```

运行结果：

```
P
y
t
h
o
n
```

【例 4.10】遍历列表[1,2,7,-3]。

```
for s in [1,2,7,-3]:
    print(s)
```

运行结果：

```
1
2
7
-3
```

在该例中，for 循环将列表[1,2,7,-3]中的数值逐个显示。关于列表的概念与操作的详细介绍参见后面章节。

Python 提供了一个内置函数 range()，它可以生成一个等差数字序列。range()函数经常用在 for 循环中。

【例 4.11】range()函数示例 1。

```
for i in range(1,10,1):
    print(i,end=',')
```

运行结果：

```
1,2,3,4,5,6,7,8,9,
```

range()函数格式如下：

```
range(stop)
range(start, stop[, step])
```

它返回一个[start, start + step, start + 2 * step, ...,n*step]结构的整数序列，有以下几点说明：

（1）step 默认为 1，start 默认为 0。

（2）range()函数返回一个左闭右开的序列数。如果 step 是正整数，最后一个元素（start +n

* step）小于 stop；如果 step 是负整数，最后一个元素（start + n * step）大于 stop。

（3）step 参数必须是非零整数，否则抛出 VauleError 异常。

【例 4.12】range()函数示例 2。

```
for i in range(5,1,-1):
    print(i,end=',')
```

运行结果：

```
5,4,3,2,
```

【例 4.13】用 for 循环计算 1+2+3+...+100 的值。

```
s =0
for n in range(101):
    s = s + n
print ('1+2+3+...+100 的值是： ',s)
```

运行结果：

```
1+2+3+...+100 的值是： 5050
```

4.2.3 break 语句、continue 语句和 pass 语句

1. break 语句

break 语句在 while 循环和 for 循环中都可以使用。一般把 break 语句放在选择结构中，当条件成立时执行 break，结束循环（当前循环体）。

【例 4.14】计算 1+2+3+...+100 的值，用 break 语句跳出循环体。

```
n = 1
s = 0
while True:
    if n == 101:            #当 n 等于 101 时结束循环
        break
    s = s + n
    n = n + 1
print ('1+2+3+...+100 的值是： ',s)
```

运行结果：

```
1+2+3+...+100 的值是： 5050
```

【例 4.15】判断一个整数是不是素数。

分析：只能被 1 和它自身整除的自然数（大于 1）称为素数。判断一个数 n 是不是素数，依次用 2,3,4,5,...,n-1 做除数去除 n，只要有一个能被整除，n 就不是素数，否则 n 是素数。

程序代码：

```
n = int(input("请输入一个整数: "))
j = 2
while j <= n-1:
    if n % j == 0:
        break
    j = j+1
if j > n-1:
```

```
        print(n,"是素数")
else:
        print(n, "不是素数")
```

2. continue 语句

continue 语句的作用是结束本次循环，即跳过循环体中下面尚未执行的语句，接着开始下一次是否执行循环的判断。

【例 4.16】计算 1+3+5+...+99 的值。

```
s = 0
for n in range(101):
        if n % 2 ==0:
                continue
        s = s + n
print('1+3+5+...+99 的值是：', s)
```

运行结果：

```
1+3+...+99 的值是：　2500
```

本例中，如果 n % 2 ==0 为 True，表示 n 是偶数，此时执行 continue 语句，开始下一次循环，并不将偶数 n 累加到 s 中。

break 语句和 continue 语句的区别是：continue 语句是结束本次循环，继续下一次循环；break 语句则是结束整个循环。

3. pass 语句

pass 语句是空语句，它的出现是为了保持程序结构的完整性。pass 不做任何事情，通常用它作占位语句。程序设计时，暂时不能确定如何实现或者为以后的软件升级预留空间等，可以用 pass "占位"。

例如：

```
if x > y:
        pass        #什么也不做
else:
        ...
```

4.2.4　循环嵌套

一个循环体内又包含另一个完整的循环结构，称为循环的嵌套。while 循环和 for 循环可以互相嵌套。为了程序的可读性，嵌套层数一般不超过三层。双层循环是一种常用的嵌套。

【例 4.17】双层循环示例。

```
for n in range(2):
        print('外循环 n=',n )
        for m in range(3):
                print('    内循环 m=',m)
```

运行结果：

```
外循环 n= 0
    内循环 m= 0
    内循环 m= 1
    内循环 m= 2
外循环 n= 1
```

```
内循环 m= 0
内循环 m= 1
内循环 m= 2
```

由此可见，每执行一次外循环，则内循环必须循环所有的次数（即内循环结束）后才进入外循环的下一次循环。

【例 4.18】找出 3 和 100 之间的所有素数。

分析：通过前面的例子，我们已经会判断一个数是不是素数。利用循环嵌套，即可写出求 3 和 100 之间的所有素数的代码。

程序代码：

```
for n in range(3,101,2):      #直接从奇数中找即可
    j = 2
    while j <= n-1:
        if n % j == 0:
            break
        j=j+1
    if j > n-1:
        print(n,end=" ")
```

运行结果：

```
3 5 7 11 13 17 19 23 29 31 37 41 43 47 53 59 61 67 71 73 79 83 89 97
```

4.3 控制程序综合程序案例

通过前两节的学习，我们已经掌握了 Python 语言中选择结构和循环结构的语法及其基本使用方法，可以有效控制 Python 程序执行的流程。在编程解决实际问题时，很多问题都是综合利用选择和循环两种结构加以解决的。

【例 4.19】编程求解百钱百鸡问题。

中国古代数学家张丘建在他的《算经》中提出了一个著名的"百钱百鸡问题"：一只公鸡值五钱，一只母鸡值三钱，三只小鸡值一钱，现需要用一百钱买一百只鸡，请问公鸡、母鸡、小鸡各买多少只？

分析：百钱百鸡问题可以转换为数学中的不定方程组，我们可以利用 Python 的循环语句进行穷举，穷举公鸡、母鸡和小鸡的所有可能性，找出满足一百钱一百只鸡条件的解。假设一百钱全部买公鸡，那么公鸡的取值范围是 0～20，可用循环语句 for cock in range(0,21)实现。同理，母鸡的取值范围是 0～33，可以用 for hen in range(0,34)实现；小鸡的取值范围是 0～100。又由于小鸡是三只值一钱，所以小鸡的只数一定是 3 的倍数，可以用 for chicken in range(0,100,3)实现。因此，本程序可以写成一个三重循环嵌套的形式。

程序代码：

```
for cock in range(0,21):
    for hen in range(0,34):
        for chicken in range(0,100,3):
            if cock+hen+chicken==100 and 5*cock+3*hen+chicken/3==100:
                print("公鸡:%d 只，母鸡:%d 只，小鸡:%d 只"%(cock,hen,chicken))
```

运行结果：

```
公鸡:0 只，母鸡:25 只，小鸡:75 只
公鸡:4 只，母鸡:18 只，小鸡:78 只
公鸡:8 只，母鸡:11 只，小鸡:81 只
公鸡:12 只，母鸡:4 只，小鸡:84 只
```

【例 4.20】输入一个大于 10 的整数，求从 1 到这个整数范围内所有 7 的倍数或包含 7 的数之和。

分析：判断用户输入的正整数是否大于 10，可以利用 if...else...选择结构实现。如果用户输入的整数 n 大于 10，则可以利用 for 循环在 1～n 范围内查找所有 7 的倍数和包含 7 的整数。对于判断一个整数是否包含"7"，可以将该整数转换成为字符串，再利用成员函数"in"进行判断。

程序代码：

```
n=int(input("请输入一个大于 10 的整数:"))
if n>10:
    sum=0
    for i in range(n+1):
        if i%7==0:
            sum=sum+i
        elif "7" in str(i):
            sum=sum+i
    print("从 1 到%d 范围内，所有 7 的倍数或包含 7 的数之和：%d"%(n,sum))
else:
    print("输入的数值小于 10，程序结束！")
```

运行结果：

```
请输入一个大于 10 的整数:17
从 1 到 17 范围内，所有 7 的倍数或包含 7 的数之和：38
```

【例 4.21】编程求出整数[min,max]范围内的所有阿姆斯特朗数。

如果一个 n 位正整数等于其各位数字的 n 次方之和，则称该数为阿姆斯特朗数。例如三位的阿姆斯特朗数包括 153、370、371、407。三位的阿姆斯特朗数又称为"水仙花数"。四位的阿姆斯特朗数包括 1634、8208、9474。当然，数位更多的阿姆斯特朗数还有很多，例如 4679307774 就是十位的阿姆斯特朗数。

分析：求出整数[min,max]范围内的所有阿姆斯特朗数，关键是要求出每一个正整数的位数。可以将正整数转换成字符串，利用 len()函数求出字符串的长度，即为该正整数的位数。另外，求正整数的每一位数值时，可以利用与 10 相除取余数的方法求出个位数，再不断将正整数缩小 10 倍，即能求出该正整数所有数位上的数值。

程序代码：

```
min=int(input("请输入最小值:"))
max=int(input("请输入最大值:"))
for i in range(min,max):
    sum=0
    n=len(str(i))        #计算整数 i 的位数
    temp=i               #定义临时变量 temp
    while temp>0:
```

```
        digit=temp % 10
        sum=sum+digit**n      #计算最低位的 n 次方并累加求和
        temp=temp//10         #temp 缩小 10 倍
    if i==sum:
        print(i)
```

运行结果：

```
请输入最小值:100
请输入最大值:10000
153
370
371
407
1634
8208
9474
```

练 习 四

一、选择题

1．下面选项中，输出 1　2　3 的是（　　　）。

 A．for i in range(3):

   print(i,end=' ')

 B．for i in range(4):

   print(i,end=' ')

 C．i=1

  while i<4:

   print(i,end=' ')

   i+=1

 D．i=0

  while i < 4:

   i += 1

  print(i, end=' ')

2．以下关于 Python 循环结构的描述中错误的是（　　　）。

 A．continue 只结束本次循环

 B．遍历循环中的遍历结构可以是字符串、文件、组合数据类型和 range()函数等

 C．Python 通过 for、while 等关键字构建循环结构

 D．break 用来结束当前当次语句，但不跳出当前的循环体

3．实现多个条件判断需要用到（　　　）与 if 的组合。

 A．for   B．pass   C．elif   D．以上都不是

4．可以使用（　　　）语句跳过当前循环的剩余语句，继续进行下一轮循环。

 A．break   B．pass   C．continue   D．以上都不是

5．在 for i in range(6)语句中，i 的取值是（　　　）。

 A．[1,2,3,4,5,6] B．[1,2,3,4,5] C．[0,1,2,3,4] D．[0,1,2,3,4,5]

6．以下程序循环执行 print 语句（　　　）次。

```
i=1
while i<=1:
    print('ok')
```

 A．0   B．1   C．无数   D．以上都不是

7. 以下关于 Python 分支的描述中错误的是（　　）。

　　A．Python 分支结构使用关键字 if、elif 和 else 来实现，每个 if 后面必须有 elif 或 else

　　B．if…else 结构是可以嵌套的

　　C．缩进是 Python 分支语句的语法部分，缩进不正确会影响分支功能

　　D．if 语句会判断 if 后面的逻辑表达式，当表达式为真时执行 if 后续的语句块

8. 以下关键字不属于分支或循环逻辑的是（　　）。

　　A．elif　　　　　　　B．for　　　　　　　C．in　　　　　　　D．while

9. 以下构成 Python 循环结构的方法中正确的是（　　）。

　　A．loop　　　　　　　B．while　　　　　　C．do...for　　　　　D．if

10. 从键盘输入数字 5，以下代码的输出结果是（　　）。

```
n=eval(input("请输入一个数："))
s=0
if n>5:
    n-=1
    s=4
if n<5:
    n-=1
    s=3
print(s)
```

　　A．3　　　　　　　　B．0　　　　　　　　C．2　　　　　　　　D．4

11. 以下关于 Python 循环结构的描述中错误的是（　　）。

　　A．while 循环可以使用关键字 break 和 continue

　　B．while 循环使用 break 关键字能够跳出所在层循环体

　　C．while 循环也叫遍历循环，用来遍历序列类型中的元素，默认提取每个元素并执行一次循环体

　　D．while 循环使用 pass 语句则什么事也不做，只是空的占位语句

12. 以下代码的输出结果是（　　）。

```
for s in "PythonNCRE":
    if s == "N":
        continue
    print(s, end="")
```

　　A．Python　　　　　　　　　　　　B．N

　　C．PythonNCRE　　　　　　　　　　D．PythonCRE

13. 以下代码的输出结果是（　　）。

```
for i in range(1,6):
    if(i%4==0):
        break
    else:
        print(i,end=",")
```

　　A．1,2,3,5　　　　　B．1,2,3　　　　　C．1,2,3,　　　　　D．1,2,3,5,

二、填空题

1. 程序的三种基本结构是＿＿＿＿＿＿。

2. 可中途结束循环的语句是＿＿＿＿＿＿。

3．选择结构最大的作用是_____。

4．continue 语句的作用是_____。

5．以下程序的运行结果是_____。

```
x = 1
while x <= 6:
    print (x,end=': ')
    x = x + 2
```

6．以下程序的运行结果是_____。

```
x = 1
while x <= 6:
    x = x + 2
    print (x,end=': ')
```

7．Python 提供了_____循环和_____循环。

8．break 语句一般放在_____结构中，当条件成立时执行 break 语句。

三、设计题

1．判断一个数 n 能否同时被 3 和 5 整除。

2．输入一个年份，输出是否为闰年。闰年条件：能被 4 整除但不能被 100 整除，或者能被 400 整除的年份都是闰年。

3．使用 ceil()函数编程解决例 4.3 中的快递收费问题。请上网查询、学习 ceil()函数的用法。

4．编程计算以下分段函数：

$$y = \begin{cases} 1 & x = 0 \\ x+1 & x > 0 \\ x^2 + 1 & x < 0 \end{cases}$$

5．一球从 100 米高度自由落下，每次落地后反跳回原高度的一半，再落下，求它在第 10 次落地时共经过多少米？第 10 次反弹多高？

6．编程求 n!，n!=1×2×3×…×n。

7．编程求 2-3+4-5+6-…+100。

8．假设某乡镇企业现有产值 2376000 元，如果保持年增长率为 13.45%，试问多少年后该企业的产值可以翻一番。

9．找出 100～500 所有的"水仙花"数。所谓水仙花数，是指一个三位数，它的各位数字的立方和等于它本身，如 $371=3^3+7^3+1^3$。

10．用多项式计算 e 的近似值：

$$e = \sum_{n=0}^{N} \frac{1}{n!} = 1 + \frac{1}{1!} + \frac{1}{2!} + \frac{1}{3!} + \cdots + \frac{1}{N!}$$

第 5 章 列表、元组、字典、集合

 本章导读

对于成批的数据处理，需要用复杂的数据结构。本章主要介绍四种常用的基本结构：列表、元组、字典和集合，其中使用最多的是列表，其次是元组。每种数据结构都有各自的操作特点，在掌握每种数据结构的常用操作的基础上，总结它们各自的适用场合，在实际编程时根据数据处理的需要合理选择。

本章要点

- 列表的创建、访问、修改、增加、删除、截取、拼接等操作。
- 元组的创建与访问，以及元组与列表的区别。
- 字典的创建、访问、修改、删除等操作。
- 集合的创建与基本运算。
- 四种数据结构的应用特点。

5.1 列   表

列表（List）是包含若干元素的有序序列。列表中的元素都放在一对中括号"[]"中，元素间以逗号分隔。列表的有序体现在：列表中的每个元素都被分配一个索引号——下标，且第一个元素的下标为 0，第二个元素的下标为 1，以此类推；反过来，也可以用-1 表示最后一个元素的下标，-2 表示倒数第二个元素的下标，当不确定列表的长度而又需要从最后一个元素开始访问时，可以用负数作为下标。

列表中的元素可以是任意合法的数据类型，可以同时包含不同类型的数据。例如，以下都是合法的列表：

```
[2,4,6,8]
['Num', 'Name', 'Sex', 'Age', 'Class']
[10,20,[1,3,5], 'list']
```

列表的常见操作有：列表的创建与删除，列表元素的访问（引用、修改、添加、删除、统计、排序等），求列表的长度，求列表中元素的最大值、最小值、元素之和等。

【例 5.1】编写程序，对期末 Python 课程的成绩进行如下处理：

（1）输入某个班的 Python 课程的成绩（学生数事先不确定，按实际成绩个数输入）。

（2）输出第一个学生和最后一个学生的成绩。

（3）输入完成后发现第 4 个学生的成绩不小心输入错误，请修改为正确的成绩（假设为 98）。

（4）输入完成后发现第 5 个学生的成绩不小心输入了两遍，请删除第 6 个成绩。

（5）分别取出本班前 5 名学生的成绩和最后 5 名学生的成绩，存放在不同的列表中。

（6）按成绩降序排序。

（7）查找 85 分在本班的排名（输出第一个 85 分的元素对应的下标，假设成绩中存在 85 分）。

（8）求本班学生成绩的最高分和最低分。

（9）求全班学生的平均成绩。

（10）程序结束前，释放本班成绩所占的内存空间。

【案例分析】本例需要处理的是一批数据，可以用列表数据结构表示。其中，功能（1）～（5）的实现思路如下：

（1）首先创建一个成绩列表，然后循环输入每个学生的成绩，当输入-1 时表示输入完毕。

（2）根据下标访问列表的第一个和最后一个元素。

（3）更新列表的第 4 个元素的值。

（4）根据下标删除列表的第 6 个元素。

（5）使用切片方法提取列表的前/后 5 个元素，形成新的列表。

实现该任务需要的知识点：列表的创建，列表元素的输入、提取、更新和删除。

5.1.1 列表的创建与删除

1. 创建列表

常用的列表创建方法有两种：一是使用一对中括号"[]"创建，二是使用 list()函数创建。创建时可以直接加入列表元素，也可以创建空的列表。

（1）使用"[]"创建列表。

```
>>>score_list1=[]              #创建一个空列表
>>>score_list1                 #查看列表内容
[]
>>>score_list2=[90,85,70]      #创建列表，包含 3 个列表元素
>>>score_list2                 #查看 score_list2 的内容
[90, 85, 70]
```

（2）使用 list()函数创建列表。

list()函数可以将一个数据结构对象转换为列表类型。例如字符串、元组对象可以转换成列表。

```
>>>score_list3=list()              #创建一个空列表
>>>score_list4=list('string to list')  #将字符串转换成列表
>>>score_list4                     #查看转换后的列表
['s', 't', 'r', 'i', 'n', 'g', ' ', 't', 'o', ' ', 'l', 'i', 's', 't']
```

2. 删除列表

当一个列表使用完毕后，可以使用 del 命令将其删除，以便释放列表所占的空间。

```
>>>del score_list4
>>>score_list4
NameError: name 'score_list4' is not defined    #出现错误提示：score_list4 未定义
```

5.1.2　列表元素的访问

列表是有序序列，可以通过元素的索引号（即下标）访问，也可以通过列表类型的方法访问。

我们经常会看到方法与函数两个概念，方法与函数没有明显的区分，是同一事物的两种不同的叫法，它们都是一段代码，是在代码结构中单独构造的，可供内部调用或外部调用的私有或公开的逻辑代码的封装。而封装后的代码块就叫作函数或方法，可以有返回值也可以没有返回值。一般情况下，我们把和对象相关联的封装的代码块称为该对象的方法。

Python 的列表类型包含的列表方法很丰富，灵活地运用列表方法可以实现很复杂的列表处理。常见的列表操作包括列表元素的提取（查询）、添加、修改、删除等。

1. 提取列表元素

（1）使用"列表对象[下标]"方式提取指定的列表元素。

```
>>>score_list=[80,90,70,65,85,45]
>>>score_list[0]                        #提取列表中的第 1 个元素，索引号为 0
80
>>>score_list[-1]                       #提取列表中的最后一个元素，索引号为-1
45
>>>score_list[10]                       #下标超出范围时，Python 会返回错误信息
Traceback (most recent call last):
  File "<iPython-input-11-849ba869373d>", line 1, in <module>
    score_list[10]
IndexError: list index out of range
```

（2）使用"切片"方式提取指定的多个列表元素。

当需要提取列表中的多个元素时，可以灵活使用切片操作获取一个子列表。切片操作格式如下：

```
list_name[start:end:step]
```

从列表 list_name 中提取下标从 start 开始、以 step 步长为间隔、到 end 为止（但不包含 end）的所有元素。若 start 省略，默认为从下标 0 开始；若 end 省略，默认为到最后一个元素；若步长 step 省略，则默认为 1。

```
>>> score_list=[30,50,60,70,80,90,95,100]
>>> score_list[2:5]                     #提取下标 2～4 的元素
[60, 70, 80]
>>> score_list[2:8:2]                   #提取下标 2 和 7 之间的元素，步长为 2
[60, 80, 95]
>>> score_list[-1:-3:-1]                #提取倒数第 1 和 2 之间的元素，步长为-1
[100, 95]
>>>score_list5=score_list[::2]          #提取列表的所有偶数下标的元素，步长为 2
>>>score_list5
[30, 60, 80, 95]
```

提示：使用列表的切片操作时一定注意提取元素的索引号的范围是：大于等于 start 且小于 end，相当于数学上的一个半开半闭区间（前闭后开）。

2. 添加列表元素

列表的方法 append()、insert()、extend()都可以实现向列表中添加元素，每种方法都有各

自的特点，请根据需要合理选择使用。其格式和功能如下：

（1）list_1.append(x)：将元素 x 添加到列表 list_1 的末尾。

（2）list_1.extend(list_2)：将列表 list_2 添加到列表 list_1 的末尾。

（3）list_1.insert(index,x)：将元素 x 插入 index 指定的下标位置，原来该位置及其以后的元素都后移一个位置。

```
>>>score_list= [30, 50, 60, 70, 80, 90, 95, 100]
>>>score_list.append(75)                    #向列表尾部追加一个元素: 75
[30, 50, 60, 70, 80, 90, 95, 100, 75]
>>>score_list.insert(2,65)                   #将元素 65 插入到下标 2 的位置
[30, 50, 65, 60, 70, 80, 90, 95, 100, 75]
```

提示：append() 与 insert() 都能实现向列表中添加一个元素，但使用 insert() 时，需要先将指定位置及其以后的元素都后移一个位置，然后才能插入一个新元素，所以效率很低。

3. 修改列表元素

列表是可变类型，其元素是可以被修改的，直接给元素赋值即可实现。

```
>>>score_list= [30, 50, 65, 60, 70, 80, 90, 95, 100, 75]
>>>score_list[0]=45                          #将下标为 0 的元素改为 45
>>>score_list
[45, 50, 65, 60, 70, 80, 90, 95, 100, 75]
```

4. 删除列表元素

（1）使用 del 语句删除指定位置的元素。

```
>>>del score_list[1]                          #删除下标为 1 的元素
>>>score_list
[45, 65, 60, 70, 80, 90, 95, 100, 75]
```

（2）使用列表类型的 pop() 方法删除指定位置的元素并获取该元素。

```
>>>score_list.pop(3)                          #获取并删除下标为 3 的元素
70
>>>score_list
[45, 65, 60, 80, 90, 95, 100, 75]
```

（3）使用列表类型的 remove() 方法根据指定的元素值将列表中第一次出现的该元素删除。

```
>>>score_list.append(80)                      #为了说明删除第一个指定元素，先给列表追加一个元素
>>>score_list
[45, 65, 60, 80, 90, 95, 100, 75, 80]
>>>score_list.remove(80)                      #删除列表中第一个值为 80 的元素
>>>score_list
[45, 65, 60, 90, 95, 100, 75, 80]
```

5.1.3　用列表的基本操作实现案例任务

【案例实现】根据以上列表操作，例 5.1 中的功能（1）～（5）的实现过程可参考下述操作。

功能（1）：创建一个空列表，循环输入每个学生的成绩，存放在列表中。其中，输入一个学生成绩可用 input() 函数实现，将输入的成绩字符串转换成 int 类型后，用列表对象的 append(x) 函数将成绩存放到列表中。

功能（2）：根据下标访问列表的第一个和最后一个元素。

功能（3）：更新列表的第四个元素的值（新值为98）。

功能（4）：根据下标删除列表的第6个元素。

功能（5）：使用切片方法分别获取前/后5个元素。

【代码解析】以上任务的实现过程可参考如下代码：

```
score_list=[]
print('请逐个输入学生成绩，用空格分隔，以回车结束：')
score_str=input()
temp=score_str.split(' ')          #以空格为分隔符切分输入的字符串为每个成绩一个子串
for str in temp:                   #for循环可简化为 score_list=[int(str) for str in temp]
    score_list.append(int(str))    #将成绩字符串转换为int型添加到成绩列表中
print('成绩列表：',score_list)

print('第1个成绩：',score_list[0],'最后一个成绩：',score_list[-1])
score_list[3]=98
print('第4个成绩更新后：',score_list)
del score_list[5]
print('删除第6个元素后：',score_list)

score_top5=score_list[:5]
print('前5个成绩：',score_top5)
score_last5=score_list[-1:-6:-1]
print('后5个成绩：',score_last5)
```

【运行结果】

```
请逐个输入学生成绩，用空格分隔，以回车结束：
90 80 70 60 50 65 75 85 95 100
成绩列表：[90, 80, 70, 60, 50, 65, 75, 85, 95, 100]
第1个成绩：90 最后一个成绩： 100
第4个成绩更新后：[90, 80, 70, 98, 50, 65, 75, 85, 95, 100]
删除第6个元素后：[90, 80, 70, 98, 50, 75, 85, 95, 100]
前5个成绩：[90, 80, 70, 98, 50]
后5个成绩：[100, 95, 85, 75, 50]
```

5.1.4　列表的高级操作

以上是列表的常用处理方法，也是需要熟练掌握的基本操作，对于例5.1中的功能（5）～（10）是对成绩列表的较复杂的操作，可以用列表的高级操作来实现。

【案例分析】例5.1中功能（6）～（10）的实现思路：

（1）用列表的sort()方法实现按成绩降序排序。

（2）用列表的index()方法查找85分在本班的排名（假设列表中有元素85）。

（3）用Python的内置函数max()和min()求本班学生成绩的最高分和最低分。

（4）用Python的内置函数sum()求和，用len()函数统计成绩个数，然后求全班学生的平均成绩。

（5）程序结束前，用del释放本班成绩所占的内存空间。

实现该任务前需要先了解相关的知识点，见表5.1。

表 5.1　其他常用列表操作

操作	说明
list.sort(reverse=False)	对源列表中的元素排序，默认为升序（reverse=True 为降序）
list.index(var)	从列表中找出元素值 var 在列表中第一个匹配项的索引位置
list.count(var)	统计元素 var 在列表中出现的次数
list.reverse()	将列表中的元素逆序
list_1+list_2	两个列表相加，例如[1,2,3]+[4,5,6] 结果为 [1,2,3,4,5,6]
list_1*3	将列表重复 3 遍，例如 [2,3]*3 结果为 [2,3,2,3,2,3]
max(list)	Python 内置函数，返回列表元素的最大值
min(list)	Python 内置函数，返回列表元素的最小值
len(list)	Python 内置函数，统计列表元素的个数

5.1.5　用列表的高级操作实现案例任务

根据以上案例分析和知识点学习，例 5.1 中的功能（6）～（10）的实现可参考下述代码。

【代码解析】

```
#功能（6）:降序排序
score_list= [90, 80, 70, 98, 50, 75, 85, 95, 100]
score_list.sort(reverse=True)
print('降序排序后:',score_list)
#功能（7）：求 85 分在本班的排名
print('85 分的排名是:',score_list.index(85)+1)
#功能（8）：求最高分和最低分
print('最高分',max(score_list),'最低分',min(score_list))
#功能（9）：求平均成绩
score_aver=sum(score_list)/len(score_list)
print('本班的平均成绩是：%5.1f'%score_aver)
#功能（10）：删除列表
del score_list
```

【运行结果】

```
降序排序后: [100, 98, 95, 90, 85, 80, 75, 70, 50]
85 分的排名是: 5
最高分 100 最低分 50
本班的平均成绩是: 82.6
```

思考：

（1）如何统计 90 分的元素个数？

（2）如何将降序排序后的成绩表变为升序排序？

5.2　元　　组

元组（Tuple）是类似于列表的一种数据结构。元组中的元素都放在一对小括号"()"中，元素之间用逗号分隔，并且元素可以是任意类型；元组也是一种有序序列，可以使用索引号访问元组中的元素。

与前面介绍的列表不同的是：元组是不可变序列，一旦创建，就不能改变元组的元素，即不能对元组的元素进行添加、修改、删除等操作。因此，元组的不可变性使得元组中的元素在使用过程中是很安全的。当程序中有些重要的数据不希望在使用中被修改时，可以使用元组类型。

【例 5.2】某高校的学生选课系统中，每个专业的课程名称一旦设置完成，在后续四年的学生选课过程中是不允许被改变的。请编写程序，对某专业的专业基础课的课程名称进行以下处理：

（1）输入某专业的专业基础课的课程名称。

（2）查询第二门课和最后一门课的课程名称。

（3）统计该专业的专业基础课的门数。

【案例分析】需要创建元组来保存管理员输入的专业基础课的名称，然后再访问元组中的元素。

完成该任务需要的主要知识点有元组的创建、访问元组的元素、统计元组的长度等。

5.2.1　元组的创建与删除

1．创建元组

元组的创建与列表类似，常用的创建方法有两种：一是使用圆括号“()”创建，二是使用 tuple()函数创建。创建时可以直接加入元组元素，也可以创建空的元组。

（1）使用圆括号“()”创建元组。

将元组的元素放在圆括号中，用逗号分开。当只有一个元素时，元素后面也必须有逗号；当括号内没有元素时，创建一个空元组。

```
#创建包含 5 门课程名称的元组
>>>course_tuple1=('OS','Data Structure','Computer Net','Java Programming')
>>>course_tuple1
('OS', 'Data Structure', 'Computer Net', 'Java Programming')
#特殊情况：省略圆括号时，系统会自动将用逗号分隔的数据序列转换为元组
>>> course_no_tuple='080501','080502','080513','080514'
>>>course_no_tuple
 ('080501', '080502', '080513', '080514')
#创建包含一个元素的元组
>>> tup1=(50,)
>>>tup1
(50,)
```

（2）使用 tuple()函数创建元组。

在实际应用中创建元组的一般思路是：先创建一个列表，存放应用系统中的关键数据，然后再用 tuple()函数将列表转换成元组。

```
>>> temp_list=['080501', '080502', '080513', '080514', '080515', '080517']
>>> course_no_tuple1= tuple(temp_list)
>>> course_no_tuple1
('080501', '080502', '080513', '080514', '080515', '080517')
```

2. 删除元组

虽然元组中的元素值是不允许被删除的，但当元组不再需要时，可以用 del 语句将整个元组删除。元组被删除后，再访问元组时会出现异常信息。

```
>>>tup2=(10,20,'apple')        #创建元组
>>>tup2                        #访问元组
(10, 20, 'apple')
>>>del tup2                    #删除元组
>>>tup2                        #访问不存在的元组时报错
Traceback (most recent call last):
   File "<iPython-input-8-8db2e0a67ebd>", line 1, in <module>
      tup2
NameError: name 'tup2' is not defined
```

5.2.2 访问元组的元素

与列表类似，可以使用索引号（下标）提取元素的值，并可以使用切片操作提取多个元素。

```
>>> course_no_tuple1=('080501', '080502', '080513', '080514', '080515', '080517')
>>>course_no_tuple1[0]         #用下标提取元组的元素
'080501'
>>> course_no_tuple1[1::2]     #用切片操作提取元组的元素
('080502', '080514', '080517')
```

5.2.3 元组的高级操作

与列表相比，由于元组的元素是不能被修改的，所以元组的操作函数和方法相对较少。元组常用的操作见表 5.2，其功能和用法与操作列表类似，请自行上机尝试使用。

表 5.2　元组的常用操作

操作	说明
tuple.index(var)	从元组中找出元素值 var 在元组中第一个匹配项的索引位置
tuple.count(var)	统计元素 var 在列表中出现的次数
tuple _1+ tuple _2	两个元组相+，合并为一个新元组，例如(1,2,3)+(4,5,6) 结果为(1,2,3,4,5,6)
tuple _1*3	将元组重复 3 遍，合并为一个更长的元组，例如(2,3)*3 结果为 (2,3,2,3,2,3)
max(tuple)	Python 内置函数，返回元组中元素的最大值
min(tuple)	Python 内置函数，返回元组中元素的最小值
len(tuple)	Python 内置函数，统计元组中元素的个数

5.2.4 用元组实现案例任务

根据以上案例分析和元组知识点的学习，例 5.2 的任务实现可参考如下步骤：

（1）创建一个列表，输入多门专业基础课的名称。

（2）用 tuple()函数将列表转换成元组。

（3）使用下标访问第 2 门课和最后一门课的名称。

（4）使用元组的内置函数 len()求课程门数。

参考代码：

```
#例 5.2 用元组处理课程名称
# (1) 创建一个列表，输入多门专业基础课的名称
temp_str=input("请输入课程名称，用逗号分隔:")
course_list=temp_str.split("，")      #注意，参数中的逗号"，"为中文字符
print(course_list)
# (2) 用 tuple()函数将列表转换成元组
course_tuple=tuple(course_list)
print(course_tuple)
# (3) 使用下标访问第 2 门课和最后一门课的名称
print("第 2 门课: ",course_tuple[1], "最后一门课: ",course_tuple[-1])
# (4) 使用元组的内置函数 len()求课程门数
course_num=len(course_tuple)
print("课程门数: ",course_num)
```

运行结果：

```
请输入课程名称，用逗号分隔:操作系统，计算机网络，Java 程序设计，数据结构，数据库
['操作系统', '计算机网络', 'Java 程序设计', '数据结构', '数据库']
('操作系统', '计算机网络', 'Java 程序设计', '数据结构', '数据库')
第 2 门课: 计算机网络 最后一门课: 数据库
课程门数: 5
```

说明：本例中输入课程名称时输入的分隔符是中文状态下的逗号，因此程序中 split('，')中的参数也要用中文字符方式下的逗号，split('，')是从输入的字符串中分离出每个课程名称的函数；否则，因为一个中文字符占 2 个字节，相当于两个英文字符，在分割字符串时会出现错误。请改用英文字符（逗号）试试。

思考：在例 5.2 中，该专业的课程一旦设定，是不能被修改的。特殊情况下，例如学生在大四学期，根据新技术的发展需要添加一门新的课程，该如何实现呢？

提示：将原来的课程元组转换为列表（用 list()函数创建列表），删除原来的元组，修改列表后再将列表转换成新的元组。

5.3 字　典

字典（Dict）是映射类型的数据结构，字典中的元素都放在一对大括号"{}"中，元素之间用逗号分隔。

字典中的每个元素是一个键值对（key:value）。在这里，"key"被称为"键"，"value"被称为"键值"。例如，手机通讯录中的每个姓名对应一个电话号码，图书馆管理系统中每个书号对应一本书的名字等信息，居民管理系统中每个身份证号对应一个人的姓名等信息，这些都可以使用 key:value 类型数据表示。以上三类数据用字典表示如下：

```
{'wang ming':'13156789886','liu ling':'13205310698','wei xin':'13031716890'}
{'ISBN 978-7-115-47449-0':'Python 编程基础','ISBN 978-7-302-45646-9':'零基础学 Python'}
{'37010219780420':'wang liang','37010519740812':'liu weimin'}
```

字典中的元素是无序的，不能像列表、元组那样通过索引访问元素，而是通过"键"访问对应的元素。因此，字典中各元素的"键"是唯一的，不允许有重复，而"键值"是可以有

重复的，例如居民管理系统中居民姓名允许重名，但身份证号是唯一的。

特别值得注意的是，字典中的"键"可以是 Python 中的任意不可变类型，例如整数、实数、字符串、元组等，不能使用列表、字典、集合等可变类型，但"键值"可以是任意类型。

不可变数据类型是指变量在更改值的时候需要开辟新内存的行为，此数据类型为"不可变数据类型"，如 string、tuple、int、float、bool；可变数据类型是指变量在更改值的时候不需要开辟新内存的行为，此数据类型为"可变数据类型"，如 list、dict、set。

【例 5.3】用字典处理手机通讯录中的姓名和电话，要求实现：

（1）输入 N 个朋友的姓名和电话，存放到字典中。

（2）新增一个朋友的信息。

（3）根据姓名查找某个朋友的电话。

（4）根据姓名修改指定朋友的电话。

（5）删除不再需要的朋友的信息。

【案例分析】该任务的实现需要用到字典的创建、增删改查元素等操作，涉及的主要知识点有字典的创建和删除，字典元素的查询、修改、增加、删除等。

5.3.1　字典的创建与删除

创建字典的常用方法有两种：一是用大括号"{}"创建，二是用函数 dict()创建。

1. 用大括号{}创建

将"键值对"放入大括号"{}"中，并以逗号分开。若括号中没有键值对，则创建空字典。

```
>>>dict_1={'wang ming':'13156789886','liu ling':'13205310698','wei xin':'13031716890'}
>>>dict_1                    #查看字典 dict_1 的值
{'liu ling': '13205310698', 'wang ming': '13156789886', 'wei xin': '13031716890'}
>>>type(dict_1)              #查看 dict-1 的类型
dict                         #字典类型
```

2. 用函数 dict()创建

（1）用函数 dict()可将给定的"key:value"创建字典，可以用赋值号"="将每个键和值连接。例如，将给定的姓名和电话号码形成字典的操作如下：

```
>>> dict_2=dict('wangming'='13156789886',liuling='13205310698')
>>>dict_2
{'liuling': '13205310698', 'wangming': '13156789886'}
```

也可以直接将"key:value"传入 dict()函数中：

```
>>>dict_3={'name':'li mei','age':20}
>>>dict_3
{'age': 20, 'name': 'li mei'}
```

（2）用函数 dict()将给定的多个"双值"序列转换为字典，最常用的方法是将多个键值对组成的列表用 dict()函数转换成字典。例如，下面的 dict()函数将 4 个键值对转换成字典，每个键值对视为一个"双值"序列。其中，'BD'是由两个字符'B'和'D'组成的"双值"序列。

```
>>> dict_4=dict( [ ('wangming','13156789886'),('age',30),('name','liuli'),'BD' ] )
>>>dict_4
{'B': 'D', 'age': 30, 'name': 'liuli', 'wangming': '13156789886'}
```

3．删除字典

与前面介绍的列表、元组一样，当字典不再需要时，可以用 del 命令删除。但是要注意，删除后再访问该字典会出现操作异常。

```
>>>del  dict_4
```

5.3.2　字典元素的基本操作

字典是可变数据类型，对字典元素的基本操作有：提取字典元素，增加、删除、修改字典元素。

1．提取字典元素

字典中的元素是键值对，最简单的方法是以"键"作为下标（将"键"放在方括号中）以获取指定的"键值"。

```
>>>dict_1={'wang ming':'13156789886','liu ling':'13205310698','wei xin':'13031716890'}
>>>dict_1['liu ling']                    #提取键为'liu ling'的键值
'13205310698'
```

当要提取的"键"在字典中不存在时，会抛出异常。

```
>>>dict_1['kai tao']                     #要访问的"键"不存在，出现异常
Traceback (most recent call last):
    File "<iPython-input-45-38fa2852e4d1>", line 1, in <module>
      dict_1['kai tao']
KeyError: 'kai tao'
```

此类异常常用的解决方法是：在访问一个元素前，先用 in 语句判断一下该键值是否存在，以免出现异常。

```
>>>'kai tao' in dict_1
False
```

Python 中还提供了更灵活的 get()方法,用于提取字典的元素,调用方法为 dict.get(key[,value]), value 是可选项，该方法通过字典中要查找的键 key 返回指定键的值，如果键不在字典中返回 value，如果不指定默认值 value 则返回 None。

2．增加字典元素

向字典中添加一个元素，最简单的方法是以指定"键"为下标给字典元素赋"键值"。

```
>>>dict_1={'wang ming':'13156789886','liu ling':'13205310698','wei xin':'13031716890'}
>>>dict_1['qiu yan']='13306287799'        #添加新元素'qiu yan': '13306287799'
>>>dict_1
{'liu ling': '13205310698', 'qiu yan': '13306287799', 'wang ming': '13156789886',
 'wei xin': '13031716890'}
```

当需要将一个字典中的所有元素添加到另一个字典中时，可以用 update()方法进行字典合并。例如，以下操作将字典 dict_b 的元素合并到字典 dict_a 中，而字典 dict_b 中的元素不变。合并时，若有"键"相同的元素，则用 dict_b 中的元素替换更新 dict_a 中原来的键值。

```
>>>dict_a={'China':'Beijing','America':'Washington'}
>>>dict_b={'Britain':'London','Japan':'Tokyo'}
>>>dict_a.update(dict_b)
>>>dict_a
{'America': 'Washington', 'Britain': 'London', 'China': 'Beijing', 'Japan': 'Tokyo'}
```

3. 修改字典元素

修改字典元素与添加字典元素类似，可以用指定"键"为下标给字典元素赋"键值"的方法实现，格式为：

```
dict_name[key]=new_value
```

执行该赋值语句时，无论字典中是否存在指定的 key 值，新的"键值对"都会覆盖（若存在）或添加（若不存在）到字典中。

```
>>>dict_a={'America': 'Washington', 'Britain': 'London', 'China': 'Beijing', 'Japan': 'Tokyo'}
>>>dict_a['America']='Newyork'            #修改元素
>>>dict_a
{'America': 'Newyork', 'Britain': 'London', 'China': 'Beijing', 'Japan': 'Tokyo'}
>>> dict_a['French']='Paris'              #要修改的元素不存在，则增加新元素
>>>dict_a
{'America': 'Newyork', 'Britain': 'London', 'China': 'Beijing', 'French': 'Paris', 'Japan': 'Tokyo'}
```

4. 删除字典元素

与删除列表的元素类似，可以用 del 语句删除字典的元素，也可以用字典的 pop()方法获取元素的键值并删除该元素。如果要清除字典中所有的元素，可以用字典的 clear()方法。

```
>>>dict_a={'America': 'Washington', 'Britain': 'London', 'China': 'Beijing', 'Japan': 'Tokyo'}
>>>del dict_a['Japan']                    #删除指定键的元素
>>>dict_a
{'America': 'Washington', 'Britain': 'London', 'China': 'Beijing'}
>>>element_value=dict_a.pop('Britain')    #获取指定键的元素的键值并删除该元素
>>>element_value
'London'
>>>dict_a
{'America': 'Washington', 'China': 'Beijing'}
>>>dict_a.clear()                         #清除字典的所有元素
>>>dict_a
{}
>>>del dict_a
>>>dict_a
Traceback (most recent call last):
NameError: name 'dict_a' is not defined
```

5.3.3 用字典实现案例任务

根据以上案例分析和字典知识点的学习，例 5.3 的任务实现可参考如下步骤：

（1）创建一个空字典，输入多个朋友的姓名和电话，用添加字典元素的方法逐个添加到字典中；当输入姓名为空时结束输入。

（2）输入新增的一个朋友的信息，直接添加到字典中。

（3）查找某朋友的电话：根据用户输入的姓名，用 in 语句查找该朋友是否存在，若存在，则以此为"键"读取该元素的键值（即该朋友的电话）；若不存在，则给出提示信息。

（4）修改电话：根据用户输入的姓名，用 in 语句查找该朋友是否存在，若存在，则显示原来的电话，然后输入新的电话，修改该元素的键值；若不存在，则给出提示信息。

（5）用 del 语句删除不再需要的朋友的元素。

　　由此可见，新增元素、修改元素、查找元素的实现方法都非常类似，请结合下面的代码进一步分析和总结。

【代码解析】以上任务的实现可参考如下代码：

```
#例 5.3 用字典实现通讯录管理
#（1）输入多个朋友的姓名和电话，存放到字典中，当输入姓名为空时结束
tel_book={}
print('input name and telephone_number, Enter for end')
while True:
    name=input('input name:')
    if name=='':
        break;
    tel=input('input telephone_number:')
    tel_book[name]=tel
print('(1)',tel_book)                    #输出字典的内容
#（2）新增一个朋友的信息
name=input('input name:')
tel=input('input telephone_number:')
tel_book[name]=tel
print('(2)',tel_book)                    #输出新增元素后字典的内容

#（3）根据姓名查找某个朋友的电话
name=input('input name:')
if name in tel_book:
    print('(3)',name,':',tel_book[name])   #输出查询结果
else:
    print('(3)',name,'is non-existent')

#（4）根据姓名修改指定的朋友的电话
name=input('input name:')
if name in tel_book:
    print(name,':',tel_book[name])
    tel=input('input new telephone_number:')
    tel_book[name]=tel
else:
    print('(4)',name,'is non-existent')
print(tel_book)                          #输出修改后字典的内容

#（5）删除不再需要的朋友的信息
name=input('input name:')
del tel_book[name]
print('(5)',tel_book)                    #输出删除一个元素后字典的内容
```

【运行结果】

```
input name and telephone_number, Enter for end
input name:wang ming
input telephone_number:13156789886
input name:liu ling
input telephone_number:15505302288
input name:
(1) {'wang ming': '13156789886', 'liu ling': '15505302288'}
```

```
input name:mei hua
input telephone_number:15005307788
(2) {'wang ming': '13156789886', 'liu ling': '15505302288', 'mei hua': '15005307788'}
input name:liu ling
(3) liu ling : 15505302288
input name:mei hua
mei hua : 15005307788
input new telephone_number:13031756985
{'wang ming': '13156789886', 'liu ling': '15505302288', 'mei hua': '13031756985'}
input name:wang ming
(5) {'liu ling': '15505302288', 'mei hua': '13031756985'}
```

5.3.4　字典的高级操作

Python 中提供了丰富的字典操作方法和函数，可以对字典进行更复杂的处理。下面介绍几个常用的高级操作，见表 5.3，有兴趣的读者可以通过查阅资料进行深入学习。

表 5.3　字典的高级操作

操作	说明
dict.keys()	获取字典中所有的键，并以列表形式返回
dict.values()	获取字典中所有的键值，并以列表形式返回
dict.items()	以列表形式返回字典中所有的"键值对"，每个列表元素是一个元组
dict.update(dict2)	将字典 dict2 中的所有元素合并到 dict 中
len(dict)	计算字典中元素的个数，即"键"的个数

例如，下述操作分别获取字典的键、键值和键值对。

```
>>>dict_a={'America': 'Washington', 'Britain': 'London', 'China': 'Beijing', 'Japan': 'Tokyo'}
>>>dict_a_keys=dict_a.keys()
>>>dict_a_keys
dict_keys(['America', 'Britain', 'China', 'Japan'])
>>>dict_a_values=dict_a.values()
>>>dict_a_values
dict_values(['Washington', 'London', 'Beijing', 'Tokyo'])
>>>dict_a_items=dict_a.items()
>>>dict_a_items
dict_items([('America', 'Washington'), ('Britain', 'London'), ('China', 'Beijing'), ('Japan', 'Tokyo')])
>>>list(dict_a_keys)                          #将所有键值转换为列表
['America', 'Britain', 'China', 'Japan']
```

5.4　集　　合

Python 中的集合类型与数学集合论中定义的集合是一致的，集合中的元素是无序的，且集合中的元素是不可重复的。与字典类似，集合中的元素也是放在一对大括号"{}"中，元素之间用逗号分隔。

【例 5.4】某单位有 30 人（工号为 1～30），现在需要随机抽取 10 人参加问卷调查。请用集合操作完成以下任务：

（1）选出 10 人并输出工号名单。

（2）经确认后，有 1 人因事请假不能参加，请补充 1 人，删掉不能参加的人员工号，重新生成 10 人名单。

【案例分析】要随机抽取 10 人，可以用生成 30 以内的随机数的方式产生要抽取的工号，而且工号之间是不能重复的，因此适合用集合处理。涉及的主要知识点有：集合的创建、随机数的产生、集合元素的增加、集合元素的删除等。

5.4.1　集合的基本操作

集合的基本操作包括创建集合、集合元素的增加和删除。

1. 创建集合

（1）用大括号"{}"直接创建集合。

```
>>>set_1={20,40}                  #创建集合，包含 2 个元素
>>>set_1
{20, 40}
>>>type(set_1)                    #查看 set_1 的类型
set
```

（2）用集合函数 set()创建集合，可以方便地将列表、元组等转换成集合，并将重复的元素只保留一个。

```
>>>set_2=set([10,20,30,40,20])    #用 set()函数将列表转换成集合
>>>set_2
{10, 20, 30, 40}                  #已去掉重复的元素（20）
```

2. 增加集合元素

使用集合的 add()函数可以将一个元素添加到集合中，如果集合中已经存在该元素，则忽略该元素；使用集合的 update()函数可以将一个集合中的元素合并到当前集合中。

```
>>>set_2={10,20,30,40}
>>>set_2.add(35)                  #添加一个元素
>>>set_2
{10, 20, 30, 35, 40}
>>>set_2.update({60,40})          #将集合{60,40}合并到 set_2 中，忽略重复的元素
>>>set_2
{10, 20, 30, 35, 40, 60}
```

3. 删除集合元素

用集合的 remove()函数可以删除集合中指定的元素，若该元素不存在则会抛出异常。

```
>>>set_3=set([10,20,30,40,50])
>>>set_3.remove(40)               #删除一个元素：40
>>>set_3
{10, 20, 30, 50}
```

5.4.2　用集合实现案例任务

根据以上案例分析和对集合基本操作的学习，例 5.4 的任务实现可参考如下步骤：

（1）用 set()函数创建一个空的集合 num_set。

（2）循环生成 1 和 30 之间的随机整数，添加到集合 num_set 中，自动去除重复的工号，直至集合中的元素个数到 10 个为止。

（3）输出 num_set 的值，即随机选出的 10 人名单。

（4）输入不能参加的员工的工号，从集合中删除该元素。

（5）重复第（2）步，生成新的名单集合，并输出新名单以及刚添加的人员工号。

【代码解析】以上任务的实现过程可参考如下代码：

```python
import random
#创建空集合
num_set=set()
#随机生成 1 和 30 之间的工号，添加到集合中，直至集合元素个数为 10 个
while True:
    num=random.randint(1,30)
    num_set.add(num)
    if len(num_set)==10:
        break
#输出选出的 10 人名单
print('10 人名单：',num_set)
#输入不能参加的工号
num=int(input('输入不能参加的员工工号：'))
#从集合中删除该工号
num_set.remove(num)
#生成新的工号，添加到集合中，形成新的 10 人名单
while True:
    num=random.randint(1,30)
    num_set.add(num)
    if len(num_set)==10:
        break
#输出新的名单，新增加的员工工号
print('10 人名单：',num_set)
print('新增人员：',num)
```

【运行结果】

```
10 人名单：  {1, 5, 8, 9, 11, 13, 16, 24, 25, 30}

输入不能参加的员工工号：24
10 人名单：  {1, 5, 8, 9, 11, 13, 16, 20, 25, 30}
新增人员： 20
```

【应用总结】从例 5.4 可以看出，集合可以快速、有效地实现一批数据的"去重"操作。请用列表编写实现数据"去重"操作的程序，与用集合处理的方法对比分析，体会集合的应用特点。

5.4.3 集合运算

Python 中的集合运算与数学中的集合运算规则一致，常用的集合运算有求并集、交集、差集和异或集等。

【例 5.5】有两个班（A 班和 B 班）要联合举行座谈会，需要统计每个班的学生喜欢的水果情况，以便更准确地购买水果。已知 A、B 两班的水果喜好情况分别为 {'peach','grape', 'pear','apple'}、{'watermelon','banana','peach','orange','apple'}。请用集合运算实现以下任务：

（1）求两个班学生喜欢的所有水果，列出购买水果名单。

（2）求两个班学生都喜欢的水果，这类水果购买时数量要足够。

（3）求 B 班学生喜欢但 A 班学生不喜欢的水果，以便把该类水果摆放在靠近 B 班的位置。

（4）求 A、B 两个班学生喜欢的不相同的水果。

【案例分析】本例中两个班的水果喜好可以分别用两个集合处理，任务（1）~（4）的实现分别需要用集合的并、交、差、异或运算。先来了解一下常见的集合运算，见表 5.4，其中 A、B 分别是两个集合。

表 5.4　集合运算符和函数

集合运算符	集合运算函数	说明
A | B	A.union(B)	求 A、B 的并集
A&B	A.intersection (B)	求 A、B 的交集
B-A	B. difference(A)	求集合 B 中不属于集合 A 的元素的集合，即差集
A^B	A. symmetric_difference(B)	求 A、B 的异或集

关于集合的更详细的运算规则以及其他更多的集合操作请查阅数学集合论的相关知识，在此不再赘述。

【代码解析】根据以上案例分析和集合运算方法，以上任务的实现过程可参考如下代码：

```
set_a={'peach','grape','pear','apple'}
set_b={'watermelon','banana','peach','orange','apple'}
set_all=set_a|set_b          #求并集
print('（1）两个班喜欢的所有水果: ',set_all)
set_public=set_a&set_b       #求交集
print('（2）两个班都喜欢的水果: ',set_public)
set_noa=set_b-set_a          #求差集
print('（3）B 班喜欢但 A 班不喜欢的水果: ',set_noa)
set_nor=set_a^set_b          #求异或集
print('（4）A、B 两个班喜欢的不相同的水果: ',set_nor)
```

【运行结果】

```
（1）两个班喜欢的所有水果: {'apple', 'grape', 'banana', 'watermelon', 'peach', 'pear', 'orange'}
（2）两个班都喜欢的水果: {'peach', 'apple'}
（3）B 班喜欢但 A 班不喜欢的水果: {'watermelon', 'banana', 'orange'}
（4）A、B 两个班喜欢的不相同的水果: {'watermelon', 'grape', 'banana', 'pear', 'orange'}
```

5.5　组合数据综合程序案例

Python 提供了列表、元组、字典、集合等多种组合数据类型，在编程解决实际问题时，综合利用这些组合数据，不仅可以满足多种数据处理的需要，而且还能产生事半功倍的效果。

【例 5.6】输入一组以逗号分隔的整数，将这些整数存储在列表中，并求出这组整数的平均值、最大值、最小值，最后将列表中的数据按升序排序输出。

【案例分析】以逗号分隔输入一组整数后，可以用 split() 函数进行拆分，将拆分后的所有整数添加到列表中，用于求平均值、最大值等统计量。最后，用 sort()函数进行升序排序。

【代码解析】根据以上案例分析，本例的实现过程可参考如下代码：

```python
array = input("请输入一组以逗号分隔的整数:").split(',')
num = len(array)
x = list()
for i in range(0,num):
    x.append(int(array[i]))    #利用 split()拆分后得到的 array，里面的元素都是字符串，需要转换成 int 类型
average = sum(x)/len(x)
max = max(x)
min = min(x)
list.sort(x)
print("数据的平均值为",average)
print("数据的最大值为",max)
print("数据的最小值为",min)
print("数据从小到大排序为",x)
```

【运行结果】

```
请输入一组以逗号分隔的整数:7,5,3,6,4,5
数据的平均值为 5.0
数据的最大值为 7
数据的最小值为 3
数据从小到大排序为 [3, 4, 5, 5, 6, 7]
```

【例 5.7】假设一名学生要记录自己每天的学习时间和睡眠时间。为了方便管理，可以将一周当中每天的学习时间和睡眠时间以元组形式记录下来，分别为（2.5，3，4，3.5，2，2.5，3）和（7，7.5，8，7.5，8，8，7）。使用元组的基础知识来实现以下任务：

（1）访问并打印周六的学习时间。

（2）计算并打印一周内的平均学习时间。

（3）将周日的睡眠时间修改为 7.5。

（4）检查是否存在记录学习时间和睡眠时间超过 5 天的元组。

（5）获取学习时间和睡眠时间的元组长度。

【案例分析】学习时间和睡眠时间分别用两个元组进行处理，可以利用元组的访问、成员检查和计算长度等基本操作实现案例的要求。

【代码解析】根据以上案例分析和元组运算方法，本例的任务实现过程可参考如下代码：

```python
#创建表示学习时间和睡眠时间的元组
study_time = (2.5, 3, 4, 3.5, 2, 2.5, 3)        #学习时间（单位：小时）
sleep_time = (7, 7.5, 8, 7.5, 8, 8, 7)        #睡眠时间（单位：小时）

#访问并打印周六的学习时间
sat_study_time = study_time[-2]
print("昨天的学习时间：", yesterday_study_time, "小时")

#计算并打印一周内的平均学习时间
avg_study_time = sum(study_time) / len(study_time)
print("一周内的平均学习时间：", avg_study_time, "小时")

#将周日的睡眠时间修改为 7.5
sun_sleep_time = 7.5
```

```
sleep_time = sleep_time[:-1] + (sun_sleep_time,)
print("周日的睡眠时间： ", sleep_time[-1], "小时")

#检查是否存在记录 5 天的学习时间和睡眠时间的元组
if len(study_time) >= 5 and len(sleep_time) >= 5:
print("存在记录 5 天的学习时间和睡眠时间的元组")
  else:
print("不存在记录 5 天的学习时间和睡眠时间的元组")

#获取学习时间和睡眠时间的元组长度
study_time_length = len(study_time)
sleep_time_length = len(sleep_time)
print("学习时间元组长度： ", study_time_length)
print("睡眠时间元组长度： ", sleep_time_length)
```

【运行结果】

```
周六的学习时间： 2.5  小时
一周内的平均学习时间： 3.0714285714285716  小时
周日的睡眠时间： 7.5  小时
存在记录两天的学习时间和睡眠时间的元组
学习时间元组长度： 7
睡眠时间元组长度： 7
```

【例 5.8】假设一名学生的考试科目有语文、数学、英语、物理和化学共 5 科，成绩分别为 90、95、86、88 和 82。使用字典来实现以下任务：

（1）查找最高分的科目是哪科，输出科目名。

（2）将取得最高分的科目得分改为 98。

（3）将你的生物成绩 85 加入到字典中。

【案例分析】初始化一个学生成绩的字典 scores，包含语文、数学、英语、物理和化学 5 科的成绩。使用 max() 函数结合 key 参数和 scores.get() 方法找到最高分的科目，并将其赋值给 max_score_subject 变量。打印出最高分的科目。将最高分的科目在 scores 字典中的得分改为 98。打印修改后的成绩字典。添加生物成绩，将生物科目和成绩加入 scores 字典中。打印添加生物成绩后的成绩字典。

【代码解析】根据以上案例分析和字典运算方法，本例的任务实现过程可参考如下代码：

```
#初始化学生成绩字典
scores = {
    '语文': 90,
    '数学': 95,
    '英语': 86,
    '物理': 88,
    '化学': 82
}

# （1）查找最高分的科目
max_score_subject = max(scores, key=scores.get)
print("最高分的科目是： ", max_score_subject)

# （2）将最高分的科目得分改为 98
scores[max_score_subject] = 98
```

```
print("修改后的成绩：", scores)

#（3）添加生物成绩
scores['生物'] = 85
print("添加生物成绩后的字典：", scores)
```

【运行结果】

```
最高分的科目是： 数学
修改后的成绩： {'语文': 90, '数学': 98, '英语': 86, '物理': 88, '化学': 82}
添加生物成绩后的字典： {'语文': 90, '数学': 98, '英语': 86, '物理': 88, '化学': 82, '生物': 85}
```

【例 5.9】假设有两位同学 A 和 B，他们喜欢的电影情况如下：

A 喜欢的电影：{'阿甘正传', '星球大战', '泰坦尼克号', '盗梦空间'}

B 喜欢的电影：{'盗梦空间', '星球大战', '指环王', '蝙蝠侠'}

请使用集合运算实现以下任务：

（1）求两个朋友喜欢的所有电影，列出观影清单。

（2）求两个朋友共同喜欢的电影，这些电影应该被优先考虑。

（3）求 B 喜欢但 A 不喜欢的电影，以便推荐给 B。

（4）求 A 和 B 喜欢的不同电影，这些电影可以作为新的推荐选项。

【案例分析】通过求并集、交集、差集和异或集可以实现以上任务，如列出观影清单、找出共同喜欢的电影、推荐喜欢的但另一方不喜欢的电影、找出不同的电影作为新的推荐选项。

【代码解析】根据以上案例分析和集合运算方法，本例的任务实现过程可参考如下代码：

```
a_movies = {'阿甘正传', '星球大战', '泰坦尼克号', '盗梦空间'}
b_movies = {'盗梦空间', '星球大战', '指环王', '蝙蝠侠'}

#求两个朋友喜欢的所有电影，列出观影清单
all_movies = a_movies | b_movies
print("观影清单：", all_movies)

#求两个朋友共同喜欢的电影
common_movies = a_movies & _movies
print("共同喜欢的电影：", common_movies)

#求 B 喜欢但 A 不喜欢的电影
b_unique_movies = b_movies - a_movies
print("B 喜欢但 A 不喜欢的电影：", b_unique_movies)

#求 A 和 B 喜欢的不同电影
different_movies = a_movies ^ b_movies
print("A 和 B 喜欢的不同电影：", different_movies)
```

运行结果：

```
观影清单：{'阿甘正传', '泰坦尼克号', '蝙蝠侠', '指环王', '星球大战', '盗梦空间'}
共同喜欢的电影：{'盗梦空间', '星球大战'}
B 喜欢但 A 不喜欢的电影：{'指环王', '蝙蝠侠'}
A 和 B 喜欢的不同电影：{'阿甘正传', '指环王', '泰坦尼克号', '蝙蝠侠'}
```

5.6　列表、元组、字典、集合的应用小结

本章介绍了 Python 中的列表、元组、字典、集合四种重要的数据结构，每种数据结构都有各自的特点和适用场合，只有了解了它们之间的异同点，才能根据实际应用合理选择使用。表 5.5 从不同的角度对这四种数据结构的特点进行了总结，请结合前面的详细介绍深入理解。

表 5.5　四种数据结构的特点

比较项目	列表	元组	字典	集合
类型符号	list	tuple	dict	set
定界符	[ ]	( )	{ }	{ }
元素形式	任意类型	任意类型	键值对	任意类型
元素分隔符	逗号	逗号	逗号	逗号
元素是否可变	是	否	是	是
是否有序	是	是	否	否
是否可用下标访问元素	是(用索引号作为下标)	是（用索引号作为下标）	是(用"键"作为下标)	否
元素是否可重复	是	是	"键"不允许重复 "值"允许重复	否
增加/删除元素速度	尾部操作快,其他位置操作慢	不可增加/删除	快	快
查询元素速度	慢	慢	快	快
适用场合	批量数据处理（增删改查等）	不希望被改变的批量数据的处理	有映射关系的多对数据的处理（增删改查）	无重复的数据的处理

练 习 五

一、选择题

1. 列表变量 ls 共包含 10 个元素，ls 索引的取值范围是（　　）。
   A．-1～-9（含）的整数　　　　　　B．1～10（含）的整数
   C．0～10（含）的整数　　　　　　D．0～9（含）的整数
2. 以下描述中错误的是（　　）。
   A．Python 列表是各种类型数据的集合，列表中的元素不能被更改
   B．Python 语言的列表类型能够包含其他的组合数据类型
   C．列表用方括号来定义，继承了序列类型的所有属性和方法
   D．Python 语言通过索引来访问列表中的元素，索引可以是负整数

3. 以下代码的输出结果是（　　　　）。

```
ls=[[1,2,3],[[4,5],6],[7,8]]
print(len(ls))
```

　　A．4　　　　　　　　　B．8　　　　　　　　C．3　　　　　　　　D．1

4. 以下代码的输出结果是（　　　　）。

```
s=["2020","20.20","Python"]
s.append([2020,"2020"])
    print(s)
```

　　A．['2020','20.20','Python',[2020,'2020']]

　　B．['2020','20.20','Python',2020,['2020']]

　　C．['2020','20.20','Python',2020]

　　D．['2020','20.20','Python',2020,2020,'2020']

5. 以下代码的输出结果是（　　　　）。

```
s=[4,2,9,1];s.insert(2,3);print(s)
```

　　A．[4,3,2,9,1]　　　　　　　　　　　B．[4,2,9,2,1]

　　C．[4,2,9,1,2,3]　　　　　　　　　　D．[4,2,3,9,1]

6. 设列表 Letter=['a','b','c','d','e']，以下关于列表的切片操作，能正常输出结果的是（　　　　）。

　　A．Letter['a':'b':2]　　　　　　　　　B．Letter[:3:2]

　　C．Letter[1:3:0]　　　　　　　　　　D．Letter[-4:-1:-1]

7. 设列表 names=['Lucy','Lily','Tom','Mike','David']，以下关于列表的方法和函数的使用正确的是（　　　　）。

　　A．names.append('Helen','Mary')　　　B．names.remove(1)

　　C．names.index('Tom')　　　　　　　D．names[2]='Jack'

8. 设 tuple1 和 tuple2 是两个元组，以下关于元组的操作正确的是（　　　　）。

　　A．tuple1[0]='A'　　　　　　　　　　B．tuple1+tuple2

　　C．tuple1.sort()　　　　　　　　　　D．tuple1.extend(tuple2)

9. 以下数据结构中，属于不可变类型的是（　　　　）。

　　A．字典　　　　　　　　　　　　　　B．集合（用 set 创建的）

　　C．元组　　　　　　　　　　　　　　D．列表

10. 设字典 dict_1={2:'two',3:'three',1:'one'}，进行操作 dict_1[1]='One'后，字典 dict_1 的值可能会变成（　　　　）。

　　　A．{1: 'One', 2: 'two', 3: 'three'}　　　　B．{2:'two',3:'One',1:'one'}

　　　C．{2:'two',3:'three',1:'one',1:'One'}　　D．{2:'One',3:'three',1:'one'}

11. 以下代码的输出结果是（　　　　）。

```
d={"大海":"蓝色","天空":"灰色","大地":"黑色"}
print(d["大地"],d.get("大地","黄色"))
```

　　A．黑色 蓝色　　　　B．黑色 灰色　　　C．黑色 黄色　　　D．黑色 黑色

12. 下面的 d 是一个字典变量，能够输出数字 5 的语句是（　　　　）。

```
d={'food':{'cake':1,'egg':5},'cake':2,'egg':3}
```

　　A．print(d['food']['egg'])　　　　　　B．print(d['cake'][1])

　　C．print(d['food'][-1])　　　　　　　D．print(d['egg'])

13. 若要获取两个集合 A 和 B 的并集，以下表达式正确的是（ ）。

    A．A+B   B．A|B   C．A&B   D．A^B

14. 以下描述中错误的是（ ）。

    A．如果 x 是 s 的元素，x in s 返回 True

    B．如果 x 不是 s 的元素，x not in s 返回 True

    C．如果 s 是一个序列，s=[1,"kate",True],s[3]返回 True

    D．如果 s 是一个序列，s=[1,"kate",True],s[-1]返回 True

15. 以下代码的输出结果是（ ）。

```
d={}
for i in range(26):
    d[chr(i+ord("a"))]=chr((i+13)%26+ord("a"))
for c in "Python":
    print(d.get(c,c),end="")
```

    A．Plguba   B．Python   C．Pabugl   D．Cabugl

16. 在 Python 语言中，使用 for…in…方式形成的循环不能遍历的类型是（ ）。

    A．字典   B．浮点数   C．列表   D．字符串

二、设计题

1. 输入一个班某门课的成绩（实数），用列表求最高成绩、最低成绩、不及格的成绩列表、不及格的人数，并将所有的成绩取整。

2. 用元组定义游戏菜单，提示用户输入菜单选择，提示信息为"请输入菜单项对应的数字，1. 游戏设置 2. 选择游戏级别 3. 我的装备 4. 我的积分 0. 退出"，当用户输入数字后，输出相应的菜单项名称，若输入 0，则显示"谢谢使用"，然后退出游戏。

3. 输入一行字符，统计每个字符的出现次数，并将结果存放在字典中。

第6章 函 数

本章导读

通过前面的学习，我们已经多次接触到诸如用于实现输出的 print()的用法，这其实就是函数，它是 Python 内置的标准函数。所谓函数，就是把具有独立功能的代码段组织为一个小模块，在需要的时候进行调用。程序开发过程中，使用函数可以提高编写的效率以及代码的重用，同时实现应用的模块化，提高后续对于可重用功能的维护和扩展。Python 提供大量系统定义好的函数以供使用，同时程序设计人员也可以自行定义函数。

本章要点

- 函数的结构和定义。
- 函数的调用。
- 函数调用过程中的参数传递。
- return 语句的使用。
- 变量的作用域。
- 匿名函数（Lambda 表达式）。

6.1 函数的基本结构

虽然 Python 中提供了很多内置函数，但如果想实现预设的功能，则需要程序设计人员进行设计并实现。本节将对函数的定义和调用进行详细讲解。

函数的完整使用包括以下两个步骤：

（1）定义函数：封装独立的功能。

（2）调用函数：快速使用封装后的结果。

6.1.1 函数的定义

定义函数的格式如下：

```
def 函数名([参数列表]):
"函数_文档字符串"
    函数体
    [return 表达式]
```

参照函数的基本结构，通过例 6.1 快速体验一个最简单的函数。

【例 6.1】最简单的函数。

```
#!/usr/bin/Python3
def    hello() :
       print("Hello World!")
hello()
```

上述代码展示了一个最简单的函数定义和调用的示例。例 6.1 定义了名为 hello 的函数并进行调用。自定义的函数体内部又使用了系统预先定义的 print()函数，从而实现每调用一次 hello()函数就打印输出一次"Hello World!"。关于函数的基本结构，概括如下：

● 函数代码块以 def 关键字开头，后接符合标识符命名规则的函数名称和圆括号"()"。
● 函数名称应该能够表达函数封装代码的功能，方便后续的调用。
● 任何传入参数和自变量必须放在圆括号中间，参数可以是 0 个或多个，用逗号隔开。
● 函数的第一行语句可以选择性地使用文档字符串，用于存放函数说明。
● 函数内容以冒号起始，并且缩进。
● [return 表达式] 可选，用以结束函数并将返回值给调用方。

根据以上说明再给出一个稍微复杂一点的函数，如例 6.2 所示。

【例 6.2】函数的使用。

```
#定义函数
def    area(width, height):
       return width * height
def    printline(name):
       print("Welcome using Python. ", name)
#调用函数
printline ("sdjtu")
w = 4
h = 5
print("width =", w, " height =", h, " area =", area(w, h))
```

运行结果：

```
Welcome using Python.    sdjtu
width = 4    height = 5    area = 20
```

6.1.2　函数的调用

自定义函数的基本结构完成后，程序即可使用该函数。注意自定义函数要先运行（解释）一次才能够被调用执行。由上述例子可知通过函数名([参数列表])即可完成对函数的调用。如例 6.3 调用 functioncall() 函数。

【例 6.3】调用函数。

```
#定义函数
def    functioncall ( str ):
"输出传入字符串"
     print (str)
     return
#调用函数
functioncall ("第一次调用自定义函数！")
functioncall ("再次调用同一个自定义函数。")
#继续执行后续代码
print("两次调用已结束！")
```

运行结果：

第一次调用自定义函数!
再次调用同一个自定义函数。
两次调用已结束!

函数定义时所指定的参数可以理解为是一种占位符，定义后，如果函数不经过调用是不会执行的。函数执行完成之后，会重新回到之前的程序中，继续执行后续的代码。如果定义函数中涉及了参数，如例 6.3 中的参数 str，则调用 functioncall()函数时要给出实际的参数。

6.1.3 函数的返回值

从函数实际的使用中可以看出，对于大多数函数来讲，return 语句是函数中不可或缺的一部分。return 语句用于结束函数，可以选择性地向调用函数的调用方返回一个或多个表达式，并把控制权一起返回。当没有 return 语句或者不设置 return 参数项时，默认返回 None。如果 return 语句返回多个值，则这些值将以元组的形式保存。

例 6.3 中虽然使用了 return 语句，但是没有明确示范如何返回数值。下面用实例来演示 return 语句的用法。

【例 6.4】return 语句的用法。

```python
def max1(a,b):
    if a>b:
        return a
    else:
        return b
def operation(a,b):
    c=a+b
    d=a-b
    e=a/b
    f=a*b
    return c,d,e,f
a=eval(input("输入 a 的值："))
b=eval(input("输入 b 的值："))
print("两数中较大值为：",max1(a,b))
print("两数四则运算后的结果是：",operation(a,b))
```

运行结果：

输入 a 的值：100
输入 b 的值：200
两数中较大值为： 200
两数四则运算后的结果是： (300, -100, 0.5, 20000)

6.1.4 函数的嵌套

一个函数里面又定义了另外一个函数，这就是函数嵌套。此时，嵌套的函数称为外层函数，被嵌套的函数称为内层函数。

【例 6.5】函数的嵌套调用。

```python
#定义函数
def outer(a,b,c):
```

```
        result=a+b+c
        print("三数和的结果是：",result)
        def inner():      #在函数中定义 inner()
                print("我是内层函数！")
#调用函数
outer(10,30,5)
```

运行结果：

```
三数和的结果是： 45
```

由以上运行结果可知，程序只输出了外层的打印结果而没有执行内层函数的打印语句。需要说明的是，函数外部无法直接调用内部函数，如在例 6.5 的情况中，直接调用 inner()系统会提示 NameError 的报错：该标识符未被定义。内层函数只能在外层函数中被调用。将例 6.5 修改后的代码如下：

```
#定义函数
def outer(a,b,c):
        result=a+b+c
        print("三数和的结果是："，result)
        def inner():#在函数中定义 inner()
                print("我是内层函数！")
        inner()
#调用函数
outer(10,30,5)
```

运行结果：

```
三数和的结果是： 45
我是内层函数！
```

6.2 函数的参数

定义函数时我们确定好参数的名称和位置，即完成了函数的接口定义。对于函数的调用者来说，只需要知道如何传递正确的参数以及函数将返回什么样的值即可，从而通过调用快速使用代码段封装后的结果。通常，我们将在函数定义设置的参数称为形式参数（简称"形参"），将调用时传入的参数称为实际参数（简称实参）。函数的参数传递就是指将实际参数传给形式参数的过程。

Python 的函数定义非常简单，但灵活度很大。除了正常定义的必选参数外，还可以使用默认参数、关键字参数、可变参数以及混合参数的使用，使得函数定义的接口不但能处理复杂的参数，还可以简化调用者的代码。

在程序开发设计中，根据实际需求设置正确的参数和传递方式是函数完成预设功能的重要组成部分，本节将对以上函数中的几种参数的传递方式和使用方法进行详细讲解。

6.2.1 必选参数

必选参数也叫位置参数。必选参数必须以正确的顺序依次传递给形参，调用时的数量必须和声明时的一样，如果实际参数不够则会提示错误，即将第 1 个实参传递给第 1 个形参，将第 2 个实参传递给第 2 个形参，以此类推。例 6.6 给出了必选参数的使用过程。

【例 6.6】必选参数的使用。

```
def area(width, height):
    "求矩形面积"
    return width*height
#调用 area()函数
print("矩形面积是：",area(10,15))
```

例 6.6 调用了 area()函数，运行结果如下：

```
矩形面积是： 150
```

但是如果传入的参数不够，将例 6.6 中的如下语句：

```
print("矩形面积是：",area(10,15))
```

改为：

```
print("矩形面积是：",area(10))
```

就会出现语法错误，上述例子运行结果如下：

```
Traceback (most recent call last):
    File "test.py", line 5, in <module>
        print("矩形面积是：",area(10))
TypeError: area() missing 1 required positional argument: 'height'
```

6.2.2 关键字参数

在实际开发中，如果函数的参数数量较多，使用者很难记住每个参数的作用，再按照顺序进行参数传递并不可取，此时可以使用关键字参数的方式传参。

使用关键字参数允许函数调用时参数的顺序与声明时不一致，通过"形参=实参"的格式将参数名与参数值相匹配。

【例 6.7】调用函数 volume()时使用参数名。

```
def   volume (length,width, height):
    "求长方体体积"
    v=length* width*height
    return v
#调用 volume()函数
print("长方体体积是：", volume (width=10,length=15,height=4))
```

输出结果：

```
长方体体积是：600
```

由例 6.6 和例 6.7 可知，无论是必选参数还是关键字参数，每个形参都有名称，如何区分使用的是哪一种传递方式？Python3.8 新增了仅限必选参数的语法，即使用"/"符号来进行界定："/"之前的只能接受必选参数的传递方式；"/"之后的可以接受必选参数传递或关键字参数传递。

【例 6.8】函数参数的符号"/"的使用。

```
def   volume (length,width, /,height):
    "求长方体体积"
    v=length* width*height
    return v
#调用 volume()函数
print("长方体体积是：", volume (10,15,height=3))
```

输出结果：

长方体体积是：450

将调用 volume()函数的语句改为：

```
print("长方体体积是：", volume (width=10,length=15,height=4))
```

则会报语法错误：

```
Traceback (most recent call last):
    File "test.py", line 6, in <module>
        print("长方体体积是：", volume (width=10,length=15,height=4))
TypeError: volume() got some positional-only arguments passed as keyword arguments: 'length, width'
```

6.2.3　默认参数

在定义函数时，可以指定形式参数的默认值。在定义阶段设置的默认值参数，如被调用时没有给出实际参数则直接使用该形参的默认值。在例 6.7 的基础上进行修改，给参数 width 设置默认值。

【例 6.9】默认参数的使用。

```
def    volume (length,height,width=8):
        "求长方体体积"
        v=length* width*height
        return v
#调用 volume()函数
print("长方体体积是：", volume (10,15,5))
print("----------------------------")
print("长方体体积是：", volume (10,5))
```

输出结果：

长方体体积是：750

长方体体积是：400

在设置默认参数时要注意，必须保证带有默认值的参数均放置在参数列表的末尾，以下定义是错误的：

```
def printinfo(name,gender=True,age):
            print("姓名：",name, "性别：",gender,"年龄：",age)
```

Python 解释器运行时会报以下错误提示：

```
File "test.py", line 1
        def printinfo(name,gender=True,age):
SyntaxError: non-default argument follows default argument
```

6.2.4　不定长参数

如果函数在实际调用时不确定会传入多少个实参，则在定义函数时可以设置不定长参数，也称为可变参数，实现方式为在形参前添加"*"或"**"。

加了星号"*"的参数在实际调用时会以元组（Tuple）的形式导入，存放所有未命名的变量参数。

【例 6.10】不定长参数的使用（加*）。

```
def parameter_transfer ( *args ):
    "打印任何传入的参数"
    print ("输出: ")
    print (args)
#调用函数
parameter_transfer (70,60,50,89,100 )
```

输出结果：

```
输出:
(70, 60, 50, 89, 100)
```

从上述输出结果中可知所有实际参数 70、60、50、89、100 传给 args 并打包为一个元组。若函数没有接收到任何数据，它就是一个空元组。

加了两个星号"**"的参数在实际调用时会以字典（Dict）的形式导入，存放所有未命名的变量参数。若函数没有接收到任何数据则它们就是一个空字典。

【例 6.11】不指定参数的使用（加**）。

```
def printinfo(**kwargs ):
            #"打印任何传入的参数"
    print ("输出: ", kwargs)
#调用 printinfo()函数
printinfo(a=10,b=20,c=99,d=100,f=8)
```

输出结果：

```
输出:   {'a': 10, 'b': 20, 'c': 99, 'd': 100, 'f': 8}
```

6.2.5 混合传递

前面介绍的参数传递方式在定义函数或调用函数时可以混合使用，但需要遵循以下规则：

- 优先按必选参数传递的方式。
- 然后按关键字参数传递的方式。
- 之后按默认参数传递的方式。
- 最后按不定长参数传递的方式。

在使用多种传递方式定义函数参数时需要注意，带有默认值的参数必须位于普通参数之后，带有"*"标识的参数必须位于带有默认值的参数之后，带有"**"标识的参数必须位于带有"*"标识的参数之后。

【例 6.12】参数方式的混合使用。

```
def printinfo_test (a,b,c=13,*args,**kwargs):
    "打印任何传入的参数"
    print("输出: ",a,b,c,args,kwargs)
```

调用 printinfo_test()函数，依次传入不同个数及形式的参数，具体语句如下：

```
printinfo_test(10,20)
printinfo_test(10,20,30)
printinfo_test(10,20,100,1,19,99)
printinfo_test(10,20,100,1,18,99,key=101)
```

执行后的结果如下：

```
输出：  10 20 13 () {}
输出：  10 20 30 () {}
输出：  10 20 100 (1, 19, 99) {}
输出：  10 20 100 (1, 18, 99) {'key': 101}
```

第一次调用 printinfo_test()时，10、20 分别传入普通参数 a、b（必选参数或关键字参数传递均可），剩余 3 个形参均没有对应实参，故输出默认值 13、空元组及空字典。第二次调用函数 printinfo_test()，函数接收到参数 a、b、c 对应的实参故直接输出结果，*args,**kwargs 没有对应实参则输出空元组和空字典。第三次调用函数，前三个实参对应形参 a、b、c，第 4～6个实参对应打包为一个元组被*args 接收，最后一个参数没有接收到形参，输出空字典。最后一次调用，所有的实参依次根据不同参数传递的形式匹配其对应的形参并正确输出。

6.3 变量的作用域

Python 中的变量并不是在程序的任意位置都可以被访问，其访问权限取决于变量定义所在的位置。变量的有效范围称为变量的作用域。本节将详细介绍变量的作用域及相关内容。
根据作用域的不同，变量可以分为局部变量和全局变量。

6.3.1 局部变量和全局变量

局部变量是指在函数内部定义的变量，它只能在函数内部被访问。当函数执行结束后，局部变量就会被释放。释放后的局部变量在函数外无法访问。不同作用域之间可以重名，互不影响。

【例 6.13】局部变量的使用。

```
def func1(a):
        b=a*2
        return b
def func2(a):
        b=a*3
        return b
c= func1(2)+ func2(1)
print("c 的值为：",c)
```

输出结果：

```
c 的值为：  7
```

函数 func1()和函数 func2()中的重名局部变量 a、b 因为其作用域均在各自函数内部，当函数执行结束即释放掉，故互不影响。需要注意的是，函数外不能引用一个函数内的局部变量。

【例 6.14】局部变量的作用域。

```
def func3(a):        #a 是局部变量
    b=a**2        #b 是局部变量
    print(a,b)
func3(2)        #调用函数并传入实参 a=2
```

输出结果：

2 4

继续输入语句 print(a)则会报错：name 'a' is not defined，因为在函数 func3()调用结束的那一刻，局部变量 a、b 就被释放，因此在函数外是访问不到局部变量的。

在函数体外声明的变量称为全局变量。全局变量默认的作用域是整个程序，即全局变量既可以在函数的外部使用，也可以在各个函数内部使用。

【例 6.15】全局变量的作用域。

```
c=100 #c 是全局变量
def func ():
        b=105+c    #b 是局部变量，函数内部访问全局变量 c
        return b
print(func())
print(c)            #函数外部访问全局变量 c
```

输出结果：

```
205
100
```

需要特别注意的是，全局变量能在函数内部被访问，但无法直接修改，相当于只读权限。

程序搜索变量时遵循 LEGB 原则。该原则对应的每一个字母代表一种作用域，具体内容如下：

- L（Local）：局部作用域——局部变量与形参生效区。
- E（Enclosing）：嵌套作用域——嵌套定义的函数中的外层函数声明的变量生效区。
- G（Global）：全局作用域——全局变量生效区。
- B（Built-in）：内建作用域——如内置模块中声明的变量生效区。

Python 搜索变量时会以 L→E→G→B 的规则查找，找到后停止搜索并使用搜索到的变量；若搜索完 L→E→G→B 这四个区域都无法找到变量，程序则会抛出异常。例如以下代码块：

```
x = int(2.9)            #内建作用域
 g_count = 0            #全局作用域
def outer():
    o_count = 1         #嵌套作用域
    def inner():
        i_count = 2     #局部作用域
```

6.3.2 global 和 nonlocal 关键字

函数的内部无法直接修改全局变量或嵌套函数的外层函数中的变量，但可以使用 global 或 nonlocal 关键字修饰变量从而间接修改以上变量。本节将分别介绍 global 和 nonlocal 关键字的用法。

1. global 关键字

由上一节可知全局变量能在函数内部被访问，但无法直接修改，相当于只读权限。如果想在函数内修改全局变量则需要使用 global 关键字。其使用方法很简单，基本格式是关键字 global 后跟一个或多个变量名，将局部变量声明为全局变量。

【例 6.16】global 关键字的使用。

```
x = 6
def function():
```

```
        global x
        x = 1
function()
print("x 的值变为：",x)
```

输出结果：

```
x 的值变为： 1
```

例 6.16 中 x 的值在程序开始赋值为 6，但是在 function()函数中使用 global 关键字声明全局变量 x 并将其修改为 1。当调用 function()后，再用 print 语句输出 x 的值，此时的全局变量 x 值就由开始的 6 通过调用函数的过程被重新定义为 1。

Python 中的 global 语句是用来声明全局变量的，故在函数内把全局变量重新赋值时这个新值也反映在引用了这个变量的其他函数中。例 6.16 中继续执行以下代码：

```
def func2():
        return x
func2()
print(x)
```

通过运行可以看出，func2()函数 return 的返回值是全局变量 x。在实际开发中如果有需要，可以使用 global 语句指定多个全局变量，在变量名之间用逗号分开即可。

2．nonlocal 关键字

global 关键字声明的变量必须在全局作用域上，不能使用在嵌套作用域上。如果想在局部作用域中修改嵌套作用域中声明的变量，这时就需要使用 nonlocal 关键字。使用的基本格式是关键字 nonlocal 后跟一个或多个变量名。

【例 6.17】修改嵌套作用域中的变量。

```
def outer():
        num = 10    #outer()中的局部变量
        print(num)
        def inner():
                nonlocal num    #nonlocal 关键字声明
                num = 100        #修改外层函数中的 n
                print(num)
        inner()
        print(num)
outer()
```

输出结果：

```
10
100
100
```

通过例 6.17 的输出结果可以看出：

● 第一个 print()输出结果在定义 num 之后，输出值为 10。

● 第二个 print()输出是在 nonlocal 之后，这时 num 已经被 nonlocal 声明并进行了修改，输出结果为 100。

● 第三个 print()函数虽然已经跳出嵌套，但是由于被 nonlocal 修改过，故 num 的值依然为 100。

3. global 和 nonlocal 的区别

通过上述两个例子可以看出，global 和 nonlocal 关键字都能修改变量的作用域，但是两者在功能和使用范围上有较大区别。

（1）两者的功能不同。global 关键字修饰变量后标识该变量是全局变量，对该变量进行修改就是修改全局变量，而 nonlocal 关键字修饰变量后标识该变量是上一级函数中的局部变量，如果上一级函数中不存在该局部变量，使用 nonlocal 关键字修饰变量就会发生错误，例如在最上层的函数使用 nonlocal 修饰变量必定会报错。

（2）两者使用的范围不同。global 关键字可以用在任何地方，包括最上层函数和嵌套函数中，即使之前未定义该变量，global 修饰后也可以直接使用，而 nonlocal 关键字只能用于嵌套函数中，并且外层函数中必须定义相应的局部变量，否则会发生错误。

6.4 匿 名 函 数

Python 允许不使用标准样式 def 语句定义一个函数，这类称为匿名函数，它与普通函数一样可以在程序的任何位置使用。Python 中使用 lambda 关键字来创建匿名函数。

6.4.1 匿名函数的定义

lambda 函数的语法只包含一个语句，如下：

```
lambda [形参列表]:表达式
```

其中，lambda 是 Python 预留的关键字，形参列表和表达式由用户自定义。它的结构与 Python 中函数（function）的参数列表是一样的。具体来说，形参可以有非常多的形式。例如：

```
a, b
a=1, b=2
*args
**kwargs
a, b=1, *args
空
...
```

表达式中出现的参数需要在形参列表中有定义，并且表达式只能是单行的。以下都是合法的表达式：

```
1
None
a + b
sum(a)
1 if a >10 else 0
...
```

以下是几个常用的匿名函数：

- lambda x, y: x*y：函数输入是 x 和 y，输出是它们的积 x*y。
- lambda:None：函数没有输入参数，输出是 None。
- lambda *args: sum(args)：函数的输入是任意个数的参数，输出是它们的和（隐性要求是输入参数必须能够进行加法运算）。

● lambda **kwargs: 1：函数输入是任意数量的键值对参数，输出结果为1。

通常定义好的匿名函数不能直接使用，最好使用一个变量保存它，以便后期可以随时使用该函数。

【例 6.18】匿名函数的使用。

```
#定义匿名函数并将它返回的函数对象赋值给变量 temp
temp=lambda x,y,z:x*y*z
```

此时 temp 变量就可以作为匿名函数的临时名称用以实现调用，例如：

```
print(temp(3,4,5))
```

运行后的结果为 60。

6.4.2 匿名函数的特征

由语法格式可以得知，匿名函数具有以下特征：

● lambda 只是一个表达式，函数体比使用 def 定义函数简单很多，仅能在 lambda 表达式中封装有限的逻辑进去。

● 使用 def 定义函数需要名称，匿名函数没有名称。

● lambda 函数拥有自己的命名空间，且不能访问自己参数列表之外或全局命名空间里的参数。

6.4.3 匿名函数的使用

由于 lambda 语法是固定的，所以在实际使用中，根据这个 lambda 函数应用场景的不同，可以将 lambda 函数的用法扩展为以下几种：

（1）将 lambda 函数赋值给一个变量，通过这个变量间接调用该 lambda 函数。

例如执行语句 add=lambda x, y: x+y，定义了加法函数 lambda x, y: x+y，并将其赋值给变量 add。后续使用 add 间接调用 lambda 表达式。例如执行 add(1,2)，输出 3。

（2）将 lambda 函数赋值给其他函数，从而将其他函数用该 lambda 函数替换。

例如为了把标准库 time 中的函数 sleep 的功能屏蔽，可以在程序初始化时调用 time.sleep=lambda x:None。这样在后续代码中调用 time 库的 sleep 函数将不会执行原有的功能。例如执行 time.sleep(3)时，程序不会休眠 3 秒钟，而是什么都不做。

（3）将 lambda 函数作为其他函数的返回值返回给调用者。

函数的返回值也可以是函数。例如 return lambda x, y: x+y 返回一个加法函数。这时，lambda 函数实际上是定义在某个函数内部的函数，称之为嵌套函数或内部函数。对应地，将包含嵌套函数的函数称为外部函数。内部函数能够访问外部函数的局部变量，这个特性是闭包（Closure）编程的基础，在这里我们不再展开。

（4）将 lambda 函数作为参数传递给其他函数。

部分 Python 内置函数接收函数作为参数。典型的此类内置函数有如下几种：

1）filter()函数。此时 lambda 函数用于指定过滤列表元素的条件。例如 filter(lambda x: x % 3 == 0, [1, 2, 3])指定将列表[1,2,3]中能够被 3 整除的元素过滤出来，其结果再通过 list()转换后是[3]。

2）sorted()函数。此时 lambda 函数用于指定对列表中所有元素进行排序的准则。例如

sorted([1, 2, 3, 4, 5, 6, 7, 8, 9], key=lambda x: abs(5-x))将列表[1, 2, 3, 4, 5, 6, 7, 8, 9]按照元素与 5 距离从小到大进行排序，其结果是[5, 4, 6, 3, 7, 2, 8, 1, 9]。

3）map()函数。此时 lambda 函数用于指定对列表中每一个元素的共同操作。例如 map(lambda x: x+1, [1, 2,3])将列表[1, 2, 3]中的元素分别加 1，其结果再通过 list()转换后为[2, 3, 4]。

例 6.19 给出了一个匿名函数使用的实例。

【例 6.19】lambda 函数的使用。

```
list(filter(lambda x:x%2==1, range(1, 20)))    #找出由 range()函数生成的 1～19 序列中的奇数
```

输出结果：

```
[1, 3, 5, 7, 9, 11, 13, 15, 17, 19]
```

使用 lambda 表达式实现的匿名函数可以出现在 def 不能出现的地方。优点是它更小、更精练、更灵活。实际应用中主要用作一些特定函数或方法的参数，需要谨慎使用。

6.5 内置函数介绍

Python 解释器内置了大量函数和类型供程序设计人员使用。表 6.1 给出了常用的内置函数。

表 6.1 Python 系统内置函数

abs()	dict()	help()	min()	setattr()
all()	dir()	hex()	next()	slice()
any()	divmod()	id()	object()	sorted()
ascii()	enumerate()	input()	oct()	staticmethod()
bin()	eval()	int()	open()	str()
bool()	exec()	isinstance()	ord()	sum()
bytearray()	filter()	issubclass()	pow()	super()
bytes()	float()	iter()	print()	tuple()
callable()	format()	len()	property()	type()
chr()	frozenset()	list()	range()	vars()
classmethod()	getattr()	locals()	repr()	zip()
compile()	globals()	map()	reversed()	__import__()
complex()	hasattr()	max()	round()	
delattr()	hash()	memoryview()	set()	

在开发中如需了解详细的使用方法，可在命令提示符下使用 help()函数，例如：

```
>>>help(abs)
```

- abs()：获取绝对值。
- all()：接受一个迭代器，如果迭代器的所有元素都为真，那么返回 True，否则返回 False。
- any()：接受一个迭代器，如果迭代器里有一个元素为真，那么返回 True，否则返回 False。

- ascii()：调用对象的__repr__()方法，获得该方法的返回值。
- bin()：将十进制数分别转换为二进制。
- bool()：测试一个对象是 True 还是 False。
- bytes()：将一个字符串转换成字节类型。
- str()：将字符类型、数值类型等转换为字符串类型。
- callable()：判断对象是否可以被调用，能被调用的对象就是一个 callables 对象，比如函数和带有__call__()的实例。
- char()：查看十进制数对应的 ASCII 字符。
- classmethod()：用来指定一个方法为类的方法，由类直接调用执行，只有一个 cls 参数，执行类的方法时自动将调用该方法的类赋值给 cls。没有此参数指定的类的方法为实例方法。
- compile()：将字符串编译成 Python 能识别或可以执行的代码，也可以将文字读成字符串再编译。
- complex()：创建一个值为 real + imag * j 的复数或者转化一个字符串或数为复数。
- delattr()：删除对象的属性。
- dict()：创建数据字典。
- dir()：不带参数时返回当前范围内的变量、方法和定义的类型列表，带参数时返回参数的属性、方法列表。
- divmod()：分别取商和余数。
- enumerate()：返回一个可以枚举的对象，该对象的 next()方法将返回一个元组。
- eval()：将字符串 str 当成有效的表达式来求值并返回计算结果。
- exec()：执行字符串或 complie 方法编译过的字符串，没有返回值。
- filter()：过滤器，构造一个序列，等价于[item for item in iterables if function(item)]，在函数中设定过滤条件，逐一循环迭代器中的元素，将返回值为 True 时的元素留下，形成一个 filter 类型数据。
- float()：将一个字符串或整数转换为浮点数。
- format()：格式化输出字符串，format(value, format_spec)实质上是调用了 value 的__format__(format_spec)方法。
- frozenset()：创建一个不可修改的集合。
- getattr()：获取对象的属性。
- globals()：返回一个描述当前全局变量的字典。
- hasattr()：判断对象 object 是否包含名为 name 的特性。
- hash()：返回对象的哈希值 hash(object)。
- help()：返回对象的帮助文档。
- id()：返回对象的内存地址。
- input()：获取用户输入内容。
- int()：将一个字符串或数值转换为一个普通整数。
- isinstance()：检查对象是否是类的对象，返回 True 或 False。
- issubclass()：检查一个类是否是另一个类的子类，返回 True 或 False。

- iter()：返回一个 iterator 对象。该函数对于第一个参数的解析依赖于第二个参数。
- len()：返回对象长度，参数可以是序列类型（字符串、元组、列表）或映射类型（如字典）。
- list()：列表构造函数。
- locals()：打印当前可用的局部变量的字典。
- map()：对于参数 iterable 中的每个元素都应用 function 函数，并将结果作为列表返回。
- max()：返回给定元素里的最大值。
- memoryview()：函数返回给定参数的内存查看对象。
- min()：返回给定参数的最小值，参数可以为序列。
- next()：返回迭代器的下一个项目。
- oct()：将十进制数转换为八进制。
- hex()：将十进制数转换为十六进制。
- object()：获取一个新的无特性（geatureless）对象。object 是所有类的基类，它提供的方法将在所有的类型实例中共享。
- open()：打开文件。
- ord()：查看某个 ASCII 对应的十进制数。
- pow()：幂函数。
- print()：输出函数。
- property()：在新式类中返回属性值。
- range()：根据需要生成一个指定范围的数字，可以提供你需要的控制来迭代指定的次数。
- repr()：将任意值转换为字符串，供计时器读取的形式。
- reversed()：反转，逆序对象。
- round()：四舍五入。
- set()：创建一个无序不重复元素集，可进行关系测试，删除重复数据，还可以计算交集、差集、并集等。
- setattr()：与 getattr()相对应。
- slice()：切片功能。
- sorted()：排序。
- staticmethod()：返回函数的静态方法。
- str()：字符串构造函数。
- sum()：求和。
- super()：调用父类的方法。
- tuple()：元组构造函数。
- type()：显示对象所属的类型。
- vars()：返回对象的属性和属性值的字典对象。
- zip()：将对象逐一配对。
- __import__()：用于动态加载类和函数。

练 习 六

一、选择题

1. 以下关于函数优点的描述中错误的是（　　）。

   A. 函数可以表现程序的复杂度　　　　B. 函数可以减少代码重复

   C. 函数可以使程序更加模块化　　　　D. 函数便于阅读

2. Python 中定义函数的关键字是（　　）。

   A. defun　　　　　　B. define　　　　　C. function　　　D. def

3. 以下关于 Python 函数的描述中错误的是（　　）。

   A. 函数可以同时返回多个结果

   B. 定义函数时，某些参数可以赋予默认值

   C. 函数必须要有返回值

   D. 可以定义函数接收可变数量的参数

4. 以下关于 Python 的描述中错误的是（　　）。

   A. 如果 Python 函数包含一个函数 main()，这个函数与其他函数地位相同

   B. Python 程序可以不包含 main()函数

   C. Python 程序的 main()函数可以改变为其他名称

   D. Python 程序需要包含一个主函数且只能包含一个主函数

5. 以下代码的输出结果是（　　）。

   t=10.5;def above zero(t);return t>0

   A. False　　　　　　B. True　　　　　　C. 10.5　　　　　D. 没有输出

6. 以下关于 Python 语言 return 语句的描述中正确的是（　　）。

   A. 函数中最多只有一个 return 语句

   B. 函数中可以没有 return 语句

   C. return 只能返回一个值

   D. 函数必须有 return 语句

7. 以下关于 Python 全局变量和局部变量的描述中错误的是（　　）。

   A. 当函数退出时，局部变量依然存在，下次函数调用可以继续使用

   B. 全局变量一般指定义在函数之外的变量

   C. 局部变量在函数内部创建和使用，函数退出后变量被释放

   D. 使用 global 关键字声明后，变量可以作为全局变量使用

8. Python 中定义匿名函数的关键字是（　　）。

   A. def　　　　　　　B. fuction　　　　　C. lambda　　　　D. fuct

9. 关于以下代码描述错误的是（　　）。

```
def fact(n):
    s=1
    for i in range(1,n+1):
        s*=i
return s
```

A．fact(n)函数的功能为求 n 的阶乘

B．range()函数是 Python 内置函数

C．代码中 n 是可选参数

D．s 是局部变量

10．以下代码的输出结果是（　　　　）。

```
def func(a,b):
    a*=b
    return a
s = func(5,2)
print(s)
```

A．5　　　　　　　　B．10　　　　　　　C．15　　　　　　　D．20

11．以下代码的输出结果是（　　　　）。

```
Is=["car","truck"]
def funC(a):
    Is.append(a)
    return
funC("bus")
print(Is)
```

A．["car","truck","bus"]

B．["car","truck"]

C．[]

D．["bus"]
["car","truck","bus"]

12．以下代码的输出结果是（　　　　）。

```
def numbers(num_one, num_two, *args):
            print(args)
numbers (11, 12, 13, 14, 15)
```

A．(11, 12)　　　　　　　　　　　　B．(11, 12, 13)

C．(13 ,14, 15)　　　　　　　　　　D．(13, 14)

二、填空题

1．_____是组织好的、实现单一功能或相关联功能的代码段。

2．在函数内部可以通过关键字_____来定义全局变量。

3．如果函数中没有 return 语句或 return 语句不带任何返回值，则该函数的返回值为_____。

4．已知 g = lambda x, y=3, z=5: x*y*z，则语句 print(g(1))的输出结果为_____。

5．已知 f = lambda x: x+5，则表达式 f(3)的值为_____。

6．表达式 sorted(['abc', 'acd', 'ade'], key=lambda x:(x[0],x[2]))的值为_____。

7．已知 g = lambda x, y=3, z=5: x+y+z，则表达式 g(2)的值为_____。

8．已知函数定义 def func(**p):return sum(p.values())，则表达式 func(x=1, y=2, z=3)的值为_____。

9．已知函数定义 def func(**p):return ''.join(sorted(p))，则表达式 func(x=1, y=2, z=3)的值

为_____。

10. 已知 f = lambda x: 5，则表达式 f(3)的值为_____。

三、简答题

1. 写出 Python 函数的基本格式。
2. 简述 return 语句的使用方法。
3. 简述匿名函数的概念及在什么情况下使用匿名函数。
4. 简述局部变量和全局变量的区别。
5. 简述 global 和 nonlocal 关键字的异同点。

四、程序设计题

1. 编写函数，输入三个整数 x、y、z，实现三个数由小到大的输出。
2. 编写函数，判断 101 和 200 之间有多少个素数，并输出所有素数。
3. 编写函数，求两个正整数的最小公倍数。
4. 用 lambda 函数实现两个数相乘。
5. 编写函数实现：有 n 个人围成一圈，顺序排号。从第一个人开始报数（从 1 到 3 报数），凡报到 3 的人退出圈子，问最后留下的是原来的第几号？

第7章 模　　块

 本章导读

通过上一章对函数的学习，我们知道函数是程序设计过程中定义的能完成某一功能的一系列代码行的集合。为了编写可维护的代码，我们把很多函数分组，分别放到不同的文件里，这样每个文件包含的代码就相对较少，很多编程语言都采用这种组织代码的方式。在 Python 中，一个.py 文件就称为一个模块（Module）。模块可以被别的程序引入，以使用该模块中的函数等功能，这也是使用 Python 标准库的方法。

本章要点

- 模块的概念。
- 模块的导入方法。
- 使用 import 导入模块。
- 导入自定义模块。
- 基本模块的使用。
- 包。

7.1　模　块　概　述

Python 语言的成功离不开世界各地程序员为 Python 的无私贡献，其丰富的第三方库和模块为各种场景的成功应用提供了帮助。而且，Python 的开发者社区拥有很高的活跃度，当有人需要在任何情况下得到帮助或支持时，他们都会得到及时的响应。无论你是新手还是资深的程序员，无论你在哪里，你几乎总能够在这个活跃的社区得到帮助和支持。我们也应具备胸怀天下、海纳百川的宽阔胸襟，通过共享实现共赢。

使用模块可以提高代码的可维护性，同时也使编写代码不必从零开始。当一个模块编写完毕后，就可以被其他地方引用。我们在编写程序的时候，也经常引用其他模块，包括 Python 内置的模块和来自第三方的模块。一个 Python 程序通常包括一个顶层程序文件和其他的模块文件（0 个、1 个或多个）。

（1）顶层文件：包含了程序的主要控制流程。

（2）模块文件：为顶层文件或其他模块提供各种功能性组件。

模块首次导入（或重载）时，Python 会立即执行模块文件的顶层程序代码（不在函数内的代码）。而位于函数主体内的代码直到函数被调用后才会执行。

如图 7.1 所示，对于一个复杂的功能来说，可能需要多个函数才能完成，把多个函数存放在一个.py 文件中，称为模块。

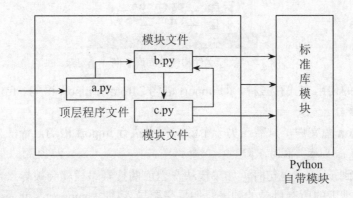

图 7.1　Python 程序的组成

【例 7.1】调用系统模块。

```
import sys
def   test():
      args = sys.argv
      if len(args)==1:
            print("Hello, world!")
      elif len(args)==2:
            print("Hello, %s!"% args[1])
      else:
            print ("Too many arguments!")

if __name__ =='__main__':
      test()
```

运行结果：

```
Hello, world!
```

从例 7.1 可以看出，通过 import 导入了 sys 模块，然后就有变量 sys 指向该模块，利用 sys 这个变量就可以访问 sys 模块的所有功能。例如，要引用模块 math，就可以在文件最开始的地方用 import math 来引入。

7.2　模块的导入

例 7.1 给出了 Python 中模块导入的一种方法，Python3 提供了三种不同的导入方式，可根据实际情况选择使用。

7.2.1　直接使用 import 导入模块

直接使用 import 导入是模块导入中最常见的方式，但是这需要满足一个前提，即 py 执行文件和模块同属于同一个目录（父级目录），如图 7.2 所示。

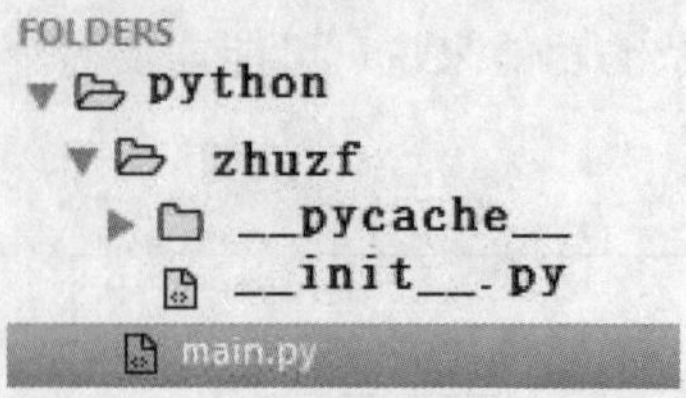

图 7.2 执行文件和模块同属于同一个目录

import 常见的使用方式有三种，即 import 语句、from…import 语句、from…import *语句。

1. import 语句

想使用 Python 源文件，只需在另一个源文件里执行 import 语句，语法如下：

```
import module1[, module2[,... moduleN]
```

当解释器遇到 import 语句时，如果模块在当前的搜索路径就会被导入。搜索路径是一个解释器会先进行搜索的所有目录的列表。如果想要导入模块 support，就需要把命令放在脚本的顶端。

【例 7.2】import 语句导入模块。

support.py 文件代码：

```
#Filename: support.py
def print_func( par ):
    print ("Hello : ", par)
    return
```

test.py 引入 support 模块，test.py 文件代码：

```
#Filename: test.py
#导入模块
import support
#现在可以调用模块里包含的函数了
support.print_func("成功导入模块！")
```

运行结果：

```
Hello :  成功导入模块！
```

一个模块只会被导入一次，不管你执行了多少次 import，Python 模块在导入的时候会防止重复导入，在第一次导入后，会加载到内存，之后的调用都是指向内存的，这样可以防止导入模块被一遍又一遍地执行。当使用 import 语句的时候，Python 解释器按照 Python 的搜索路径查询模块。其中搜索路径是由一系列目录名组成的，Python 解释器依次从这些目录中去寻找所引入的模块。

2. from…import 语句

Python 的 from 语句让你从模块中导入一个指定的部分到当前命名空间中，语法如下：

```
from modname import name1[, name2[, ... nameN]]
```

例如在例 7.2 中，要导入模块 support 的 print_func 函数，使用如下语句：

```
from support import print_func
print_func("成功使用 from...import 导入模块！")
```

这个声明不会把整个 support 模块导入到当前的命名空间中，它只会将 support 里的 print_func 函数引入进来。

3. from…import * 语句

把一个模块的所有内容全都导入到当前的命名空间也是可行的，只需使用如下声明：

```
from modname import *
```

例如在例 7.2 中，要使用 from…import * 语句导入模块 support，使用如下语句：

```
from support import *
print_func("成功使用 from … import * 语句导入模块！")
```

这提供了一个简单的方法来导入一个模块中的所有项目，但是这种方式不能过多使用。

4. 三种方法的区别

通过上面的分析可以看出，import 语句、from…import 语句和 from…import*语句都能实现模块的导入，但是三者之间是有区别的。

- import 语句：导入一个模块，相当于导入的是一个文件夹。
- from…import 语句：导入了一个模块中的一个函数，相当于导入的是一个文件夹中的文件。
- from…import*语句：是把一个模块中的所有函数都导入进来，相当于导入的是一个文件夹中的所有文件。

总结起来，from…import*语句与 import 的区别在于：import 导入模块，每次使用模块中的函数都要确定是哪个模块；from…import*导入模块，每次使用模块中的函数，直接使用函数即可，因为已经知道该函数是哪个模块中的了。

7.2.2　通过 sys 模块导入自定义模块的 path

如果执行文件和模块不在同一目录中，这时候直接导入是找不到自定义模块的。

如图 7.3 所示，执行文件 main.py 在 main 目录下，zhuzf 模块在 Python 目录下，sys 模块是 Python 内置的。这时候，需要先导入 sys 模块，然后通过 sys.path.append(path)函数来导入自定义模块所在的目录，最后再导入自定义模块。此时 main.py 文件的实现如下：

```
#main.py
#-*- coding: utf-8 -*-
import sys
sys.path.append(r"C:\Users\sdjtu\Desktop\Python")
import zhuzf
zhuzf.hi()
```

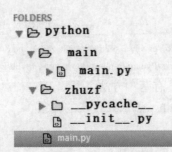

图 7.3　执行文件和模块不在同一个目录

最后执行 main.py 文件，执行 zhuzf 模块中的 hi()函数。

7.2.3　通过 pth 文件找到自定义模块

通过 pth 文件找到自定义模块利用了系统变量，Python 会扫描 path 变量的路径来导入模块，可以在系统 path 里面添加。此处可以采用 pth 文件添加。

在图 7.3 中，例如执行文件 main.py 在 main 目录下，而自定义 zhuzf 模块在 Python 目录下，具体过程如下：

（1）创建一个 module_sdjtu.pth 文件，里面的内容就是 zhuzf 模块所在的目录，即 C:\Users\zhuzf\Desktop\Python。

（2）将该 module_zhuzf.pth 文件放到 Python 安装目录中，即 Python 安装目录下的 Lib\site-packages 子目录。

（3）main.py 导入并使用自定义模块。

```
#-*- coding: utf-8 -*-
    import zhuzf
    zhuzf.hi()
```

（4）执行 main.py 文件，可以执行 hi()函数。

7.3　基本模块的使用

在使用 Python 时，经常需要用到很多第三方库，如 MySQL 驱动程序、Web 框架 Flask、科学计算 NumPy 等。在第 2 章中已介绍了第三方库的安装方法，下面来看看在安装完第三方库后怎么调用。

在第三方库模块安装好后，其搜索路径就已经设置好了，可以尝试直接通过 import 导入已安装的第三方模块。当试图加载一个模块时，Python 会在指定的路径下搜索对应的.py 文件，如果找不到，就会报错。

```
>>> import mymodule
Traceback (most recent call last):
    File "<stdin>", line 1, in <module>
ImportError: No module named mymodule
```

默认情况下，Python 解释器会搜索当前目录、所有已安装的内置模块和第三方模块，搜索路径存放在 sys 模块的 path 变量中。

```
>>> import sys
>>> sys.path
['','/Library/Frameworks/Python.framework/Versions/3.6/lib/Python36.zip', '/Library/Frameworks/Python.framework/Versions/3.6/lib/Python3.6', ..., '/Library/Frameworks/Python.framework/Versions/3.6/lib/Python3.6/site-packages']
```

如果要添加自己的搜索目录，有两种方法。

第一种方法是直接修改 sys.path，添加要搜索的目录。

```
>>> import sys
>>> sys.path.append('/Users/michael/my_py_scripts')
```

这种方法是在运行时修改，运行结束后失效。

第二种方法是设置环境变量 PYTHONPATH，该环境变量的内容会被自动添加到模块搜索

路径中。设置方式与设置 Path 环境变量类似。注意，只需要添加你自己的搜索路径，Python
自己本身的搜索路径不受影响。

7.3.1　math 模块

math 库是 Python 提供的内置数学类函数库，因复数类型常用于科学计算，一般计算并不
常用，因此 math 库不支持复数类型，仅支持整数和浮点数运算。math 库一共提供了 4 个数学
常数（表 7.1）和 44 个函数。44 个函数分为 4 类，包括 16 个数值表示函数（表 7.2）、8 个幂
对数函数（表 7.3）、16 个三角对数函数（表 7.4）和 4 个高等特殊函数（表 7.5）。

math 模块提供了多种预定义数字常量，一方面，避免手动编写，为程序开发节省了大量
时间；另一方面，数字常量可以使整个代码风格保持一致性。该模块包括几个著名的数学常数
和重要值：圆周率 π、欧拉数 e、无限∞、非数字 NaN，见表 7.1。

表 7.1　math 库的数字常数

数学形式	描述
π	圆周率
e	自然对数
∞	正无穷，负无穷为-inf
NAN	非浮点数标记，Not a Number

可以使用 print()函数将这几个数字常数直接打印出来，示例代码如下：

```
import math
print("math.pi = ", math.pi)
print('math.e = ', math.e)
print('math.inf = ', math.inf)
print('math.nan = ', math.nan)
```

运行结果：

```
math.pi =  3.141592653589793
math.e =  2.718281828459045
math.inf =  inf
math.nan =  nan
```

数据处理是编程中不可避免的，很多时候都需要根据需求对获取到的数据进行处理，取
整则是最基本的数据处理。取整的方式包括向上取整、向下取整，分别使用 math 模块中的函
数 ceil(x)和 floor(x)。

math.ceil(x)是向上取整，返回大于或等于给定数字的最小整数值。如果参数是正小数或负
小数，则函数将返回下一个大于给定值的整数值。如下代码所示，参数为 4.3 时，返回值为 5，
参数为-4.3 时，返回值为-4。

```
import math
print('math.ceil(4.3) = ', math.ceil(4.3))
print('math.ceil(-4.3) = ', math.ceil(-4.3))
```

运行结果：

```
math.ceil(4.3) =  5
```

```
math.ceil(-4.3) =  -4
```

math.floorx(x)是向下取整，返回小于或等于给定数字的最接近的整数值。此函数的行为与 ceil(x)相反。如下代码所示，参数为 4.3 时，返回值为 4，参数为-4.3 时，返回值为-5。

```
import math
print('math.floor(4.3) = ', math.floor(4.3))
print('math.floor(-4.3) = ', math.floor(-4.3))
```

运行结果：

```
math.floor(4.3) =  4
math.floor(-4.3) =  -5
```

math.ceil(x)和 math.floor(x)都可以将正实数或负实数作为参数，并且将始终返回整数值。当参数是整数值时，ceil(x)和 floor(x)都会返回相同的数字，代码如下：

```
import math
print('math.ceil(6) = ', math.ceil(6))
print('math.ceil(-6) = ', math.ceil(-6))
print('math.floor(6) = ', math.floor(6))
print('math.floor(-6) = ', math.floor(-6))
```

运行结果：

```
math.ceil(6) =  6
math.ceil(-6) =  -6
math.floor(6) =  6
math.floor(-6) =  -6
```

math.fabs(x) 函数返回 x 的绝对值。绝对值是非负数，有负号会删除。与 Python 内置的 abs() 不同，此方法始终将值转换为浮点值，如下示例代码，math.fabs(8)的返回值为 8.0。

```
>>>print(math.fabs(2.77))
>>>print(math.fabs(8))
>>>print(math.fabs(-99.29))
2.77
8.0
99.29
```

表 7.2 列举了 math 库的 16 种数值表示函数，其他函数示例代码如下：

```
import math
print('math.fmod(2,3) = ',math.fmod(2,3))                         #获取 x/y 的余数
print("math.fsum([1,2,3,4,5,6]) = ", math.fsum([1,2,3,4,5,6]))    #获取序列中所有元素的和
print('math.modf(2.3) = ', math.modf(2.3))                        #获取浮点数的小数和整数部分
print('math.trunc(2.3) = ', math.trunc(2.3))                      #获取浮点数的整数部分
print('math.copysign(-2.3,1) = ', math.copysign(-2.3,1))          #把第二个数的正负号赋值给第一个浮点数
print('math.copysign(2.3,-1) = ', math.copysign(2.3,-1))
print('math.gcd(16,24) = ', math.gcd(16,24))                      #获取 x 和 y 的最大公约数
```

运行结果：

```
math.fmod(2,3) =  2.0
math.fsum([1,2,3,4,5,6]) =  21.0
math.modf(2.3) =  (0.2999999999999998, 2.0)
math.trunc(2.3) =  2
math.copysign(-2.3,1) =  2.3
```

```
math.copysign(2.3,-1) =   -2.3
math.gcd(16,24) =   8
```

math.fmod(x)是返回 x 的小数部分和整数部分，两部分符号和 x 的符号相同，且整数部分用浮点型表示。通过上述代码演示，我们发现对 2.3 进行拆分得到的小数并不是 0.3，而是 0.2999999999999998。这里涉及了另一个问题，即浮点数在计算机中的表示。Python 和 C 一样，采用 IEEE 754 规范来存储浮点数。在计算机中是无法精确地表示小数的，这是因为计算机采用的是二进制代码，而二进制代码由于计算上的误差无法准确表示某些十进制数的小数部分。上例中最后的输出结果 0.2999999999999998 只是 0.3 在计算中的近似表示。

直接使用"=="比较浮点数会对最终的结果产生影响，因此建议采用 math 库函数。为了解决这个问题，math 库提供了一个计算多个浮点数和的函数 math.fsum(iterable)。这个函数不仅高效，还可以减少因计算导致的误差。

数学中 10 个 0.1 相加的结果为 1.0，下面分别用 Python 中的运算符和 math 模块中的 fsum() 函数进行计算，代码如下：

```
0.1+0.1+0.1+0.1+0.1+0.1+0.1+0.1+0.1+0.1
0.9999999999999999
math.fsum([0.1, 0.1, 0.1, 0.1, 0.1, 0.1, 0.1, 0.1, 0.1, 0.1])
1.0
```

由上述示例结果可知，直接使用运算符计算的结果不是 1.0，而使用 fsum()函数计算的结果是 1.0。产生这种情况，主要是因为 Python 中表示 0.1 时小数点后存在若干位的精度尾数，在 0.1 参与加法运算时，这个精度尾数可能会影响输出结果。因此，在涉及浮点数运算和结果比较时，建议使用 math 模块中提供的函数。

表 7.2　math 库的数值表示函数

函数	数学表示	描述
fabs(x)	$\lvert x \rvert$	返回 x 的绝对值
fmod(x,y)	$x \% y$	返回 x 与 y 的模（余数）
fsum([x,y,...])	$x + y + ...$	浮点数精确求和
gcd(x,y)		返回 x 和 y 的最大公约数，x 和 y 为整数
trunc(x)		返回 x 的整数部分
modf(x)		返回 x 的小数和整数部分
ceil(x)	$\lceil x \rceil$	向上取整，返回不小于 x 的最小整数
floor(x)	$\lfloor x \rfloor$	向下取整，返回不大于 x 的最大整数
factorial(x)	$x!$	返回 x 的阶乘，x 为整数
frepx(x)	$x = m * 2^e$	返回(m,e)，当 x=0 时返回(0.0,0)
ldexp(x,i)	$x * 2^i$	返回 x * 2^i 运算值，frepx(x)函数的反运算
copysign(x,y)	$\lvert x \rvert * \lvert x \rvert / y$	用数值 y 的正负号替换数值 x 的正负号
isclose(a,b)		比较 a 和 b 的相似性，返回 True 或 False
isfinite(x)		当 x 为无穷大时返回 True，否则返回 False
isinf(x)		当 x 为正数或负数无穷大时返回 True，否则返回 False
isnan(x)		当 x 是 NaN 时返回 True，否则返回 False

math 模块也提供了幂函数和对数函数计算（表 7.3），如之前接触的 pow(x,y)和 sqrt(x)，分别是求幂和开平方函数，示例代码如下：

```
import math
print(math.pow(2,10))          #2 的 10 次幂
print(math.sqrt(16))           #16 的开平方运算
```

运行结果：

```
1024.0
4.0
```

math.log(x)函数使用一个参数，返回 x 的自然对数（以 e 为底）。示例代码如下：

```
>>> math.log(4)
1.3862943611198906
>>> math.log(3.4)
1.2237754316221157
```

math 模块还提供了两个单独的函数，可以计算以 2 和 10 为底的对数值：log2(x)用于计算以 2 为底的对数值，log10(x)用于计算以 10 为底的对数值。示例代码如下：

```
>>> math.log2(math.pi)
1.6514961294723187
>>> math.log(math.pi, 2)
1.651496129472319
>>> math.log10(math.pi)
0.4971498726941338
>>> math.log(math.pi, 10)
0.4971498726941338
```

exp(x)函数可以计算 x 的自然指数，即返回 e 的 x 次幂，e^x，其中 e = 2.718281...是自然对数的基数。示例代码如下：

```
>>> math.exp(21)
1318815734.4832146
>>> math.exp(-1.2)
0.30119421191220214
```

表 7.3   math 库的幂对数函数

函数	数学表示	描述
pow(x,y)	x^y	返回 x 的 y 次幂
exp(x)	e^x	返回 e 的 x 次幂，e 是自然对数
expml(x)	e^x - 1	返回 e 的 x 次幂减 1
sqrt(x)	$\sqrt{x}$	返回 x 的平方根
log(x[,base])	logbase x	返回 x 的对数值，只输入 x 时返回自然对数，即 ln x
log1p(x)	ln(1+x)	返回 1+x 的自然对数值
log2(x)	logx	返回 x 的以 2 为底的对数值
log10(x)	log10 x	返回 x 的以 10 为底的对数值

math 模块中的三角函数将三角形中的角与其边长相互关联。三角函数有很多应用领域，包括研究三角形和周期性现象，如声音和光波的建模。在标准库中，所有三角函数的输入都是

弧度。math 模块中三角函数的数学表示与功能说明见表 7.4。

表 7.4　math 库的三角对数函数

函数	数学表示	描述
degree(x)		角度 x 的弧度值转角度值
radians(x)		角度 x 的角度值转弧度值
hypot(x,y)	$\sqrt{(x^2 + y^2)}$	返回(x,y)坐标到原点(0,0)的距离
sin(x)	sin x	返回 x 的正弦函数值，x 是弧度值
cso(x)	cos x	返回 x 的余弦函数值，x 是弧度值
tan(x)	tan x	返回 x 的正切函数值，x 是弧度值
asin(x)	arcsin x	返回 x 的反正弦函数值，x 是弧度值
acos(x)	arccos x	返回 x 的反余弦函数值，x 是弧度值
atan(x)	arctan x	返回 x 的反正切函数值，x 是弧度值
atan2(y,x)	arctan y/x	返回 y/x 的反正切函数值，x 是弧度值
sinh(x)	sinh x	返回 x 的双曲正弦函数值
cosh(x)	cosh x	返回 x 的双曲余弦函数值
tanh(x)	tanh x	返回 x 的双曲正切函数值
asinh(x)	arcsinh x	返回 x 的反双曲正弦函数值
acosh(x)	arccosh x	返回 x 的反双曲余弦函数值
atanh(x)	arctanh x	返回 x 的反双曲正切函数值

可以直接使用此模块计算 sin(x)、cos(x)和 tan(x)。示例代码如下：

```
import math
angle = 30                        #30°
radian = math.radians(angle)      #角度值转换成弧度值
print(math.sin(radian))           #sin30°
print(math.cos(radian))           #cos30°
print(math.tan(radian))           #tan30°
```

运行结果：

```
0.49999999999999994
0.8660254037844387
0.5773502691896257
```

math 模块对反三角函数的计算，返回值是弧度。示例代码如下：

```
>>>h = math.asin(0.5)            #sin(30) = 0.5
>>>print(math.degrees(h))
30.000000000000004
>>>h = math.acos(0.5)            #cos(60) = 0.5
>>>print(math.degrees(h))
60.00000000000001
>>>h = math.atan(1)              #tan(45) = 1
>>>print(math.degrees(h))
45.0
```

除此之外，math 模块中还增加了一些具有特殊功能的函数，关于它们的功能说明见表 7.5。高斯误差函数在概率论、统计学和偏微分方程中有着广泛的应用，而伽马函数在分析学、概率论、偏微分方程和组合数学中有着广泛的应用，它们均不属于初等数学，但是非常有趣。例如利用伽马函数计算浮点数的"阶乘"，代码如下：

```
>>>import math
>>>math.gamma (6)                    #求 0～5 范围内的整数阶乘
120.0
```

表 7.5　math 库的高等特殊函数

函数	数学表示	描述
erf(x)	$\dfrac{2}{\sqrt{\pi}}\displaystyle\int_0^x e-t^2dt$	高斯误差函数，应用于概率论、统计学等领域
erfc(x)	$\dfrac{2}{\sqrt{\pi}}\displaystyle\int_x^\infty e-t^2dt$	余补高斯误差函数，erfc(x) = 1- erf(x)
gamma(x)	$\displaystyle\int_0^\infty e-t^2dt$	伽马（Gamma）函数，也称为欧拉第二积分函数
lgamma(x)	$\ln(gamma(x))$	伽马函数的自然对数

7.3.2　random 库

Python 的 random 模块主要用于生成随机数，它包含了各种分布的伪随机数生成器，如生成指定范围内的实数、浮点数、从序列中获取一个随机的元素，将一个序列类型的数据打乱等。random 模块的常用方法见表 7.6。

表 7.6　random 模块的常用方法

方法	说明
random.random()	随机返回大于 0 小于 1 的浮点数
random.uniform(a,b)	随机返回指定范围内的浮点数
random.randint(a,b)	随机返回指定范围内的整数
random.randrange(strat,stop,[step=1])	随机返回指定范围内的整数，step 默认为 1
random.choice(seq)	随机返回序列内的元素
random.sample(seq)	随机返回序列内的任意 k 个元素的组合
random.shuffle(seq)	打乱序列内元素的次序

random()函数返回随机生成的一个实数，它在半开区间[0,1)范围内。示例代码如下：

```
import random
#第一个随机数
num1 = random.random()
print(num1)
#第二个随机数
num2 = random.random()
print(num2)
```

```
#第三个随机数
num3 = random.random()
print(num3)
```

运行结果：

```
0.23185292606978603
0.9723980749548652
0.1202199094973343
```

观察上述运行结果，我们调用 random.random()生成随机数时，每一次生成的数都是随机的。但是，当我们预先使用 random.seed(x)设定好种子之后，其中的 x 可以是任意数字，如 10，这个时候，先调用它的情况下，使用 random()生成的随机数将会是同一个，如以下代码所示：

```
>>>import random
>>>random.seed(10)
>>>print ("使用整数 10 种子生成随机数：", random.random())
>>>random.seed(10)
>>>print ("使用整数 10 种子生成随机数：", random.random())
使用整数 10 种子生成随机数： 0.5714025946899135
使用整数 10 种子生成随机数： 0.5714025946899135
```

random.randrange(start, stop, step)函数返回指定范围内的随机数。

参数说明如下：

start：可选，一个整数，指定开始值，默认值为 0。

stop：必需，一个整数，指定结束值。

step：可选，一个整数，指定步长，默认值为 1。

表中其他函数的使用方法，示例代码如下：

```
>>>import random
>>>lt = [2,3,5,7,'A','C','d']
>>>random.choice(lt)                #随机获取列表 lt 中的一个值
'd'
>>>random.shuffle(lt)               #使用 shuffle(seq)打乱序列内元素的次序
>>>print(lt)
[3, 'C', 7, 2, 'd', 5, 'A']
>>>random.randrange(5,15,2)         #获取指定范围[5,15)中随机的整数，步长为 2
7
>>>random.uniform(4,24)             #获取指定范围[4,24)中随机的浮点数
11.276607196829213
```

random.randrange(5,15,2)是指在[5,15)中每次走 2 步，获取随机的整数，即从 5、7、9、11、13 中随机获取一个数。

【例 7.3】利用 random 模块解决实际应用中的问题：随机生成一组 6 位验证码，每个字符可以是大写字母、小写字母或数字。

分析：编写 verification_code 函数，参数是生成验证码的位数，变量 code 就是最终生成的验证码。使用 randint(0,9)随机生成一个 0 和 9 之间的整数，randint(65,90)随机生成 26 个大写字母中的一个，randint(97,122)随机生成 26 个小写字母中的一个。利用 choice 返回数字、大写字母、小写字母中的一个，然后将这个字符添加到事先定义好的空字符串中。这样经过 6 次循环就得到了一个 6 位的随机验证码。

程序代码：

```
import random
def verification_code(v):
    code=''
    for i in range(v):
        num=random.randint(0,9)                #生成数字
        upper=chr(random.randint(65,90))       #生成大写字母
        lower=chr(random.randint(97,122))      #生成小写字母
        code+=str(random.choice([num,upper,lower]))
    return code
print(verification_code(6))
```

运行结果：

```
2lm4sd                          #随机生成的一组验证码，运行结果不唯一
```

7.3.3   time 库

Python 的 time 库可以进行与时间相关的处理，如访问当前日期和时间、输出不同格式的时间、等待指定的时间等。time 模块是 Python 的内置模块，无须下载，在使用前导入即可。

time 模块共有 3 种表示时间的方式：时间戳、结构化时间、格式化字符串时间，它们都是获取当前的时间，只是输出方式不同。

1. 时间戳（timestamp）

时间戳，是以浮点数表示从 1970 年 1 月 1 日 0 点 0 分 0 秒到现在的一个偏移量，即总秒数。使用模块中的 time()函数获取当前时间的时间戳，示例代码如下：

```
import time
print(time.time())
```

运行结果：

```
1681199950.458682              #该结果与系统时间有关，数值可能有出入，结果仅作参考，后同
```

2. 结构化时间（struct_time）

结构化时间，又称时间元组，一种 Python 的数据结构表示。这个元组有 9 个整型数据，分别表示不同的时间含义。Python 提供了获取结构化时间的 localtime()函数和 gmtime()函数，语法格式如下：

```
localtime([seconds])
gmtime([seconds])
```

seconds 是一个表示时间戳的浮点数，即从 1970 年 1 月 1 日 00:00:00 到当前时间的秒数，如果未提供参数，则返回当前时间的时间戳。示例代码如下：

```
import time
print(time.localtime())                 #返回当前时间的结构化时间
print(time.localtime(365*24*60*60))     #返回自 1970 年 1 月 1 日 00:00:00 开始 365 天的结构化时间
print(time.gmtime())
print(time.gmtime(365*24*60*60))
```

运行结果：

```
time.struct_time(tm_year=2023, tm_mon=4, tm_mday=13, tm_hour=14, tm_min=52, tm_sec=20, tm_wday=3, tm_yday=103,
tm_isdst=0)
```

```
time.struct_time(tm_year=1971, tm_mon=1, tm_mday=1, tm_hour=8, tm_min=0, tm_sec=0, tm_wday=4, tm_yday=1,
tm_isdst=0)
    time.struct_time(tm_year=2023, tm_mon=4, tm_mday=13, tm_hour=6, tm_min=52, tm_sec=20, tm_wday=3, tm_yday=103,
tm_isdst=0)
    time.struct_time(tm_year=1971, tm_mon=1, tm_mday=1, tm_hour=0, tm_min=0, tm_sec=0, tm_wday=4, tm_yday=1,
tm_isdst=0)
```

如当前时间是 2023 年 4 月 13 日 14:52:20，time.localtime()和 time.gmtime()返回的都是 2023 年 4 月 13 日，但是两者返回的时间却相差 8 个小时。这是因为，time.localtime()得到的是当前时区（如东八区）的结构化时间 14:52:20，而 time.gmtime()得到的是世界统一时间（Universal Time Coordinated，UTC）06:52:20，正好相差 8 个小时。元组内各参数的含义见表 7.7。

表 7.7 元组内各参数的含义

参数	取值
tm_year（年）	4 位数值，如 2023
tm_mon（月）	1～12
tm_mday（日）	1～31
tm_hour（时）	0～23
tm_min（分）	0～59
tm_sec（秒）	0～61（60 或 61 是闰秒）
tm_wday（星期）	0～6（星期一为 0，以此类推）
tm_yday（一年的第几天）	1～366
tm_isdst（是否是夏令时）	0、1 或-1（-1 代表不确定）

将结构化时间转换成时间戳，可以使用 mktime(t)方法，t 表示结构化时间。

```
a=time.localtime()                          #获取当前时区（东八区）的结构化时间
print("结构化时间: ",a)
print("时间戳时间: ",time.mktime(a))
```

运行以上代码，结果如下：

```
结构化时间: time.struct_time(tm_year=2023, tm_mon=4, tm_mday=12, tm_hour=15, tm_min=51, tm_sec=46, tm_wday=2,
tm_yday=102, tm_isdst=0)
时间戳时间: 1681285906.0
```

3. 格式化字符串时间（format string）

以上两种时间表示形式，时间戳时间更具唯一性，对计算机友好，而结构化时间更方便程序员操作。但是，无论是使用浮点数形式还是使用元组形式表示的时间，对用户来讲都不够友好，都不符合人类的认知习惯。

我们日常使用时间的常见形式如下：

2023-05-31 13:35:17

05/31/2023 13:35:17

2023 年 5 月 31 日 13:35:17

所以，我们经常会把这两种时间表示形式转换成更容易识别的形式——格式化字符串时间。格式化字符串时间，是以字符串的方式返回当前时间，使用 strftime()函数可以控制返回的时间格式，语法格式如下：

```
strftime(format[,t])
```

参数 format 是指代时间格式的字符串；参数 t 为 struct_time 对象，默认为当前时间，即 localtime()函数返回的时间，该参数可以省略。

使用 strftime()函数返回格式化的时间信息，示例代码如下：

```
>>>import time
>>>print(time.strftime('%Y-%m-%d %H:%M:%S'))
2023-04-13 14:52:50
```

可以通过格式化字符（如 "%Y" "%y"）和连接符号（如 "-" "/" ","）组成更加灵活的时间表示形式，具体说明见表 7.8，示例代码如下：

```
>>>import time
>>>print(time.strftime('%a,%d %b %Y %H:%M:%S'))
Thur,13 Apr 2023 14:52:50
```

表 7.8　常用格式化时间字符

时间格式控制符	说明
%Y	四位数的年份表示（0000～9999），如 2023
%y	两位数的年份表示（00～99）
%m	以十进制数表示的月份（01～12）
%d	以十进制数表示的日期（01～31）
%H	小时（24 小时制），十进制数（00～23）
%M	分钟，十进制数（00～59）
%S	秒，十进制数（00～61）
%I	小时（12 小时制），十进制数（01～12）
%X	表示时分秒，格式是小时-分钟-秒
%a	区域设置的缩写星期名称，如星期二表示为 Tue
%A	区域设置的完整星期名称，如星期二表示为 Tuesday
%b	区域设置的缩写月份名称，如四月表示为 Apr
%B	区域设置的完整月份名称，如四月表示为 April
%c	区域设置的相应的日期和时间表示，如 Tue Apr 11 17:12:36 2023
%z	与 UTC 的时区偏移，如当前时区为东八区，表示为+0800
%p	区域设置相当于 AM 或 PM

asctime()函数同样用于输出格式化字符串时间，但是它只将 struct_time 对象转化为 "Thur Apr 13 14:52:50 2023" 这种形式。asctime()函数的语法格式如下：

```
asctime([t])
```

参数 t 与 strftime()函数的参数 t 意义相同。使用 asctime()函数输出格式化字符串时间，示例代码如下：

```
>>>import time
>>>time.asctime()
>>>time.asctime(time.gmtime())
Thur Apr 13 14:52:50 2023
Thur Apr 13 06:52:50 2023
```

4.　时间格式之间的转换

这三种时间的表示形式可以互相转换，图 7.4 给出了三者之间相互转换的关系。表 7.9 给出了 time 模块的常用方法和变量。

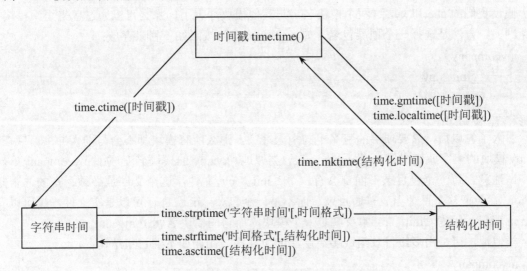

图 7.4　三种时间表示形式的转换关系

表 7.9　time 模块常用的方法和变量

常用方法/变量	说明
time.time()	返回当前时间的时间戳时间
time.mktime(t)	将 local 时间元组转换为时间戳时间
time.gmtime([seconds])	参数 seconds 为可选参数，表示 1970 年 1 月 1 日 00:00:00 到现在的秒数，如果未提供参数，则返回 UTC 时间的当前结构化时间
time.localtime([seconds])	参数 seconds 为可选参数，表示 1970 年 1 月 1 日 00:00:00 到现在的秒数，如果未提供参数，则返回本地时区的标准时间
time.strptime(format[,t])	根据格式将字符串解析为时间元组
time.clock()	将进程启动后的 CPU 时间作为浮点数返回
time.tzset()	更改本地时区
time.asctime(p_tuple=None)	将时间元组转换为字符串
time.altzone	UTC 和 local DST 的秒差
time.timezone	UTC 和本地标准时间之间的秒差
time.tzname	标准时区名称与夏令时时区名称组成的元组

7.4　包

在模块使用过程中可能会遇到下面的问题，那就是如果不同的人编写的模块名相同怎么办？为了避免模块名冲突，Python 又引入了按目录来组织模块的方法，称为包（Package）。

7.4.1　引入包的原因

假设我们的 abc 和 xyz 这两个模块名字与其他模块冲突了，那么可以通过包来组织模块，避免冲突。方法是选择一个顶层包名，如 mycompany，按照如下目录存放：

```
mycompany
├── __init__.py
├── abc.py
└── xyz.py
```

引入了包以后，只要顶层的包名不与别人冲突，那么所有模块都不会与别人冲突。现在，abc.py 模块的名字就变成了 mycompany.abc，类似地，xyz.py 的模块名变成了 mycompany.xyz。

请注意，每一个包目录下面都会有一个 __init__.py 文件，这个文件是必须存在的，否则 Python 就会把这个目录当成普通目录，而不是一个包。__init__.py 可以是空文件，也可以有 Python 代码，因为 __init__.py 本身就是一个模块，而它的模块名就是 mycompany。

类似地，可以由多级目录组成多级层次的包结构，比如如下的目录结构：

```
mycompany
├── web
│   ├── __init__.py
│   ├── utils.py
│   └── www.py
├── __init__.py
├── utils.py
├── abc.py
└── xyz.py
```

文件 www.py 的模块名就是 mycompany.web.www，两个文件 utils.py 的模块名分别是 mycompany.utils 和 mycompany.web.utils。

7.4.2　导入和使用包

包其实是一个文件夹或目录，其中必须包含一个名为 __init__.py 的文件，这个文件可以是一个空文件，仅表示该目录是一个包。包中模块的调用同模块调用方法，例如要调用 handle 包中的 index.py 模块中的 hdl() 函数，有以下几种方法：

（1）import handle.index：调用 handle.index.hdl()。

（2）from handle import index：调用 index.hdl()。

（3）from handle.index import hdl：调用 hdl()。

第一次导入包的任何部分就会执行 __init__.py 文件中的代码，其中变量和函数名也会自动导入。具体可以分为包的初始化工作代码和设置__all__变量，例 7.3 展示了如何导入和使用包。

【例 7.4】包的示例。

```
#包的名字 bao
#文件名：__init__.py
name = 'MyName'
print('包中的 name:', name)

#包中的模块
#文件名：MyPyModel.py
class MyTestModel:
    def __init__(self, value=10):
        self.value = value
    def getValue(self):
        return self.value
    def setValue(self, value):
        self.value = value
if __name__ == '__main__':
    myTest = MyTestModel('ModelTest')
    print(myTest.getValue())

#包的使用
import bao.MyPyModel

if __name__ == '__main__':
    test = bao.MyPyModel.MyTestModel(20)
    print(test.getValue())
    print('outSide:', bao.name)
```

运行结果：

```
包中的 name: MyName
20
outSide: MyName
```

练 习 七

一、填空题

1. 假设 re 模块已经导入：

（1）已知 x = 'a234b123c'，则表达式 re.split('\d+', x) 的值为_____。

（2）那么表达式 re.findall('(\d)\\1+', '33abcd112') 的值为_____。

2. 假设正则表达式模块 re 已正确导入：

（1）那么表达式 re.findall('\d+?', 'abcd1234')的值为_____。

（2）那么表达式 re.sub('(.\s)\\1+', '\\1','a a a a a bb')的值为_____。

二、简答题

1. 为什么要引入模块，如何定义一个模块？
2. 模块的导入方法有哪些？
3. 使用 import、from…import、from…import *导入模块有哪些异同点？
4. 导入自定义模块的方法有哪些？
5. 如何在 Python 中使用第三方库？
6. 包和模块之间的关系是什么，如何导入和使用包？

三、程序设计题

1. 设计一个简单程序，调用系统模块 time。
2. 编写一个模块并调用。

第 8 章 文 件

本章导读

读写文件是最常见的 I/O 操作。Python 内置了读写文件的函数，使得我们可以很方便地进行文件的读写操作。

通过本章的学习，我们可以了解文件的基本使用方法，并通过一个实例学习保存和载入数据。另外，本章对数据处理中最常用的数据文件格式 CSV 进行了描述，通过学习这种文件格式的数据存取过程可以了解一般的一维、二维数据的组织结构和处理方法。本章还涉及了 CSV 模块、xlrd 模块、xlwt 模块的简单操作，我们可以通过学习此部分内容了解如何读写 Excel 文件。最后本章给出了 OS 模块中对文件和文件夹的相关操作过程。

本章要点

- 熟悉文件的类型，熟练掌握文件的打开、读写、关闭等操作。
- 了解一维、二维数据的存取方法和 CSV 模块的基本用法。
- 了解其他格式文件的基本读写方法。
- 了解 OS 模块对文件和文件夹的相关操作。

8.1　文件的基本操作

8.1.1　文件与文件对象

对于文件，最常见的就是文本文件，怎么创建文件呢？大家最先想到的就是用记事本创建一个文本文件。那么现在就利用记事本在 C:盘根目录下面创建一个文本文件 a.txt 并输入以下内容：

```
你好 Python!
```

保存后在代码框中输入以下代码：

```
>>>f = open("c:/a.txt", "r")
>>>print ("读取的数据为: %s" % (f.read()))
>>>f.close()
```

此时显示：

```
读取的数据为: 你好 Python!
```

可以看到，程序已经将你保存的文件读取出来了。

从代码的第一行可以看到，我们使用了一个 open()函数打开了 C:盘下面的 a.txt 文件，而我们将这个函数返回的一个文件对象赋值给了变量 f，此时 f 就拥有了文件对象的常用属性和方法，这些属性和方法见表 8.1 和表 8.2。Python 给的这个 file 对象真的是很强大，后面我们对文件的操作，包括读取、写入、关闭都在利用它的这些方法。例如代码中的第二行就使用了 f 的 read()方法将 f 中的内容读取出来并进行了打印；第三行使用了 f 的 close()方法将文件关闭。

表 8.1　文件对象的常用属性

属性	说明
Closed	判断文件是否关闭，若关闭则返回 True
Mode	返回文件打开的模式，模式类型见表 8.3
Name	返回文件的文件名

注：可以使用>>>print(f.name)来查看当前文件名。

表 8.2　文件对象的常用方法

方法	说明
write(str)	将字符串 str 写入文本文件或二进制文件（缓冲区中）
close()	把缓冲区中的数据写入磁盘并关闭文件，释放文件对象
flush()	把缓冲区中的数据写入磁盘，但不关闭文件
read([size])	从文件读取指定的字节数，如果未给定或为负则读取所有
readline([size])	读取整行，包括"\n"字符
readlines([sizeint])	读取所有行并返回一个列表
seek(offset[, whence])	设置文件指针当前位置
tell()	返回文件指针当前位置
truncate([size])	从文件的首行首字符开始截断，截断文件为 size 个字符，无 size 表示从当前位置截断；截断之后后面的所有字符被删除，其中 Windows 系统下的换行代表 2 个字符大小
writelines(sequence)	向文件写入一个序列字符串列表，如果需要换行则要自己加入每行的换行符
fileno()	返回一个整型的文件描述符（file descriptor FD 整型），可以用在如 os 模块的 read 方法等一些底层操作上
isatty()	如果文件连接到一个终端设备则返回 True，否则返回 False
next()	返回文件的下一行

在程序中一般使用文件的流程也就是使用 open()函数打开文件，对文件进行读写操作，然后关闭文件。在后面将按照这个流程详细介绍文件对象的使用方法。

8.1.2　打开和关闭文件

下面来详细介绍使用 open()函数打开和创建文件。

1. open()函数

open()函数的基本语法格式如下：

```
open ( filename,mode)
```

参数 filename：一般是一个字符串，用来指明文件所在的路径及文件名。

参数 mode：是打开文件的模式，包括只读、写入、追加等，可省略，默认为只读。

说明：open()函数返回一个文件对象，其读写模式的类型见表 8.3。

表 8.3　读写模式类型

打开模式	含义
'r'	只读模式，如果文件不存在，返回异常 FileNotFoundError，默认值
'w'	覆盖写模式，文件不存在则创建，存在则完全覆盖原文件
'x'	创建写模式，文件不存在则创建，存在则返回异常 FileExistsError
'a'	追加写模式，文件不存在则创建，存在则在原文件最后追加内容
'b'	二进制文件模式
't'	文本文件模式，默认值
'+'	与 r/w/x/a 一同使用，在原功能基础上增加同时读写功能

例如：

```
>>>f=open("a.txt",r)
```

是以只读方式打开当前工作目录下的一个 a.txt 文件。如果这个文件不存在，则会报错。此时我们需要创建一个 a.txt。再次运行则不会报错。

使用下述代码可以用只写方式打开 a.txt。由表 8.3 可知，当目录下没有 a.txt 时，此段代码可以创建一个新的 a.txt 文件。

```
>>>f=open("a.txt","w")
```

以"r"方式打开的文件可以读取里面的内容，以"w"方式打开的文件可以向里面写内容，以"r+"或"w+"方式打开的文件既能读也能写。而读写文件的过程是通过调用 f 文件对象的 read()和 write()方来实现的。

2. 二进制文件与文本文件

open()函数的读写模式中除了指明文件的读写用途外，还有指明文件是以文本方式打开还是以二进制方式打开的功能。一般来说，Python 假定处理的是文本文件（包含字符），但如果处理的是类似图像、声音等文件，那么就应该以二进制方式打开，因为文件中可能包含能被解释成换行符的字节，如果仍然使用文本方式打开则可能会破坏这些数据。

相同的文本文件以二进制和文本方式打开后也会看到不同的效果，采用文本方式读入文件，文件经过编码形成字符串，打印出有含义的字符；采用二进制方式打开文件，文件被解析为字节流。

例如可以利用记事本创建一个文本文件 a.txt 并输入：

```
你好 Python!
```

保存后在代码框中输入以下代码，可以看到不同的效果：

```
>>>f = open("a.txt", "r")        #以文本文件方式打开文件
>>>print ("读取的数据为: %s" % (f.read()))
>>>f.close()
```

此时显示：

```
读取的数据为: 你好 Python!
```

再输入以下代码：

```
>>>f = open("a.txt", "rb")        #以二进制文件方式打开文件
>>>print ("读取的数据为: %s" % (f.read()))
>>>f.close()
```

读取的数据为: b'\xc4\xe3\xba\xc3Python\xa3\xa1\r\n'

可以看到，原来的字符被变成了 b 开头的二进制字节流输出。

3. 文件的保存和关闭

文件在操作结束后需要及时进行关闭。关闭的方法是采用文件对象的 close()方法，例如上例中的 f.close()。

需要指出的是，对打开的文件 f 进行的读、写等操作其实都是对内存缓冲区中的文件对象进行的操作，这些没有被保存在磁盘上，直到我们关闭文件时这些文件的变动才会被写入磁盘。当然，如果需要在关闭文件前将其写入磁盘则可以调用另一个方法 flush()。

8.1.3 文件写入

1. write()方法

使用 f.write()方法向打开的文件 f 写入内容。

获得文件对象后可以调用它的读写函数进行文件的操作，格式如下：

```
fileObject.write( [ str ])
```

例如，我们需要写入一段字符串到 f 中，首先以写入方式打开文件 f，再利用 write()函数将字符串写入。

```
>>>f=open("a.txt","w")
>>>f.write("你好 Python")
```

此时，你可以打开目录中的 a.txt 查看一下，当前文件中没有任何文字。因为我们此时只是将字符串写入到了 f 对象中，f 对象还未被保存到磁盘中，只有执行了 f.close()函数，f 对象才真实地被保存在了磁盘上。

当前的工作目录一般默认为 C:\Users\Administrator，如果你没找到该目录，可以使用以下代码获得当前工作目录：

```
>>>Import os
>>>print (os.getcwd())
```

2. 文件的创建、写入和关闭

【例 8.1】将一个字符串"学习 Python 棒极了！"写入到 D:盘根目录下的 f8-1.txt 文件中。

分析：首先使用 open()函数创建文件 f8-1.txt，题目要求目录在 D:盘根目录下，因此 open()函数的第一个参数为字符串"d:/f8-1.txt"。其次，题目中需要对该文件进行写入，因此应该以"w""a"或"x"方式进行打开或创建，同时根据题意如果已存在则应以覆盖写入方式进行操作，因此选择"w"方式。

open()函数创建好的 f 对象即是我们需要操作的对象，使用 f.write()函数将字符串"学习 Python 棒极了！"写入文件，最后使用 close()函数关闭 f 对象，此时 f 对象将文件保存至 D:盘中的 f8-1.txt 文件。通过记事本可以查看该文件及其内容。

程序代码：

```
#打开一个文件
f = open("d:/f8-1.txt", "w")
f.write( "学习 Python 棒极了！  " )
#关闭打开的文件
f.close()
```

运行结果：运行后打开 D:盘中的 f8-1.txt 文件，即可看到写入的结果。

```
文件名为：  d:/f8-1.txt
学习 Python 棒极了！
```

8.1.4　顺序读取写入文件的内容

1.　read()方法

调用文件对象的 read()方法可以读取一定数目的数据，然后作为字符串或字节对象返回。其基本语法格式如下：

```
fileObject.read([size]);
```

参数 size：一个可选的数字类型的参数。

当 size 被省略或者为负时，那么该文件的所有内容都将被读取并且返回。

【例 8.2】读取例 8.1 中创建的文件中的文本内容并打印出来。

分析：首先使用 open()函数打开刚才创建的文件 f8-1.txt，根据上题，文件路径应为 d:/f8-1.txt。其次，题目中需要对该文件进行只读，因此应该以 "r" 方式进行打开。打开 f 对象后，可以使用 f.read()函数读取所有字符串内容并赋值给一个字符串变量，也可以直接将其打印出来。

程序代码：

```
#打开一个文件
f = open("d:/f8-1.txt ", "r")
str = f.read()
print(str)
#关闭打开的文件
f.close()
```

运行结果：

```
学习 Python 棒极了！
```

【例 8.3】按字节数读取例 8.1 创建的文件中的前 6 个字符内容并打印出来。

分析：此例与例 8.2 的区别在于使用了字符个数参数 size，值为 6，控制文件读取前 6 个字符。

程序代码：

```
#打开一个文件
f = open("d:/f8-1.txt ", "r")
str = f.read(6)
print(str)
#关闭打开的文件
f.close()
```

运行结果：

学习 pyth

扩展分析：同学们可以将上述代码更改一下再查看结果。

```
#打开一个文件
f = open("d:/f8-1.txt ", "r")


str = f.read(6)
print(str)
#在此处增加一条读取 6 字符语句，请问是从头读文件还是继续往下读文件呢
str = f.read(6)
print(str)
#关闭打开的文件
f.close()
```

运行结果：

学习 pyth
on 棒极了！

分析原因：文件对象在读取过程中有一个文件指针指向记录当前文件已读取的位置，每次读取若干字节文件后这个指针都会指向新的位置以便下一次不再读取重复内容，整个文件读取完毕后则会指向文件尾。

2. readline()方法

readline()方法用于从文件读取整行，包括"\n"字符。

如果指定了一个非负数的参数，则返回指定大小的字节数，包括"\n"字符。

基本语法如下：

```
fileObject.readline();
```

参数 size：从文件中读取的字节数。

返回值：返回从字符串中读取的字节。

说明：f.readline()会从文件中读取单独的一行，换行符为"\n"。

f.readline()如果返回一个空字符串，说明已经读取到最后一行。

【例 8.4】在文本文件中保存有以下格式的多行文本，请打印出所有非空行的文本。

#d:/f8-4.txt 文本文件内容如下，请自行创建并输入。

学习 Python 棒极了！

line1
line2

line3
line4

分析：首先以只读方式打开 d:/f8-4.txt 文件，此时需要读取文件内容。如果直接使用 read()方法，所有文本将全部被读出，打印时不好区分哪些是空行，哪些不是空行。因此，我们采用 readline()方法读一行分析一行，输出一行。从第 1 行开始读入，如果读取内容非空则继续读

下去。读出每一行后判断该行是否为空行，注意这里的空行与读取内容为空是两个概念，在 readline()看来，空行也是可以读取到内容的，只不过内容是不可见的"\n"。因此，我们判断如果读取该行内容只是"\n"的时候，这一行就是空行，跳过打印继续读下一行，直至文件读取完毕。

程序代码：

```
#打开文件
f = open("d:/f8-4.txt", "r")
print ("文件名为: ", f.name)
line = f.readline()
i=1
while line!="":
    if line!="\n":
        print ("读取第%d 行  %s"   % (i,line))
    line = f.readline()
    i=i+1
#关闭文件
f.close()
```

运行结果：

```
文件名为:   d:/f8-1.txt
读取第 1 行  学习 Python 棒极了！

读取第 3 行  line1

读取第 4 行  line2

读取第 8 行  line3

读取第 9 行  line4
```

分析改进：可以看到，程序确实将原来文本文件中的第 2 行和第 5～7 行空行删除掉了。但是，如果文本文件中的空行处是若干个空格，此时我们的程序仍然消除不掉这个空行。针对这个问题，我们可以在读出一行后使用 replace()函数将所有空格去掉然后进行判断。

同时，在打印每一个读取的行时，我们看到在每一个打印行下有一个回车换行，这是因为 readline()方法读取的每一行都带有一个\n。如果直接将它打印出来就相当于多打了一个\n。针对这个问题同样可以采用 replace()函数将读出的行内容中的\n 去掉。改进后的程序如下：

```
f = open("d:/f8-1.txt", "r")
print ("文件名为: ", f.name)
line = f.readline()
i=1
while line!="":
    if line.replace(" ","")!="\n":
        print ("读取第%d 行  %s"   % (i,line.replace("\n","")))
    line = f.readline()
    i=i+1
#关闭文件
f.close()
```

3. readlines()方法

readlines()方法用于读取所有行（直到文件结束符 EOF）并返回列表，该列表可以由 Python 的 for...in...结构进行处理。

如果碰到结束符 EOF 则返回空字符串。

基本语法如下：

```
fileObject.readlines();
```

说明：首先 readlines()方法一次性读取整个文件，其次该方法会自动将文件内容分析成一个行的列表提供给我们使用。

【例 8.5】使用 readlines()方法实现例 8.4。

分析：readlines()方法不同于 readline()方法，我们可以利用 readlines()获得全部 9 行数据的一个列表。如果使用一个 list1 来保存这个列表，则代码如下：

```
list1=f.readlines()
```

那么 list1 的内容应该如下：

```
[      "学习 Python 棒极了！\n",
"\n",
"line1\n",
"line2\n",
"\n",
"\n",
"\n",
"line3\n",
"line4\n"]
```

此时，可以通过列表的遍历方法将列表中的每一个数据项打印出来。这里采用 strip()方法将两端空格及回车去掉，然后排除空行打印。

程序代码：

```
#打开文件
f = open("d:/f8-4.txt", "r")
print ("文件名为: ", f.name)
i=1
for line in f.readlines():      #依次读取每行
    line = line.strip()         #去掉每行头尾空白
    if line!="":
        print ("第%d 行数据为: %s" % (i,line))
    i=i+1

#关闭文件
f.close()
```

运行结果：

```
文件名为:   d:/f8-4.txt
第 1 行数据为: 学习 Python 棒极了！
第 3 行数据为: line1
第 4 行数据为: line2
第 8 行数据为: line3
第 9 行数据为: line4
```

8.1.5　随机读取文件内容的方法

1．tell()方法

tell()方法返回文件对象当前所处的位置，它是从文件开头开始算起的字节数。

基本语法如下：

```
fileObject. tell ();
```

说明：函数返回文件指针当前位置。

从例 8.3 的扩展问题中我们了解到，在文件对象调用 read([size])时，文件对象在读取过程中有一个文件指针指向记录当前文件已读取的位置，每次读取若干字节文件后，这个指针都会指向新的位置。那么使用 tell()方法即可得到当前文件指针指向的当前位置。

【例 8.6】读取部分文件后查看当前文件指针位置。

分析：打开文件后对文件进行读取操作，读取后可以使用 tell()方法返回当前文件指针的位置。例如文本文件格式如下：

```
学习 Python 很棒！
Line1
我们是快乐的学习者！
Line2
```

程序代码：

```
#打开文件
f = open("lt8-6.txt", "r")
print ("文件名为: ", f.name)
#读取一行内容并打印
readstr = f.readline()
print ("读取的数据为: %s" % (readstr))
#获取当前文件位置并打印
p = f.tell()
print ("当前位置: %d" % (p))
#再读取一行内容并打印
readstr = f.readline()
print ("读取的数据为: %s" % (readstr))
#再获取当前文件位置并打印
p = f.tell()
print ("当前位置: %d" % (p))

#关闭文件
f.close()
```

运行结果：

```
文件名为:　lt8-6.txt
读取的数据为：学习 Python 棒极了！

当前位置：18
读取的数据为：Line1

当前位置：26
```

2. seek()方法

seek()方法用于移动文件读取指针到指定位置。

基本语法如下：

```
fileObject.seek(offset[, whence])
```

参数 offset：开始的偏移量，也就是代表需要移动偏移的字节数。

参数 whence：可选，默认值为 0。

说明：该函数无返回值，whence 参数的用途是给 offset 参数一个定义，表示要从哪个位置开始偏移，0 代表从文件开头开始算起，1 代表从当前位置开始算起，2 代表从文件末尾算起。

例如 f.seek(0,0)表示将文件指针从文件头移动 0 个字节，即移动到文件头，等同于 seek(0)；f.seek(6,1)表示将文件指针从当前位置向后移动 6 个字节。注意，只有在二进制文件情况下则允许 whence 参数不是 0。

【例 8.7】使用 seek()方法进行文件位置定位。

程序读取的文件如下：

```
Python liti8.6
line1
line2
line3
```

以二进制只读模式打开文件并使用 seek()方法定位读取文件，查看运行结果：

```
>>> f = open('lt8-6.txt', 'rb')      #以二进制只读模式打开文件
>>> print(f.readline())
b'Python8.6\r\n'
>>> f.seek(5)                        #移动到文件从头算起的第六个字节
5
>>> print(f.readline())
b'n8.6\r\n'                          #从第一行第六个字符"n"开始读取该行剩下的部分
>>> f.seek(7,1)                      #从当前位置（\n 读取完毕，到第二行开始的位置）向后移动 7 个字节
18
>>>print(f.readline())
b'line2\r\n'                         #读取 Line2 整行
>>> f.seek(-3, 2)                    #移动到文件的倒数第三字节
29
>>> print(f.readline())
b'3\r\n'                             #读取最后三个字节内容
```

8.1.6 综合实例——使用文件来保存游戏

本节将举例说明文件如何在一个猜数字游戏程序中做到保存和读取游戏相关信息的。

【问题描述】本游戏是一个简单的猜数字游戏，游戏过程如下：

（1）程序开始后由程序随机给出一个 1000 和 2000 之间的数字，并提示用户输入数值。

（2）用户输入数字后程序判断并提示用户输入值大于或小于目标值。

（3）用户根据提示继续输入数值，直至输入数值等于目标值。

（4）程序提示用户输入用户名并记录当前输入次数至排行榜。

（5）输出排行榜并结束游戏。

【流程分析】通过分析题目需求，我们可以将该程序分为内外两个循环，外循环控制用户是否可以再次游戏，内循环控制用户多次猜测数字并给出提示。

首先分析游戏的外循环流程：程序开始后先初始化排行榜，然后进入游戏，游戏完成后询问是否继续，如果继续则再次进入游戏，否则打印排行榜后结束。流程如图8.1所示。

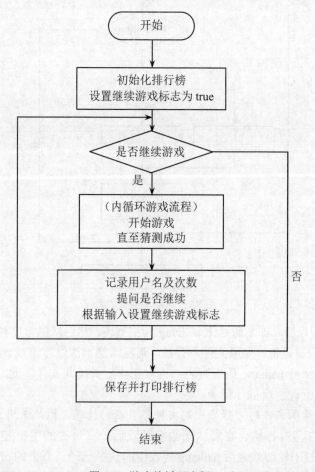

图 8.1　游戏外循环流程

其次分析程序内循环即每一次游戏所要经历的流程：在每次游戏过程中，程序首先获取一个随机数字，然后提示用户进行输入并记录当前猜测次数为1，如果输入不正确则根据大小给出提示并继续进行猜测，同时将猜测次数加1，直至猜测准确才结束。流程如图8.2所示。

1．在游戏中如何使用文件

在程序中，我们设计排行榜采用"用户名　空格　次数"组成的一组字符串列表来记录，在使用时可以通过分割方式将两部分单独取出来。其形式如下：

```
Paihang=["tom    10\n","jerry    15\n","lee    11\n"]
```

这样设计的好处是可以直接使用文本文件格式保存排行榜。同时，为了读写方便，在每个字符串后面加一个回车符，这样可以采用 readlines()方法直接将文本读取至列表中。

通过分析流程可以看出，文件应该出现在程序开始和结束的以下两个地方：

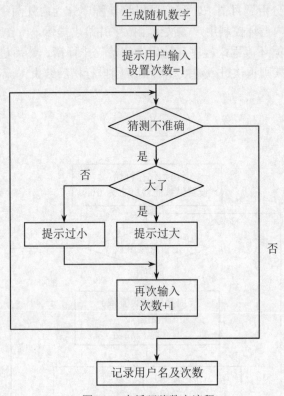

图 8.2　内循环猜数字流程

（1）初始化排行榜。首先初始化 paihang 为空列表，然后从磁盘文件 ph.txt 中读取排行榜数据，给 paihang 列表赋值，如果文件不存在，则应该是首次进行游戏，尚未创建 ph.txt 文件，此时创建该文件并保持 paihang 为空列表。读取完毕后关闭此文件。此时 paihang 列表中的记录即是我们当前的所有游戏排行记录。

注意： 由于在读取文件时可能会出现文件不存在的情况，因此采用 try 语句来检测。

（2）保存并打印排行榜。在每次猜数字游戏后，将每次的用户名与猜测次数都记录到 paihang 列表中，在若干轮游戏之后 paihang 列表中的数据已经与原来的 ph.txt 文件内容不一致，在用户选择结束游戏的时候应该将原来 ph.txt 文件中的内容全部清除，然后将当前列表中的内容保存至文件中，以便在下一次游戏开始时进行读取。

2．代码分析

```
import random
put = "1"
paihang=[]

try:
    f=open("ph.txt","r")
    paihang=f.readlines()
except FileNotFoundError:
    f=open("ph.txt","w")
f.close()
```

```
while put == "1":
    secret = random.randint(1, 100)
    print(secret)
    temp = input("不妨猜一下我现在心里想的数字是几：").strip()
    temp1 = int(temp)
    number=1
    while secret !=temp1:
        if temp1 > secret:
            print("第%s 次机会，我心想的数字比%s 小"%(number,temp1))
        else:
            print("第%s 次机会，我心想的数字比%s 大"%(number,temp1))
        temp = input("不妨猜一下我现在心里想的数字是几：").strip()
        temp1 = int(temp)
        number+=1
    name = input("猜中了，一共猜了%d 次！请输入大名？" % (number))
    record="%s %d\n"%(name,number)
    paihang.append(record)
    put=input("是否继续？（输入 1 继续，其他结束）")
print("当前排行榜为：")
for r in paihang:
    data=r.split()
    print ("name:%s score:%d" % (data[0],int(data[1])))

print("正在保存文件")
f=open("ph.txt","w")
f.writelines(paihang)
f.close()
print("保存成功，游戏结束，再见!")
```

3. 运行结果

运行结果如图 8.3 所示。

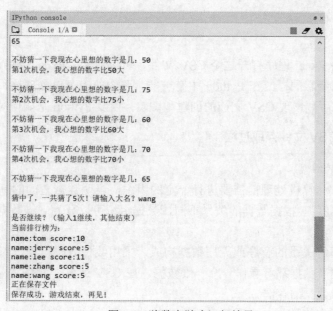

图 8.3　猜数字游戏运行结果

ph.txt 文本文件内容如图 8.4 所示。

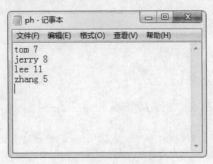

图 8.4　排行榜文件

8.2　读取存储 CSV 格式

8.2.1　CSV 文件格式

CSV（Comma-Separated Values，逗号分隔值）文件是一种用来存储数据的纯文本文件，通常用于存放电子表格或数据，它是一种最常见的简单快捷的轻量级数据文件格式。CSV 文件由任意数目的记录组成，记录间以某种换行符分隔；每条记录由字段组成，字段间的分隔符是其他字符或字符串，最常见的是逗号或制表符。CSV 格式最广泛的应用是在程序之间转移表格数据。例如，可以使用记事本创建一个文件，在文件中输入以下内容，并把它保存成 lt8.csv：

```
Name,Chinese,Math,English
zhang,81,92,75
li,73,85,51
zhou,63,84,97
wu,60,80,100
wang,100,78,66
zhu,45,69,60
```

现在可以使用 Excel 程序打开这个 CSV 文件，可以看到，Excel 会将这个 CSV 文件转换成电子表格进行显示。同样，在 Python 中有着非常强大的库可以处理这种文档。下面以一个数据处理的例子入手，展现 CSV 文档的创建和编辑，以及 Python 是如何对 CSV 文档读写的。

8.2.2　常规 CSV 文件存取过程

1. 数据组织的维度

一组数据在被计算机处理前需要进行一定的组织，表明数据之间的基本关系和逻辑，进而形成"数据的维度"。根据数据的关系不同，数据组织可以分为一维数据、二维数据和高维数据。

一维数据由对等关系的有序或无序数据构成，采用线性方式组织，对应于数学中数组的概念。任意一个列表数据都可看作一个一维数据。在 CSV 或电子表格文件中任意一行数据都可以看作一个一维数据的存储。

二维数据也称表格数据，由关联关系数据构成，采用二维表格方式组织，对应于数学中的矩阵，CSV 格式文件及常见的表格都属于二维列表对象数据的存储。

高维数据由"键值对"类型数据构成，采用对象方式组织，可以多层嵌套。高维数据在 Web 系统中十分常用，作为当今 Internet 组织内容的主要方式，高维数据衍生出了 HTML、XML、JSON 等具体数据组织的语法结构。

2. 采用常规文件读写方式读写一维 CSV 数据

【例 8.8】列表 ls=["zhang","wang","li","zhao"]，将其保存至 stu.csv 中后清空，再通过读取文件将数据读入列表 ls2 中。

分析：将一个列表数据保存成以逗号分隔的文本数据是最普遍的一维数据读写操作，在列表数据中并没有逗号，这就要求在向文本写入时在每一个列表项后加入逗号，而最后一项不加逗号而是换行。可以使用字符串的 join() 方法来实现。在读入 CSV 数据后，可以利用字符串切片的方法得到数据项列表。

程序代码：

```
ls=["zhang","wang","li","zhao"]
f = open("stu.csv", "w")
f.write(",".join(ls)+ "\n")
f.close()
ls=[]
f = open("stu.csv", "r")
ls2 = f.read().strip('\n').split(",")
f.close()
```

运行结果：观察变量列表框中的变化，运行后变量如图 8.5 所示。

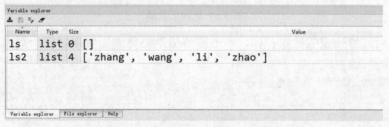

图 8.5　运行结果

3. 采用常规文件读写方式读写二维 CSV 数据

【例 8.9】一个成绩 cj.csv 文件内容如下（为方便观察，在排版时进行了对齐操作，打开的 CSV 文件中逗号后无任何间隔符号）：

Name,	Chinese,	Math,	English
zhang,	81,	92,	75
li,	73,	85,	51
zhou,	63,	84,	97
wu,	60,	80,	100
wang,	100,	78,	66
zhu,	45,	69,	60
cui,	60,	78,	55
chen,	61,	76,	75
xu,	80,	75,	72

我们要读取 CSV 中的数据，并按格式进行输出。

分析：二维数据由一维数据组成，用 CSV 格式文件存储。CSV 文件的每一行是一维数据，整个 CSV 文件是一个二维数据。二维列表对象输出为 CSV 格式文件的方法是，采用遍历循环和字符串的 join() 方法相结合。首先从 CSV 格式文件中读入二维数据，并将其表示为二维列表对象。借鉴一维数据读取方法，从 CSV 文件读入数据的方法如下：

```
f = open("cj.csv", "r")
ls = []
for line in f:
    ls.append(line.strip('\n').split(","))
f.close()
print(ls)
```

程序执行后二维列表对象 ls 的内容如图 8.6 所示。

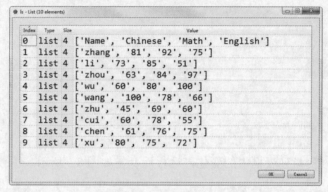

图 8.6　ls 读取数据

其次完成对二维列表的数据打印，一般需要借助循环遍历实现对每个数据的处理，基本代码格式如下：

```
for row in ls:
    line = ""
    for item in row:
        line += "{:10}\t".format(item)
    print(line)
```

运行结果如图 8.7 所示。

```
IPython console
Console 1/A
    ....
    ...:
Name        Chinese     Math        English
zhang       81          92          75
li          73          85          51
zhou        63          84          97
wu          60          80          100
wang        100         78          66
zhu         45          69          60
cui         60          78          55
chen        61          76          75
xu          80          75          72
```

图 8.7　运行结果

8.2.3　使用 CSV 模块读写文件

CSV 模块封装了对 CSV 文件操作的常用功能，导入 CSV 模块后即可进行使用。CSV 模块的主要作用就是解析和写入 CSV 文件。使用 CSV 模块对 CSV 文件操作可以保障数据不容易出错。

1.　csv.reader()

使用 csv.reader()返回一个 reader 对象可以迭代获取 CSV 文件的所有行，其操作一般形式如下：

```
import csv
ls=[]
with open('filename.csv') as csvfile:
    spamreader = csv.reader(csvfile)
    for row in spamreader:
        ls.append(row)
```

通过上述代码即可将 filename.csv 中的所有元素保存至二维列表 ls 中。

2.　csv.writer()

使用 csv.writer()返回一个 writer 对象来将用户的数据转化为带分隔符的字符串存入给定的 CSV 文件中，其操作一般形式如下：

```
import csv
ls=[ ['Name', 'Chinese', 'Math', 'English']
['zhang', '81', '92', '75']
['li', '73', '85', '51']
['zhou', '63', '84', '97']
['wu', '60', '80', '100']
['wang', '100', '78', '66']
['zhu', '45', '69', '60']
['cui', '60', '78', '55']
['chen', '61', '76', '75']
['xu', '80', '75', '72']]
with open('eggs.csv', 'w',newline='') as csvfile:
    spamwriter = csv.writer(csvfile)
    for row in ls:
        spamwriter.writerow(row)
```

通过上述代码即可将二维列表 ls 保存至 eggs.csv 文件中。

8.3　其他类型文件的读取与写入

8.3.1　xlrd 模块读取 Excel 文件

通过 xlrd 模块可以轻松读取 Excel 文件，与其他模块一样，虽然 Anaconda 里带有 xlrd 模块，无须安装，但使用之前需要通过 import 导入。使用 xlrd 的 open_workbook 可以打开指定的 Excel 文件，代码如下：

```
import xlrd
data = xlrd.open_workbook('ExcelFile.xls')
```

此时，data 就是一个打开的 Excel 工作簿对象。通过这个对象可以对 Excel 进行以下操作：

（1）获取工作表。

我们知道，Excel 工作簿由若干个工作表组成，而获取工作表可以根据索引、索引顺序和工作表名称获得，因此下面的代码可以获得指定的工作表对象。

```
table = data.sheets()[0]                 #通过工作表列表序号获取
table = data.sheet_by_index(0)           #通过索引顺序获取
table = data.sheet_by_name(u'Sheet1')    #通过名称获取
```

这样就获得了工作表对象 table，接着又可以对获得的 table 对象进行下述操作。

（2）获取整行和整列值。

```
table.row_values(i)
table.col_values(i)
```

这里的参数 i 是要获取数据的行列号，起始值为 0。

（3）获取行数和列数。

使用 table.nrows 可以获得当前工作表的总行数，使用 table.ncols 可以获得当前工作表的总列数。

（4）读取单元格数据。

使用 table.cell(rowx,colx)可以获得一个单元格对象，通过单元格对象可以获取单元格类型和值，可以通过单元格对象的 value 属性获得单元格内容。此外，还可以通过以下索引获得单元格内容：

```
cell_A1 = table.row(0)[0].value
cell_A2 = table.col(1)[0].value
```

例如打开一个 aaa.xlsx 文件并打印出 sheet1 表格中所有数据的程序如下：

```
import xlrd
data = xlrd.open_workbook('aaa1.xlsx')
table = data.sheets()[0]
for i in range(table.nrows):
    for j in range(table.ncols):
        print(table.cell(i,j))
```

8.3.2　xlwt 模块写 Excel 文件

xlrd 与 xlwt 是 Python 中一对 Excel 操作的工具包，xlrd 用来读取，xlwt 用来写入。由于 Anaconda 已经安装好该模块，在使用前导入 xlwt 即可使用，该模块常用的操作有以下 4 种：

（1）创建工作簿。

通过以下代码可以创建一个新的工作簿文件：

```
wb=xlwt.Workbook(encoding = 'ascii')
```

此时 encoding='ascii'表示当前编码为 ASCII 码，也可以省略掉。需要注意的是，与创建普通文件相同，此时的工作簿文件只是在内存中被创建，还没有被保存到磁盘上，直到执行了保存操作。

（2）创建表。

通过以下代码在打开的工作簿文件中创建一个工作表：

```
worksheet = wb.add_sheet('new sheet', cell_overwrite_ok=True)
```

这里第一个参数是工作表的名字；第二个参数是可复写属性，默认为 False，此时每个单元格只允许写入一次，为 True 时可以多次写入。

（3）写入单元格。

```
worksheet.write(0,0,label='test')
```

也可以直接写成这样：

```
worksheet.write(0,0,'test')
```

（4）保存。

在写完文件后需要对整个工作簿进行保存，保存代码格式如下：

```
wb.save('Excel_Workbook.xls')
```

8.4　使用 os 模块处理文件和目录

在前面的所有例程中，我们获取和写入的文件均在程序默认的文件夹之下，此文件夹是 Anaconda 在安装后自动指定的位置，默认为 C:\Users\Administrator\下。可以通过更改 Anaconda 里的设定来更改它。也可以通过程序来在磁盘中新建文件夹并指定保存我们的文件。

实际上，我们在很多时候都会使用程序创建文件及文件夹或者做一些在操作系统层面上进行的活动，Python 的 os 模块可以帮助我们实现，下面就来了解一些 os 模块的常用功能。

8.4.1　os 模块常用方法

（1）os.name：判断目前正在使用的平台，Windows 返回"nt"，Linux 返回"posix"。

（2）os.getcwd()：获取当前目录。

（3）os.listdir(path)：返回指定目录下所有的文件和目录。

（4）os.mkdir(path)：创建目录。

（5）os.rmdir(path)：删除目录。

（6）os.remove()：删除一个文件。

（7）os.system(command)：运行操作系统指定的命令。

（8）os.path.join(path,name)：连接 path 和文件名。

（9）os.path.abspath(path)：获取 path 的绝对路径。

（10）os.walk(path)：遍历 path 下的所有目录和文件，该方法返回一个三元组(dirpath, dirnames,filenames)，其中：

- dirpath：string，目录的路径名称。
- dirnames：list，是 dirpath 下所有子目录的名称。
- filenames：list，包含目录下的文件名称，不包含目录信息，需要使用 os.path.join 拼接全目录名称。

8.4.2　遍历目录及子目录

【例 8.10】列出指定目录下的所有文件及子文件夹中的文件。

分析：该问题分为两个步骤，第一步是列出所有指定目录下的文件及文件夹列表，第二步是对列表的所有路径进行分析，如果是文件则打印出名字，如果是文件夹则再进入文件夹读取里面的所有文件夹和文件。由此可以看出，这是一个典型的递归调用。同时需要注意的是，通过 listdir()函数获得的列表数据只是相对文件路径，需要对这些文件进行操作时需要将其转化为绝对路径。

程序代码：

```
import os
def scanfile(path):
    filelist = os.listdir(path)
    for filename in filelist:
        filepath = os.path.join(path,filename)
        if os.path.isdir(filepath):
            scanfile(filepath)
        print( filepath )
pathname=input(r"请输入你要遍历的目录路径:")
scanfile(pathname)
```

运行结果：

```
>>>请输入你要遍历的目录路径:C:\Users\Administrator\.anaconda
C:\Users\Administrator\.anaconda\navigator\anaconda-navigator.ini
C:\Users\Administrator\.anaconda\navigator\content\content.json
C:\Users\Administrator\.anaconda\navigator\content\events.json
C:\Users\Administrator\.anaconda\navigator\content\videos.json
…
…
C:\Users\Administrator\.anaconda\navigator\temp\vscode-install.bat
C:\Users\Administrator\.anaconda\navigator\temp\vscodetemp.exe
C:\Users\Administrator\.anaconda\navigator\temp
C:\Users\Administrator\.anaconda\navigator
```

问题扩展：还可以使用 os.walk()来实现上述功能，代码如下：

```
pathname=input(r"请输入你要遍历的目录路径:")
for path,d,filelist in os.walk(pathname):
    for filename in filelist:
        print(os.path.join(path,filename))
```

请同学们实验两种方式并进行比较。

8.5　文件使用综合实例

【问题描述】在计算机的磁盘上有一个电影文件夹，里面存放了许多经过分类的影视资料，如图 8.8 所示。请编程实现对该文件夹下所有资料的统计，并将统计结果保存在一个 Excel 文件中。其中每个文件夹占一个 sheet。每个 sheet 的第一列为序号，第二列为资料名称。

分析：该问题主要有两个技术点，一个是从指定文件目录中遍历所有子文件夹及文件，另一个是创建 Excel 文件并将遍历到的所有结果保存至文件中，处理方式分为两种，如果是子文件夹，则创建一个 sheet 并继续深度遍历，如果不是则在此 sheet 中依次填入序号及文件名。

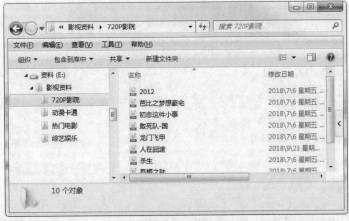

图 8.8　影视资料文件夹

遍历方式选用例 8.10 中的递归调用方式并稍作修改，在每次调用遍历过程中加入在调用函数时创建的 workbook 对象参数及在该次调用过程中创建的 worksheet 对象参数。这样可以在遍历时直接向 sheet 内写入数据。写入 Excel 文件则使用 xlwt 模块。最后将遍历得到的 workbook 文件保存成 Excel 文件。

程序代码：

```
import os
import xlwt
#定义遍历函数，path 为目录，wb 为创建的 workbook 对象，ws 为 worksheet 对象
def scanfile(path,Wb,Ws):
    print( path )
filelist = os.listdir(path)              #获取该目录下的所有文件及文件夹
    i=0                                  #行标号
    for filename in filelist:            #开始遍历
        filepath = os.path.join(path,filename)    #生成文件或文件夹绝对路径
        if os.path.isdir(filepath):      #判断是否是文件夹
            #如果是文件夹，则创建一个新的 sheet 并以文件夹名称命名
            worksheet = Wb.add_sheet(filename, cell_overwrite_ok=True)
            #遍历该子文件夹
            scanfile(filepath,Wb,worksheet)
        else:                            #如果不是子文件夹
            Ws.write(i,0,i+1)            #在当前的 worksheet 内第 i 行写入序号
            Ws.write(i,1,filename)       #在当前的 worksheet 内第 i 行写入资料名
            print( filepath )
            i+=1                         #行号+1
#函数调用开始
pathname=input(r"请输入你要遍历的目录路径:")  #输入目录
Wb=xlwt.Workbook(encoding = 'ascii')      #创建 workbook
#调用遍历函数，首次调用时 Wb 参数为第一次创建的 workbook
#而 Ws 参数此时还没有创建，使用 None 带入
scanfile(pathname,Wb,None)                #开始遍历
Wb.save(pathname+'.xls')                  #保存 Excel 文件
```

运行结果：程序运行结果如图 8.9 所示，运行完毕后会在指定目录下生成与目录同名的电子表格文件。文件内容如图 8.10 所示。

```
>>>请输入你要遍历的目录路径:e:\影视资料
>>>e:\影视资料
>>>e:\影视资料\720P 影院
>>>e:\影视资料\720P 影院\2012.mp4
>>>e:\影视资料\720P 影院\人在囧途.mp4
……
>>>e:\影视资料\综艺娱乐\我是歌手.mp4
>>>e:\影视资料\综艺娱乐\百变大咖秀.mp4
>>>e:\影视资料\综艺娱乐\资讯播报.mp4
```

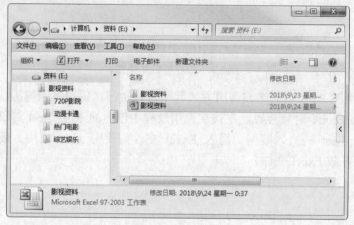

图 8.9　运行结果

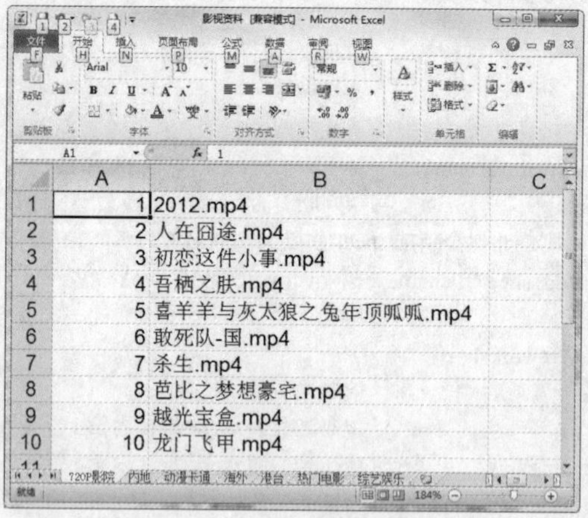

图 8.10　文件统计结果

拓展思考：在统计时发现，有一些资料出现在了多个文件夹中，例如"喜羊羊与灰太狼之兔年顶呱呱.mp4"文件既在 sheet"720 影院"中，又在 sheet"动漫卡通"中。尝试编写程序，根据上述统计结果的 Excel 文件找出重复数据并显示出来。

提示：首先创建影视资料名称字典{"电影名称": 文件个数}；其次采用 xlrd 模块读取 Excel 文件，遍历所有 sheet，将第二列的非空数据即电影名称作为 key 加入到字典中，在加入时首先判断该电影名称是否在字典的 key 中，如果在则更新文件个数加 1，否则直接加入，文件个数为 1；最后按文件个数进行排序输出。

练 习 八

一、选择题

1. 在 Python 语言中，写文件的操作是（ ）。

    A. writeall   B. write

    C. seek   D. writetext

2. 在 Python 语言中，使用 open()打开一个 Windows 操作系统 D:盘下的文件，路径名错误的是（ ）。

    A. D:\PythonTest\a.txt   B. D://PythonTest//a.txt

    C. D:/PythonTest/a.txt   D. D:\\PythonTest\\a.txt

3. 以下代码执行后，book.txt 文件的内容是（ ）。

```
fo=open("book.txt","w");
ls=['book','23','201009','20'];
fo.write(ls);
fo.close()
```

    A. 程序错误   B. ['book','23','201009','20']

    C. book2320100920   D. book,23,201009,20

4. 以下文件的描述中错误的是（ ）。

    A. 使用 readline()可以从文件中读入一行文本

    B. 使用 read()可以从文件中读入全部文本

    C. 可以使用 open()打开文件，用 close()关闭文件

    D. 文件是存储在磁盘上的数据，也是序列的集合

5. 阅读以下代码，文件 foo.txt 与代码在同一目录下，其内容是一段文本 helloPython，其执行结果为（ ）。

```
f=open("foo.txt")
print(f.name,end=")
print(f.readline())
f.close()
```

    A. helloPython   B. <_io.TextIOWrapper...>

    C. foo.txthelloPython   D. foo.txt

6. 文件 Book.txt 在当前代码所在的目录内，其内容是单词"book"，以下代码的输出结果是（ ）。

```
txt=open（"book.txt","r"）
print(txt)
txt .close()
```

    A. book

    B. text

    C. book.txt

    D. <_io.TextIOWrapper name='book.txt' mode='r' encoding='cp936'>

7. 假设 city.csv 文件内容为 cat,dog,pig,cow，以下代码的输出结果是（　　　）。

```
f = open("city.csv","r")
ls = f.read().split(",")
f.close()
print(ls)
```

A．['cat', 'dog', 'pig', 'cow']　　　　　　B．cat,dog,pig,cow

C．"cat,dog,pig,cow"　　　　　　　　　D．('cat', 'dog', 'pig', 'cow')

8. 在 Python 语言中，读入 CSV 文件保存的二维数据，按特定分隔符抽取信息，最可能用到的函数是（　　　）。

A．join()　　　　　　B．split()　　　　　　C．replace()　　　　D．format()

二、填空题

1. 在读写文件之前，需要打开文件使用的函数是＿＿＿＿＿＿。

2. 在 Python 语言中，写文件的操作是＿＿＿＿＿＿。

3. city.csv 文件中保存两行城市，第一行为"北京，上海，广州"，第二行为"济南，青岛，烟台"，请写出以下程序执行完毕后的结果：＿＿＿＿＿＿。

```
f = open("city.csv",'r')
ls = f.read().split(",")
f.close()
print(ls)
```

三、设计题

1. 简述文件打开的方式，指明 r 与 r+的区别。

2. 通过键盘按行输入若干数据，将数据全部保存至 student.txt 中，每行数据包括学号、姓名、性别、班级等内容，内容之间使用空格间隔。

3. 按行读取并打印 student.txt 文件，同时将数据保存至列表，使得列表 ls 内容如下：ls[]=[["180101","gao","nan","1801"], ["180102","li","nv","1802"], …]。

4. 在指定目录下有一篇文本格式的英文文章，请读取该文件中的所有内容，并统计所有单词出现的次数。

第 9 章　面向对象程序设计

 本章导读

面向对象程序设计不仅是一种程序设计方法，也是一种程序开发方式。面向对象程序设计能够让我们更简单地设计并维护程序，使得程序更加便于分析、设计和理解。

通过本章的学习，可以了解面向对象的程序设计思想。通过学习类的定义和使用，可以学到如何创建类和对象、如何对数据成员和方法进行定义和使用，以及类的继承和方法重载等内容。

本章要点

- 面向对象的程序设计思想。
- 类的定义和使用。
- 类的数据成员和对象的数据成员的定义和使用。
- 不同类型的类的方法的定义和使用。
- 类的继承。
- 重载类的方法。

9.1　面向对象的程序设计思想

在面向过程的程序设计中，程序的基本单元是函数，每个函数实现一个相对独立的功能，是实现该功能的一系列操作的集合。

在面向对象的程序设计中，程序的基本单元是类。类是对具有相同属性和行为的一组实例的抽象，一个类包含数据（描述类的属性）和方法（对数据的操作）两部分。例如，每个学生都有学号、姓名、年龄等属性，都有对这些属性的操作（例如设置学生的信息、读取学生的信息等）。因此，可以将描述学生属性的数据（学号、姓名、年龄）和对数据进行操作的函数（设置学生信息、读取学生信息）封装在一起，形成一个学生类，每个学生都是学生类的一个实例。在面向对象的程序设计中，每个实例被称为一个对象，对数据的操作函数被称为方法。

Python 是面向对象的程序设计语言，每一种类型都是一个类。例如前面学过的列表（list）就是一个类，列表类中的数据是一个数据序列，对列表的操作函数如 list.append()、list.insert()、list.index()等都是列表类的所有列表都具有的操作。当创建了一个列表变量 list_obj（设 list_obj=[1,2,3,4]）后，list_obj 就是一个列表对象，是列表的一个实例，其值是[1,2,3,4]，它的操作函数就是列表类提供的所有函数，例如 list_obj.append(5)就是调用列表类的函数向列表对象 list_obj 中添加一个元素。

用面向对象的程序设计思想进行程序设计时，首先要分析程序要处理的数据包含哪几类，然后再分析每一类数据都包含哪些属性（数据）和对数据的操作（方法），最后逐个定义成类。当然，在编写类中的每个方法（函数）的时候，通常还是按照面向过程的思想，将该函数功能要实现的具体过程用语句序列描述出来。

需要特别注意的是，类是一种数据类型，不是具体的数据，不占用内存空间；而对象是类的实例，是一个具体的数据，每个对象都占用一定的内存空间。

9.2　类的定义和使用

【例 9.1】使用面向对象程序设计思想编程实现学生基本信息管理，其中学生信息包括学号、姓名、性别，管理操作包括设置学生信息、显示学生信息。

分析：首先定义学生类 Student，然后定义学生类的对象 stu，通过 stu 对象调用学生类的函数实现对一个学生信息的处理。

本例涉及的主要知识点：类的定义、类的使用（对象的定义）、通过对象调用函数。

9.2.1　创建类和对象

1. 创建类

使用 class 创建一个新类，类的定义格式如下：

```
class  类名:              #class 是关键字
    数据
    方法
```

例如：

```
class Example:
    doc=''                    #定义数据成员
    def dis(self):            #定义方法
        self.doc='this is an example'
        print(self.doc)
```

需要特别注意的是，类的定义从 class 开始，需要通过缩进来表示类的结束。

2. 创建对象

创建类的目的是使用类来定义对象，一般格式如下：

```
对象名=类名()
```

或

```
对象名=类名(参数表)
```

其中，参数是可选的，根据类的初始化函数是否需要参数来确定。

例如调用 Example 定义对象，通过对象调用 dis() 方法。

```
t=Example()               #定义对象
t.dis()                   #调用方法
```

例 9.1 的实现过程可参考如下代码：

```
#定义学生类
class Student:
```

```
        def set(self,no,name,sex):
            self.no=no
            self.name=name
            self.sex=sex
        def display(self):
            print('No:',self.no)
            print('Name:',self.name)
            print('Sex:',self.sex)
#定义学生类的对象 stu，并调用类的方法实现对 stu 的设置和显示
stu=Student()
stu.set('180805210','feng cheng','M')
stu.display()
```

运行结果：

```
No: 180805210
Name: feng cheng
Sex: M
```

3. 参数 self 的使用

与普通函数不同，类的方法（函数）都有一个特别的参数 self，并默认为第一个参数，调用这个方法时可以不用为 self 参数赋值，该参数代表调用方法的对象本身。例如，例 9.1 中的 stu.set()函数调用的 self 参数就是对象 stu。

9.2.2 数据成员

思考：在例 9.1 定义的 Student 类中，并没有专门的语句来定义类的数据成员，为什么也能正确实现了包含 3 个数据成员的要求呢？

Python 中的数据成员有两类：属于对象的数据成员和属于类的数据成员。对象的数据成员是在类的成员方法中定义的，类的数据成员是在成员方法之外定义的。因此，例 9.1 中在 set()函数中定义了 3 个对象数据成员：no、name、sex。

对象数据成员与类数据成员的应用区别：对象数据成员属于对象（也称实例数据成员或实例变量），同一个类的不同对象之间相互独立，用于描述对象的属性；类数据成员不属于任何一个对象，而是该类所有对象共享的，因此也称为类变量。例如，例 9.1 中的每个学生对象都有自己的学号、姓名、性别，如果要记录学生人数，则需要增加一个类数据成员 stu_count。对象数据成员只能通过对象名访问，而类数据成员则可以通过类名或对象名访问。

【例 9.2】在例 9.1 的基础上增加一个新的功能：记录已经创建的学生对象的个数（即学生人数）。

分析：增加一个类数据成员 stu_count 并赋初值为 0，每设置一个学生对象的信息，则 stu_count 的值增 1。与对象数据成员不同，类数据成员 stu_count 只能通过类名 Student 访问。

例 9.2 的实现过程可参考如下代码：

```
class Student:
    stu_count=0                          #类数据成员
    def set(self,no,name,sex):
        self.no=no                       #3 个对象数据成员
        self.name=name
        self.sex=sex
```

```
            Student.stu_count+=1                        #每设置一个学生信息，学生数量加 1

        def display(self):
            print('No:',self.no)
            print('Name:',self.name)
            print('Sex:',self.sex)


#定义学生类的对象 stu1 和 stu2，并调用方法实现两个学生对象的设置和显示
stu1=Student()
stu1.set('180805210','feng cheng','M')
stu1.display()

stu2=Student()
stu2.set('180805211','wang haimeng','FM')
stu2.display()
#分别通过类名和对象名访问 stu_count
print('学生对象数量：',Student. stu_count)
print('学生对象数量：',stu1. stu_count)
print('学生对象数量：',stu2. stu_count)
```

运行结果：

```
No: 180805210
Name: feng cheng
Sex: M
No: 180805211
Name: wang haimeng
Sex: FM
学生对象数量： 2
学生对象数量： 2
学生对象数量： 2
```

通常情况下，数据成员中以对象数据成员为主，只有需要描述所有对象共有的数据时才需要类数据成员。

为了提高程序的可读性，通常在类的初始化函数__init__()中定义对象数据成员。虽然也可以在其他成员方法中定义（例如例 9.1 中的 3 个对象数据成员），或者在类的外面动态地添加对象数据成员（例如 stu1.age=20 为对象 stu1 增加了一个数据成员），但不建议常用。

另外，数据成员有公有成员和私有成员之分，以双下划线开头的数据成员（例如__value）是私有成员，原则上不能在类外直接访问，但 Python 中并没有严格的保护机制，因此使用时不必严格区分。

9.2.3　方法

类的方法描述了对数据成员的操作。例如例 9.1 中设置学生信息的方法 set()和显示学生信息的方法 display()、列表中常用的添加元素的方法 append()等。

在类中定义的方法根据其作用可以分为四类：公有方法、私有方法、静态方法和类方法。其中，最常用的是公有方法和私有方法。关于静态方法和类方法，在这里不再详述，有兴趣的读者可以查阅相关资料，更深入地学习面向对象程序设计。

【例 9.3】定义一个学生成绩类，包括学号、姓名、3 门课的成绩、平均成绩，对数据的处理包括初始化成绩对象、计算平均成绩、获取平均成绩、显示学生成绩。特别要求：计算平均成绩的功能仅限于类内使用，创建对象时能够通过参数实现对象的初始化。

分析：类的定义方法与例 9.1 类似，但有两点不同：一是计算平均成绩的功能是不需要在类外调用的，因为在类外需要使用平时成绩时可以直接调用"获取平均成绩"的方法，而且平均成绩只需计算一次，以后直接访问即可；二是要有初始化对象的方法。

本例涉及的新知识点：私有方法的定义和使用、构造函数的使用。

1. 公有方法和私有方法

公有方法和私有方法的不同点主要表现在以下两点：

（1）名称不同。定义方法时，方法名称以双下划线（__）开始的是私有方法。

（2）访问权限不同。公有方法可以在类内、类外通过对象名直接调用，但私有方法只能在类内的方法中通过 self 调用，不能在类外通过对象名直接调用（但也可以通过 Python 提供的特殊方式调用）。

例如，例 9.1 中的方法 set()和 display()都是公有方法，可以在类外通过对象直接访问 stu1.display()；通过第 5 章列表的操作案例可以看出，列表对象的 append()方法、insert()方法等都是公有方法。换句话说，类中的大部分方法都是公有方法，方便在类外调用。

那什么情况需要使用私有方法呢？

当一个方法仅供类内的其他方法调用，而不希望在类外使用时，可以考虑定义为私有方法。例如，例 9.3 中的计算平均成绩的方法__average()仅限在类内计算平均成绩时使用，因为在类外需要使用平时成绩时可以直接调用 get_aver()方法。

2. 构造函数

前文已经说过，定义对象时参数是可选的，需要根据类的初始化函数来确定。例如，例 9.1 中的类在定义对象时是不需要参数的，创建对象后需要调用 set()函数给对象赋值。那么如何实现在创建对象时给对象赋初值呢？

构造函数__init__()是 Python 中用于对象初始化的特殊函数，在创建对象时系统会自动调用该函数完成对数据成员的初始化工作。通常将类中对象数据成员的定义放在构造函数中，与类内的其他方法一样，构造函数的第一个参数也是 self。例如，下面的代码在 Book 类中定义了构造函数，则创建对象时必须传入相应的参数。

```
class Book:
    #定义构造函数，有两个参数、两个对象成员 name 和 price
    def __init__(self,name_1,price_1):
        self.name=name_1
        self.price=price_1
    #定义公有函数，显示对象的值
    def display(self):
        print(self.name,self.price)

#使用 Book 类定义对象 book_1，同时需要传入初始化的参数
book_1=Book('Python Programming',34.5)
book_1.display()                    #显示对象 book_1 的值：Python Programming 34.5
```

思考：一旦类中定义了带参数的构造函数，那么在创建对象时必须传入相应的参数。但在

实际应用中，有的时候只需要创建一个空对象，然后再给对象赋值。例如，列表类型的 list()方法可以用来创建有元素的列表，也可以创建空列表。那么如何编写构造函数才能实现带参数和不带参数时都能正确地创建对象呢？采用默认参数值。将 Book 类的构造函数修改如下：

```python
def __init__(self,name_1='',price_1=0):
        self.name=name_1
        self.price=price_1
#定义对象 book_2，采用默认参数进行初始化：name 为空字符，price 为 0
book_2=Book()
```

例 9.3 的实现过程可以参考如下代码：

```python
#例 9.3 学生成绩类，区别公有成员和私有成员的使用
#定义类
class Score:
    #构造函数
    def __init__(self,stu_no,stu_name,sc_list):
        self.no=stu_no
        self.name=stu_name
        self.score_list=sc_list
        self.aver=self.__average(sc_list)
     #计算平均成绩
    def __average(self,sc_list):
        retn int((sc_list[0]+sc_list[1]+sc_list[2])/3)

    #获取平均值
    def get_aver(self):
        retn self.aver
    #显示学生成绩
    def display(self):
        print('No:',self.no,'Name:',self.name)
        print('Score(1~3):',self.score_list[0],self.score_list[1],self.score_list[2])
        print('Average:',self.aver)

#定义对象，调用方法
sc_1=Score('180805216','chang hao',[80,70,90])
sc_1.display()
print('Average:',sc_1.get_aver())
```

运行结果：

```
No: 180805216 Name: chang hao
Score(1~3): 80 70 90
Average: 80
Average: 80
```

3. 类的特殊方法

Python 中定义了大量的特殊方法，它们的名称都是以双下划线开始和结束的。比较常用的是构造函数和析构函数，构造函数在创建对象时自动被调用，用于实现对象的初始化；而析构函数正好相反，在对象被撤销时会自动被调用。关于析构函数的使用以及其他特殊方法，请读者在需要时查阅相关资料，在此不再详述。

9.3　类的继承与方法重载

继承机制是面向对象程序设计的重要特征之一，继承实现了代码的重用，有效提高了编程效率，并且可以方便地实现系统的升级。

假如在 A 类的基础上定义了派生 AA，那么 A 就是父类或基类，AA 就是子类或派生类。

【例 9.4】定义一个类，描述"书"的属性和操作，属性包括书的名称、价格两项，操作包括对书的实例的初始化、显示一本书的信息。然后以该类为基础定义"教材"类，增加新的属性"书所属的系列"，增加新的操作"设置教材的信息"，重新编写"显示书的信息"的函数。

分析：参照例 9.3 可以定义 Book 类，描述书的属性（name、price）和操作（__init__()、display()）。教材类 TextBook 是在 Book 类的基础上的扩充，因此可以基于 Book 类定义派生类 Textbook。派生类能够完全继承基类的属性和方法，因此在派生类中只需添加新属性的新的方法（set()）和改造原来的 display() 方法即可。

本例涉及的新知识点：类的继承、派生类中方法的重载，基类和派生类中方法的调用等。

9.3.1　派生类的定义和使用

派生类的定义与基类的定义类似，只是需要在类名后的括号中写上基类名，格式如下：

```
class　派生类名(基类名):
        派生类中新增的数据成员
        派生类中新增的方法
        派生类中重新定义的基类的方法
```

例如例 9.4 中教材类的定义：

```
class TextBook(Book):
        …
```

Python 中关于派生类的数据成员和方法的定义与使用有以下特点：

（1）派生类将继承基类的数据成员和方法，但私有成员（私有数据成员和方法）除外。因此，定义派生类时要根据需要添加新的数据成员和方法。

（2）如果基类的方法不能满足派生类的需要（例如 Book 类的 display() 方法只能显示书的名称和价格，但在派生类 TextBook 中需要显示书名、价格、书的系列），则需要重写该方法。

（3）如果派生类中未重新定义构造函数，则创建派生类的对象时会自动调用基类的构造函数。

（4）如果派生类中重写了基类的方法，则基类中的该方法将被屏蔽。

基于派生类的以上特点，因此在定义派生类时只需要添加新增的数据成员、新增的方法和重写的方法三个方面的内容。

根据前面的分析和派生类的定义和使用特点，例 9.4 的实现过程可参考如下代码：

```
#例 9.4 派生类的定义和使用
#定义基类
class Book:
        #定义构造函数，有两个参数、两个对象成员
```

```
        def __init__(self,newname='',newprice=0):
            self.name=newname
            self.price=newprice
            print('调用 Book 类的构造函数')              #测试构造函数的调用
        #定义公有函数，显示对象的值
        def display(self):
            print('Book_Name:',self.name,'Book_Price:',self.price)
#定义派生类
class TextBook(Book):
        def set(self,newname,newprice,newseries):      #子类中新添加的方法
            self.name=newname
            self.price=newprice
            self.series=newseries

        def display(self):                              #重写的方法
            Book.display(self)                          #调用基类的方法，需要带上基类名和参数 self
            print('Book_Series:',self.series)

#派生类的定义和使用
print('创建对象 book_1')                                #测试用语句
book_1=Book('Python Programming',34.5)                 #创建对象 book_1，传入参数
book_1.display()

print('创建对象 book_2')
book_2=TextBook()                                       #用默认值创建对象 book_2
book_2.set('Data Base',50,'computer')                  #设置 book_2 的值
book_2.display()                                        #调用派生类的 display()方法
```

运行结果：

```
创建对象 book_1
调用 Book 类的构造函数
Book_Name: Python Programming Book_Price: 34.5
创建对象 book_2
调用 Book 类的构造函数
Book_Name: Data Base Book_Price: 50
Book_Series: computer
```

请读者结合以上案例深入理解派生类的编写方法和使用特点。

9.3.2　方法重载

在例 9.4 中，当从基类继承来的方法 display()不能满足要求时，可以在派生类中重写该方法。于是在派生类中就有了一个与基类中的方法同名的方法，此时派生类中的方法会自动覆盖基类中的同名方法，即派生类 TextBook 中只有一个 display()方法。

这就是方法重载——在派生类中重写基类中的同名方法。在派生类中重载方法时，如果需要调用基类中的同名方法，则需要通过基类名来调用，例如例 9.4 中在派生类 TextBook 中重载 display()：

```
def display(self):                              #重载的方法
    Book.display(self)                          #调用基类的方法，需要带上基类名和参数 self
    print('Book_Series:',self.series)
```

Python 还有一种对特殊函数的重载——运算符重载：将 Python 中已经定义过的表示运算符功能的特殊方法进行重载，以便实现对同类对象的简便运算。例如特殊方法__add__()的功能是"+"，__sub__()方法的功能是"-"。

在自定义类时，若希望实现两个对象相加（格式：obj1+obj2）的功能，则可以在类中重载方法__add__()。

【例 9.5】定义向量类 Vector 包含两个数据成员、构造函数、显示向量的方法、两个向量相加（v1+v2）的方法。

分析：例 9.5 与前面案例不同的是，要用加法表达式的方式对两个 Vector 向量进行加法运算，因此可以在 Vector 类中对方法__add__()重载。

例 9.5 的运算符重载可参考如下代码：

```
#定义 Vector 类
class Vector:
    def __init__(self, newa, newb):
        self.a = newa
        self.b = newb

    def print_vector(self):
        print('Vector (%d, %d)' % (self.a, self.b))

    def __add__(self,other):        #重载运算符"+"
        retn Vector(self.a + other.a, self.b + other.b)

#定义对象并调用方法
v1 = Vector(4,10)
v2 = Vector(2,-3)
v=v1+v2                          #调用重载的加法方法__add__()，实现两个对象直接相加
v.print_vector()
```

运行结果：

Vector (6, 7)

思考：例 9.5 中通过重载特殊方法__add__()实现了两个向量对象的加法运算，如果需要实现两个向量对象的减法、乘法等更多运算，该如何实现呢？请查阅 Python 中关于特殊方法的说明，尝试编程实现。

9.3.3　面向对象程序设计应用小结

通过前面的案例介绍，我们可以将面向对象程序设计中的主要知识点及应用技巧总结如下：

（1）面向对象程序设计的三个主要特征。

1）封装性。类将数据和对数据的操作函数封装在一起，成为一个整体，对象是类的实例，每个对象都拥有类的数据成员和成员函数。类是程序中相对独立的单元。

2）继承性。类的继承机制实现了代码的重用。

3）多态性。类中的方法重载和运算符重载是面向对象程序设计中多态性的重要体现，即同一个方法在不同的类中有不同的功能。

（2）类的定义以关键字 class 开头，派生类的定义还需要在类名后的括号中指明基类。

（3）类的数据成员一般在构造函数__init__()中定义，也可以在其他方法内或方法外定义。

（4）按访问权限划分，类的数据成员有两类：对象数据成员和类数据成员。

（5）类中的方法有公有方法和私有方法，最常用的是公有方法，因为私有方法不能在类外通过对象名直接访问，也不能被派生类继承。当一个方法仅需要在类内调用时才定义为私有方法。

（6）类的实例方法都至少包含一个 self 参数，而且必须是第一个参数，用来表示对象本身，通过对象名调用该方法时不需要为 self 传递参数。

（7）构造函数__init__()是 Python 类中的特殊方法，当创建类的对象时系统会自动调用构造函数，实现对象的初始化功能。创建对象时，要根据构造函数的参数确定要传入的数据。

（8）定义派生类时，要明确派生类中的哪些数据成员和方法是从基类继承的、哪些是需要增加的、哪些是需要重载的。注意基类的私有成员是不能被继承的。

（9）派生类中的方法重载后会覆盖从基类继承的同名方法。运算符重载是对运算符对应的特殊方法的重载，能够实现对象的简便运算。

9.4 面向对象程序设计应用案例

【案例】好友管理系统。

如今的社交软件层出不穷，虽然功能千变万化，但都具有好友管理系统的基本功能，包括添加好友、删除好友、备注好友、展示好友、好友分组功能。下面是一个简单的好友管理系统的功能菜单。

```
欢迎使用好友管理系统
1. 添加好友
2. 删除好友
3. 备注好友
4. 展示好友
5. 好友分组
6. 退出
请选择功能：
```

好友管理系统中有 6 个功能，每个功能都对应一个序号，用户可根据提示"请输入您的选项"选择序号执行相应的操作。

（1）添加好友：用户根据提示"请输入要添加的好友："输入要添加好友的姓名，添加后会提示"好友添加成功"。

（2）删除好友：用户根据提示"请输入删除好友的姓名："输入要删除好友的姓名，删除后提示"删除成功"。

（3）备注好友：用户根据提示"请输入要修改的好友姓名："和"请输入修改后的好友姓名："分别输入修改前和修改后的好友姓名，修改后会提示"备注成功"。

（4）展示好友：展示好友功能分为展示所有好友和展示分组中的好友，如果用户选择展示所有好友，那么将对好友列表中的所有好友进行展示；如果用户选择展示分组好友，那么将根据用户选择的分组名展示此分组中的所有好友。

（5）好友分组：好友分组功能用于将好友划分为不同的组，执行好友分组功能会提示用户是否创建新的分组。

（6）退出：关闭好友管理系统。

本例要求编写程序实现如上所述功能的好友管理系统。通过完成实例代码应掌握以下知识或技能：

（1）理解面向对象的思想。

（2）掌握类的定义和对象的创建与使用。

（3）掌握如何在类中定义方法。

（4）熟练使用构造方法。

好友管理系统参考代码如下：

```python
class Friends:
    def __init__(self):
        self.friend_list = []
    def welcome(self):
        print("欢迎使用好友管理系统")
        print("1．添加好友")
        print("2．删除好友")
        print("3．备注好友")
        print("4．展示好友")
        print("5．好友分组")
        print("6．退出")
        while True:
            option = input("请选择功能：\n")
            #添加好友
            if option == '1':
                self.add_friend()
            #删除好友
            elif option == '2':
                self.del_friend()
            #备注好友
            elif option == '3':
                self.modify_friend()
            #展示好友
            elif option == '4':
                self.show_friend()
            #分组好友
            elif option == '5':
                self.group_friend()
            elif option == '6':
                break
    #添加好友
    def add_friend(self):
        add_friend =input("请输入要添加的好友：")
        self.friend_list.append(add_friend)
        print("好友添加成功")
    #获取好友
    def get_all_friends(self):
        newfriend = []
```

```
            for friend_list_elem in self.friend_list:
                #判断元素类型
                if type(friend_list_elem) == dict:
                    #遍历字典
                    [newfriend.append(dict_elem_name) for dict_elem in friend_list_elem.values() for dict_elem_name in
                    dict_elem]
                else:
                    newfriend.append(friend_list_elem)
            return newfriend
    #获取所有分组及其好友
    def get_all_groups(self):
        groups = []
        for friend_list_elem in self.friend_list:
            if type(friend_list_elem) == dict:
                groups.append(friend_list_elem)
        return groups
    #获取所有分组名称
    def get_all_groups_name(self):
        groups_name = []
        for dict_elem in self.get_all_groups():
            for j in dict_elem:
                groups_name.append(j)
        return groups_name
    #删除好友
    def del_friend(self):
        if len(self.friend_list) != 0:
            del_name = input('请输入删除好友的姓名：')
            #删除的好友未分组
            if del_name in self.friend_list:
                self.friend_list.remove(del_name)
                print('删除成功')
            else:
                #删除的好友在分组内
                if del_name in self.get_all_friends():
                    for group_data in self.get_all_groups():
                        for group_friend_list in group_data.values():
                            if del_name in group_friend_list:
                                group_friend.remove(del_name)
                                continue
                        print('删除成功')
            else:
                print('当前好友为空')
    #备注好友
    def modify_friend(self):
        friends = self.get_all_friends()
        if len(friends) == 0:
            print('好友列表为空')
        else:
            before_name = input('请输入要修改的好友姓名：')
            after_name = input('请输入修改后的好友姓名：')
```

```
            if before_name in self.friend_list:
                friend_index = self.friend_list.index(before_name)
                self.friend_list[friend_index] = after_name
                print('备注成功')
            elif before_name not in self.friend_list:
                print('当前好友列表不存在此好友')


#展示好友
def show_friend(self):
    print('1. 展示所有好友')
    print('2. 展示分组名称')
    option_show = input('请输入选项：')
    groups = self.get_all_groups()
    friends = self.get_all_friends()
    if option_show == '1':
        #展示所有好友
        if len(friends) == 0:
            print('当前没有好友')
        else:
            print(friends)
    elif option_show == '2':
        if len(friends) == 0:
            print('当前没有好友')
        else:
            if len(groups) == 0:
                print('当前没有分组')
            else:
            #展示分组
                for dict_groups in groups:
                    for group_name in dict_groups:
                        print(group_name)
                shifou_show_group = input('是否查看组内好友：y/n\n')
                if shifou_show_group == 'y':
                    show_group_name = input('请输入要查看的分组名称：')
                    for s in groups:
                        if show_group_name in s:
                            show_index = groups.index(s)
                            print(groups[show_index][show_group_name])
                        else:
                            print('不存在当前输入的分组')
#好友分组
def group_friend(self):
    new_group = input('是否需要创建新的分组 y/n：\n')
    friends = self.get_all_friends()
    if new_group == 'y':
        if len(friends) == 0:
            print('当前没有好友')
        else:
            group_name = input('请输入要创建的分组名称：\n')
            group_name_list = list()
```

```python
            print(friends)
            #移动好友到哪个分组
            friend_name = input('请输入好友名称：\n')
            if friend_name in friends:
                all_friend = []
                for friend_list_elem in self.friend_list:
                    if type(friend_list_elem) == dict:
                        [all_friend.append(dict_friends) for dict_elem in friend_list_elem.values() for dict_friends
                        in dict_elem]
                    else:
                        all_friend.append(friend_list_elem)
                if friend_name in all_friend:
                    group_name_list.append(friend_name)
                    self.friend_list.remove(friend_name)
                    #构建字典
                    friend_dict = dict()
                    friend_dict[group_name] = group_name_list
                    self.friend_list.append(friend_dict)
                else:
                    print('请输入正确的名称')
            else:
                print('请输入正确的好友名称')
        elif new_group == 'n':
            #不创建新的分组，显示当前的分组，将好友添加到指定的组
            c_groups = self.get_all_groups()
            print('当前分组：')
            for c_group in c_groups:
                for group_name in c_group:
                    print(group_name)
            add_group = input('请选择要添加的组：\n')
            #判断输入的新组名是否在当前已经存在的分组名称中
            if add_group in self.get_all_groups_name():
                #添加好友到指定的组
                add_name = input('请选择要添加的好友名称：\n')
                #判断输入的好友是否在好友列表中
                if add_name in self.friend_list:
                    #判断输入的好友是否在其他组中
                    if add_name not in c_groups:
                        #添加好友到指定组
                        add_group_index = self.get_all_groups_name().index(add_group)
                        c_groups[add_group_index][add_group].append(add_name)
                else:
                    print('该好友不存在或在其他分组中')
            else:
                print('请输入正确的组名')


if __name__ == '__main__':
    friend = Friends()
    friend.welcome()
```

练 习 九

一、选择题

1. 以下关于类的定义中正确的是（　　　）。

　A．class test:

　　　a=0

　　　def init():

　　　　b=0

　B．class test:

　　　a=0

　　　def init(self):

　　　　self.b=0

　C．class test:

　　　a=0

　　　def __init__():

　　　　b=0

　D．class test:

　　　a=0

　　　def __init__(self):

　　　　self.b=0

2. 以下关于 self 的说法中不正确的是（　　　）。

　A．self 可有可无，它的参数位置也不确定

　B．self 是可以修改为其他名字的

　C．self 代表当前对象

　D．self 不是关键字，调用方法时也不用赋值

3. 关于类中的私有方法，下列说明中错误的是（　　　）。

　A．可以用双下划线的方法名表示

　B．私有方法在外部是不能直接访问的

　C．私有方法不能被派生类继承

　D．用双下划线开头是为了避免与子类中的属性命名冲突

4. 在类的继承中，子类不能从父类中继承的是（　　　）。

　A．__init__()函数

　B．__getName()函数

　C．name 属性

　D．iter 函数

二、设计题

1. 完善例 9.2 中的 Student 类，增加构造函数（带默认初始值）。基于 Student 类定义 UniversityStudent 类，增加新的属性"学生专业"，并重载相关的方法。然后定义派生类的两个对象（不带参数的、带参数的），设置对象的值、显示对象的值。

2. 完善例 9.5，实现两个向量对象的减法（v1-v2）和乘法（v1*v2）。

第 10 章　异 常 处 理

在程序运行的时候总会发生这样或那样的错误，当 Python 执行程序发生错误的时候，如果没有异常处理，则程序会终止，并且会反馈一个异常报告。但这种异常报告总是不那么容易让人理解。异常可以通过异常处理代码块进行处理，它告诉了 Python 当异常发生的时候程序不会终止，而是知道应该怎么做。这样，在设置了异常处理代码块之后，即使发生了异常，Python 程序也会继续执行，并且显示你所设置的异常提醒。

- ● 异常的概念。
- ● try-except。

10.1　什么是异常

无论是多么有经验的程序员，写代码的时候都难免会出现错误，我们的程序越复杂，出现错误的概率就越大。当我们通过调试把这些错误都排除掉之后，程序在运行过程中也还是可能出现一些不可预见的异常。异常处理就是在有可能发生异常的地方设置预处理机制，使得即使异常发生程序也不会死机。由此想到我们人的一生不就是不断调试纠偏重启的过程吗？只有未雨绸缪，事事考虑得更周全，对可能出现的最坏情况有心理预期，在重要的选择上做好预案，避免情绪化地处理问题，人生的路才能越走越顺畅。下面就来看看在 Python 编程中是如何处理异常的。

建立一个 Python 文件，输入语句并运行，或者直接在 Python 交互模式下输入：

```
print(3/0)
```

Python 会提示以下信息：

```
Traceback (most recent call last):
    File "error", line 1, in <module>
      print(3 / 0)
ZeroDivisionError: division by zero

Process finished with exit code 1
```

Traceback 返回一个异常。我们知道，0 不能作分母，所以当 Python 运行语句 print(3/0)时就会发生一个异常。该异常通过 Traceback 返回，并且在 Traceback 信息中说明了发生该异常的信息，通过这些异常信息我们可以修改完善程序，使之能正确运行。

在上面的例子中，Traceback 反馈了一个异常对象 ZeroDivisionError，并且解释该异常对象的产生是因为 "division by zero"。

表 10.1 列出了 Python 常见的异常对象及其含义。

表 10.1　Python 常见的异常对象及其含义

异常对象	含义
ArithmeticError	数值计算错误基类
AssertionError	断言语句失败
AttributeError	对象属性错误
BaseException	所有异常的基类
DeprecationWarning	被弃用特征警告
EnvironmentError	操作系统错误基类
EOFError	EOF（End of File）标记错误
Exception	常规错误基类
FloatingPointError	浮点计算错误
FutureWarning	构造将来语义改变的警告
GeneratorExit	生成器（Generator）发生异常通知退出
ImportError	导入模块/对象失败
IndentationError	缩进错误
IndexError	索引错误
IOError	输入/输出操作失败
KeyboardInterrupt	键盘中断
KeyError	映射键错误
LookupError	无效数据查询的基类
MemoryError	内存溢出错误
NameError	对象命名错误
NotImplementedError	未实现的方法错误
OSError	操作系统错误
OverflowError	溢出错误
OverflowWarning	溢出警告
PendingDeprecationWarning	将被弃用特征警告
ReferenceError	引用对象错误
RuntimeError	运行时错误
RuntimeWarning	运行时警告
StandardError	内建标准异常的基类
StopIteration	迭代器没有更多的值
SyntaxError	Python 语法错误

异常对象	含义
SyntaxWarning	语法警告
SystemError	解释器系统错误
SystemExit	解释器请求退出
TabError	Tab 错误（和空格混用）
TypeError	类型无效错误
UnboundLocalError	访问未初始化的本地变量
UnicodeDecodeError	Unicode 解码错误
UnicodeEncodeError	Unicode 编码错误
UnicodeError	Unicode 错误
UnicodeTranslateError	Unicode 转换错误
UserWarning	用户代码警告
ValueError	无效的参数
Warning	警告的基类
WindowsError	系统调用失败
ZeroDivisionError	除（或取模）零

10.2　如何处理异常

当异常发生的时候，如果没有异常处理代码，那么程序会通过 Traceback 返回异常对象并中止程序运行。但有时候，我们想要在异常发生时程序仍然能正常运行或者跳出友好界面让用户进行处理，这就需要进行异常处理。通过编写 try-except 代码块可以实现这一功能。

```
try:
    print(3/0)
except ZeroDivisionError:
    print("You can't divide by zero!")
```

try-except 包含两个代码块，try 代码块中存放正常功能的代码，如果该段代码正常执行，Python 会跳过 except 代码块；如果 try 代码块中的代码运行异常，则 Python 转入 except 代码块寻找对应的异常对象，并执行相应的 except 代码块。

例如上面的例子，print(3/0)是异常代码，运行该语句会产生 ZeroDivisionError 异常对象，这时 Python 转入 except 代码块，并且找到 ZeroDivisionError 异常对象，执行其指向的 print("You can't divide by zero!")代码语句。因此，运行这个例程后，该异常不会再通过 Traceback 返回，而是显示执行结果：You can't divide by zero!

通过 try-except 代码块，程序在发生异常时可以控制其不再停止，在处理异常后程序可以继续执行后面的代码。

再来看一段代码：

```
try:
    fh = open("testfile", "w")
    fh.write("This is a test file for try-except coding!")
except IOError:
    print ("Error: File access failed!")
print("Finished!")
```

该段代码的运行结果是：

```
Finished!
```

并且在程序执行目录下生成一个文件 testfile，文件内容为 "This is a test file for try-except coding!"。

我们看到，最后一条语句 print("Finished!")总是被执行。

把上一段代码改写一下：

```
try:
    fh = open("testfile", "r")
    fh.write("This is a test file for try-except coding!")
except IOError:
    print ("Error: File access failed!")
print("Finished!")
```

这段代码把文件的打开方式改为了 "r"，也就是以只读方式打开文件，这时对文件进行写操作的话就会出错，因此运行 except 代码块的结果为：

```
Error: File access failed!
Finished!
```

10.3　处理多个异常

前面的例子都是处理一个异常的情况，如果需要考虑处理多个异常，只需要追加 except 代码块即可。

改写上一段代码：

```
try:
    fh = open()
    fh.write("This is a test file for try-except coding!")
except IOError:
    print ("Error: File access failed!")
except TypeError:
    print("Argument error!")
else:
    print ("Writing file success!")
    fh.close()
print("Finished!")
```

这段代码依然是修改了 open()语句，把里面的文件名参数删除了，这样会导致参数缺失错误，因此增加了 except TypeError 代码块来处理参数错误类型。

代码执行的结果是：

```
Argument error!
Finished!
```

这段代码还增加了 else 代码块，else 代码块是当 try 代码块运行后，如果没有发生异常，则执行 else 代码块。

try 语句也可以增加 finally 代码块，finally 语句无论是否发生异常都将执行其代码。

对上面的代码再次改写：

```
try:
    fh = open()
    fh.write("This is a test file for try-except coding!")
except IOError:
    print ("Error: File access failed!")
except TypeError:
    print("Argument error!")
else:
    print ("Writing file success!")
    fh.close()
finally:
    print("Finished!")
```

程序执行的结果为：

```
Argument error!
Finished!
```

Finally 语句在更多情况下有如下应用：

```
try:
    fh = open("testfile", "r")
    try:
        fh.write("This is a test file for try-except coding!")
    finally:
        print("Close File!")
        fh.close()
except IOError:
    print ("Error: File access failed!")
```

在第二个 try 代码块中，无论是否发生异常，均执行 finally 代码块，保障文件能够正常关闭，避免数据丢失和损坏。

练 习 十

一、选择题

1. 输入数字 5，以下代码的输出结果是（　　　）。

```
try:
    n=input("请输入一个数： ")
    def pow2(n):
        return n*n
except:
    print("程序执行错误")
```

A．5　　　　　　　　　　　　　　　B．25

C．出现执行错误　　　　　　　　　　D．没有任何输出

2．以下关于 Python 语言中 try 语句的描述中错误是（　　　）。

A．try 用来捕捉执行代码发生的异常，处理异常后能够回到异常处继续执行

B．当执行 try 代码块触发异常后会执行 except 后面的语句

C．一个 try 代码块可以对应多个处理异常的 except 代码块

D．try 代码块不触发异常时不会执行 except 后面的语句

3．以下描述中错误的是（　　　）。

A．当 Python 脚本程序发生了异常后，如果不处理，运行结果不可预测

B．编程语言中的异常和错误是完全相同的概念

C．Python 通过 try、exccpt 等关键字提供异常处理功能

D．try-except 可以在函数、循环体中使用

二、问答题

1．一个 try 语句可以和多个 except 语句搭配吗？为什么？

2．如何处理多个异常？

3．请问以下代码是否会产生异常？如果产生异常，其产生的原因是什么？

（1）mylist=[1,2,3,4,,]

（2）mylist=[1,2,3,4,5]

print(mylist[len(mylist)])

（3）mylist=[3,5,1,4,2]

mylist.sorted()

（4）mydict={'host':'www.sdjtu.com','port':'80'}

print(mydict['server'])

（5）def myfun(x,y):

print(x,y)

f(x=1,2)

三、设计题

1．对例 8.1 加入异常处理，以解决可能发生的错误问题。

2．使用异常处理猜数字游戏，对输入值进行限定并处理输入。

第二部分 项目实践

第 11 章 项目 1：根据函数绘制曲线

本章导读

本项目要求输入一元二次函数的参数并绘制函数曲线。通过本项目的练习，可以初步掌握 NumPy、turtle、matplotlib 等模块的用法，在项目的最后还介绍了怎样生成 exe 文件，以便脱离 Python 环境在 Windows 下运行。

本章要点

- 采用 NumPy 模块获取函数数据。
- 采用 turtle 动态绘制函数曲线。
- 用 matplotlib 画静态曲线。
- 转换为 exe 可执行文件。

11.1 主要问题

该项目的输入为一个一元二次函数的参数，输出为该函数的曲线图象。

首先，分析输入：一元二次函数的参数有三个，我们采用 input()函数输入，输入时应注意保证其正确性和可用性。

其次，为了将该图象输出，可以采用 turtle 进行动画图象的绘制，在绘制时应该先确定绘图的画布大小、图象坐标系、函数图象的取值范围和分辨率，再利用 NumPy 模块根据分辨率将图象曲线离散化，形成曲线上点的坐标列表，最后利用 turtle 依次将这些点连接起来，就形成了这个函数曲线。

11.1.1 turtle 模块绘制坐标系

turtle 模块是一个 Python 自带的画图工具，使用这个模块可以初始化画布，并在画布上绘制坐标系。

【例 11.1】使用 turtle 初始化画布并绘制坐标系。

分析：引入 turtle 后即可利用 turtle 来创建画布，用创建方法创建两个 Turtle()对象来绘制坐标。

```
import turtle as tur                  #引入 turtle
tur.screensize(2000, 2000, "white")   #初始化画布大小
w=1000                                #采用中间部分作为图象象限
h=1000
xpart=w/2000                          #x 轴单位尺寸
ypart=h/2000                          #y 轴单位尺寸
aix_x=tur.Turtle()                    #创建 x 轴坐标 turtle
aix_y=tur.Turtle()                    #创建 y 轴坐标 turtle
aix_x.write("O(0,0)")                 #绘制原点坐标
aix_x.penup()                         #x 轴绘图抬笔
aix_y.penup()                         #y 轴绘图抬笔
aix_x.goto(-w/2,0)                    #x 轴起点
aix_y.goto(0,h/2)                     #y 轴起点
aix_x.pendown()                       #x/y 轴绘图落笔
aix_y.pendown()                       #x/y 轴绘图落笔
aix_y.right(90)                       #y 轴向下绘制
for i in range(-100,110):             #绘制 x/y 轴
    aix_x.forward(w/200)
    aix_y.forward(h/200)
    if i%10==0 and i!=0:              #绘制刻度
        aix_x.write(i/10)
        aix_y.write(-i/10)
tur.done()                            #关闭 turtle
```

程序运行结果如图 11.1 所示。

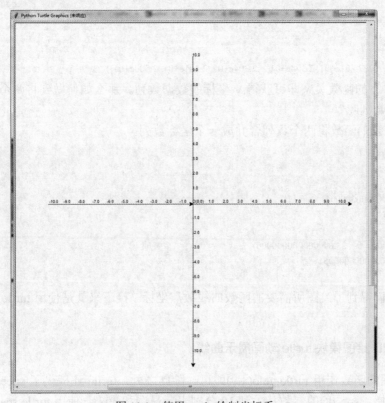

图 11.1　使用 turtle 绘制坐标系

11.1.2 使用 NumPy 模块获得散点数列

使用 NumPy 模块中的 linspace 函数获取散点坐标。熟悉 MATLAB 的同学应该对这个函数很熟悉，它使用起来非常方便。

linspace()函数的参数主要有 3 个：start、stop 和 num，分别代表起点、终点和个数。

函数返回一个从起点到终点的等分数列，等分的份数就是 num。

【例 11.2】使用 linspace()函数获得一个[0,20]区间的十等分的等分数列。

这里请注意，我们通常会犯的一个错误就是将 0 到 20 十等分后每份的长度为 2。其实，如果每份长度为 2 的话，11 段长度后才能从 0 到 20。因此，从 0 到 20 的十等分数列应该为[0, 2.222, 4.444, 6.666, …]这 10 个数据。我们可以利用下面的代码使用 linspace()函数得到这个序列。

```
>>>import numpy as np
>>>x=np. linspace(0,20,10)
>>>x
array([ 0.          , 2.22222222,  4.44444444,  6.66666667,  8.88888889,
        11.11111111, 13.33333333, 15.55555556, 17.77777778, 20.          ])
```

下一步获取 y 轴坐标。

使用 linspace()函数可以从 x 轴取值范围内获取 x 坐标的散点数据，利用这一数据进行函数变换后获得 y 轴坐标数据。

```
>>> x=np. linspace(-5,5,101)
>>> x
array([-5. , -4.9, -4.8, -4.7, -4.6, …   4.9,  5. ])
>>>y=x**2
>>>y
array([2.500e+01, 2.401e+01, 2.304e+01,…2.304e+01, 2.401e+01, 2.500e+01])
```

输入 y 与 x 的函数关系即可获得 y 坐标的数据数列。那么如何做到将两个数列合并成一个散点的坐标数列呢？

可以使用 zip()函数将两个数列合并成一个坐标数列。

```
>>>l=zip(x,y)
>>>list(l)
[(-5.0, 25.0),
(-4.9, 24.010000000000005),
 (-4.8, 23.04),
…
(4.800000000000001, 23.040000000000006),
 (4.9, 24.010000000000005),
 (5.0, 25.0)]
```

至此，我们得到了绘图所需的函数曲线散点坐标。接下来就是使用 turtle 将这些坐标连接起来。

11.1.3 2D 绘图模块 turtle 动画展示曲线

turtle 绘图的函数使用 turtle.goto(x,y)即可。除此之外，turtle 还提供了 speed()函数来控制绘图动画的快慢，speed()的参数从 1 到 10 分别表示最慢和最快，使用 turtle.speed(0)表示无动画，立即成图。

【例 11.3】绘制函数 $y = \dfrac{1}{2}x^2$ 的曲线。

```
import turtle
import numpy as np
turtle.setup(width=1000,height=1000)
turtle.screensize(2000, 2000, "white")
x=np.linspace(-5,5,101)
y=0.5*x**2
l=np.array(list(zip(x,y)))
turtle.penup()
turtle.goto(l[0]*50)          #放大 50 倍显示
turtle.pendown()
for d in l:
      turtle.goto(d*50)        #放大 50 倍显示
turtle.done()
```

函数曲线如图 11.2 所示。

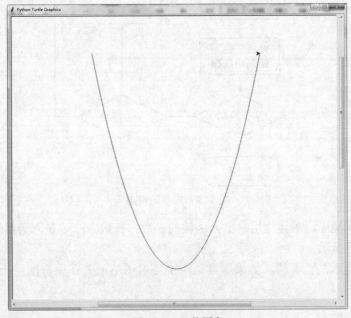

图 11.2　函数图象

11.2　项　目　实　施

11.2.1　程序流程

项目流程图如图 11.3 所示，程序开始后首先进行画布的初始化，包括窗口的大小和画布尺寸及颜色，其次是坐标轴绘制，坐标轴应该要比画布和窗口的尺寸都稍小一些，否则会有看不到的地方，同时根据屏幕的尺寸确定坐标变换参数，初始化坐标轴和原点。

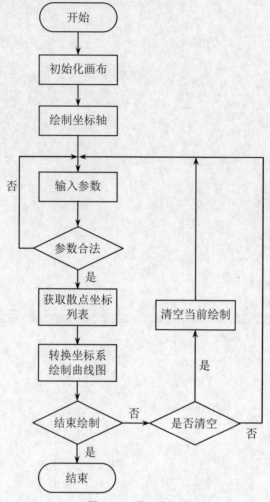

图 11.3　项目流程图

　　接着程序进入循环，循环让用户输入函数的参数，参数合法时获取函数散点的坐标列表，然后通过图象进行显示。

　　绘制完毕后提示是否继续，如果继续则清空当前图层或者在原有图层上重新输入参数绘制曲线。

11.2.2　程序代码

```
#-*- coding: utf-8 -*-
#导入库
import turtle as tur
import numpy as np
#初始化画布、窗口
tur.setup(width=1000,height=1000)
tur.screensize(2000, 2000, "white")
#绘制坐标系
w=800
h=800
```

```
xpart=w/2000
ypart=h/2000
aix_x=tur.Turtle()
aix_y=tur.Turtle()
aix_x.write("O(0,0)")
aix_x.penup()
aix_y.penup()
aix_x.goto(-w/2,0)
aix_y.goto(0,h/2)
aix_x.pendown()
aix_y.pendown()
aix_y.right(90)
for i in range(-100,110):
    aix_x.forward(w/200)
    aix_y.forward(h/200)
    if i%10==0 and i!=0:
        aix_x.write(i/10)
        aix_y.write(-i/10)
#开始循环
curve=tur.Turtle()
while 1:
#输入参数
    sc=0;a=0;b=0;c=0
    while 1:
        try:
            sc=eval(input("请输入 x 轴范围 sc(-sc,sc)，有效值为3～9："))
        except Exception:
            sc=0
            print("输入非法，请再次输入")
        if sc>=3 and sc<=9:
            break
    while 1:
        try:
            a=eval(input("请输入 a："))
            b=eval(input("请输入 b："))
            c=eval(input("请输入 c："))
            print("你输入的函数参数为 a=",a,"，b=",b,"，c=",c)
            break
        except Exception:
            print("输入非法，请再次输入")
    x_start=-sc
    x_end=sc
    pix=100
    p_num=(x_end-x_start)*pix
    x=np.linspace(x_start,x_end,p_num)
    y=a*x**2+b*x+c
    point=np.array(list(zip(x,y)))
    point=point*100*xpart
    #point=zip(x*100*xpart,y*100*ypart)
    p_set=[]
```

```
        #p_set=np.array(point)
        for dot in point:
            if dot[1]<h/2 and dot[1]>-h/2:
                p_set.append(dot)
        if len(p_set)<=10:
            print("out of range")
        curve.penup()
        curve.goto(p_set[0][0],p_set[0][1])
        curve.pendown()
        curve.speed(0)
        for p in p_set:
            curve.goto(p[0],p[1])
        funcstr="y="
        if a==1:
            funcstr+="x^2"
        elif a==-1:
            funcstr+="-x^2"
        elif a==0:
            funcstr+=""
        else:
            funcstr+=str(a)+"x^2"
        if b==0:
            funcstr+= ""
        elif b==-1:
            funcstr+="-x"
        elif b==1:
            funcstr+="x"
        elif b<0:
            funcstr+= "-"+str(-b)+"x"
        elif a!=0:
            funcstr+= "+"+str(b)+"x"
        else:
            funcstr+= str(b)+"x"

        if c>0:
            if a==0 and b==0:
                funcstr+= str(c)
            else:
                funcstr+= "+"+str(c)
        if c<0:
            funcstr+= "-"+str(-c)
        curve.write(funcstr)
        cont=int(input("是否继续？\n1：继续\n2：重置并继续\n3：退出\n 请输入下一步："))
        if cont==1:
            print("")
        elif cont==2:
            curve.reset()
        else:
            break
tur.bye()
```

11.2.3 运行结果

>>>请输入 x 轴范围 sc(-sc,sc)，有效值为 3～9：8
>>>请输入 a：1
>>>请输入 b：0
>>>请输入 c：0
>>>你输入的函数参数为 a=1，b=0，c=0
>>>是否继续？
>>>1：继续
>>>2：画布重置并继续
>>>3：退出
>>>请输入下一步：1
>>>请输入 x 轴范围 sc(-sc,sc)，有效值为 3～9：8
>>>请输入 a：0.5
>>>请输入 b：-4
>>>请输入 c：4
>>>你输入的方程参数为 a=0.5，b=-4，c=4
>>>请输入下一步：3

运行结果图象如图 11.4 所示。

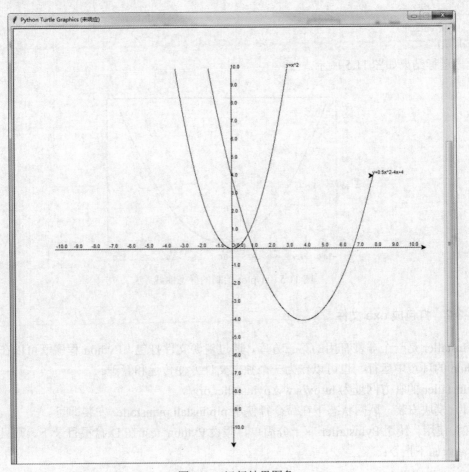

图 11.4　运行结果图象

11.3 项 目 扩 展

11.3.1 使用 matplotlib 显示静态曲线

matplotlib 是可以用于绘制静态曲线的第三方工具，使用这个模块可以更加快速地绘制出函数曲线。使用时应该首先引入 import matplotlib.pyplot as plt，接着与使用 turtle 一样输入相关函数参数和绘制范围，获取散点信息。

与 turtle 不同的是，pyplot 自带坐标系，坐标系会根据你的散点信息进行自由变换，不需要进行绘制和转换。

【例 11.4】利用 pyplot 绘制 $y = \dfrac{1}{2}x^2$ 的曲线。

```
import matplotlib.pyplot as plt
import numpy as np
x=np.linspace(-10,10,600)
y=0.5*x**2
plt.plot(x,y)
funcstr="1/2 * x^2"
plt.ylabel(funcstr)
plt.show()
```

程序运行结果如图 11.5 所示。

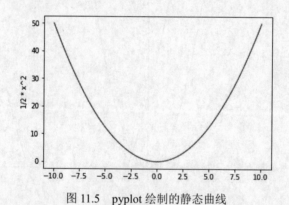

图 11.5　pyplot 绘制的静态曲线

11.3.2 打包成 exe 文件

PyInstaller 是一个非常有用的第三方库，通过对源文件打包，Python 程序既可以在没有安装 Python 的环境中运行，也可以作为一个独立文件方便传递和管理。

PyInstaller 的官方网址为 http://www.pyinstaller.org/。

（1）模块安装。联网状态下在命令行使用 pip install pyinstaller 安装即可。

（2）使用。使用 PyInstaller 库十分简单，假设 Python_test 在 D:盘根目录下，则只需要在命令行输入如下指令：

```
>>>pyinstaller D:\Python_test.py
```

执行完成后将会生成 build 和 dist 两个文件夹，如图 11.6 所示。

build　　　　　dist

图 11.6　build 和 dist 两个文件夹

其中，build 文件夹是 pyinstaller 存储临时文件的地方，可以安全删除。

最终的打包程序在 dist 内部的 Python_test 文件夹下。

文件夹中的其他文件是可执行文件 Python_test.exe 的动态链接库。如果希望将这些动态链接库也打包到一起，形成一个单一的 exe 文件，那么只需要加入参数 "-F"。

```
>>>pyinstaller -F D:\Python_test.py
```

这样程序打包后 dist 文件夹内就只有一个可执行文件了，它可以在任何一台机器上独立运行，如图 11.7 所示。

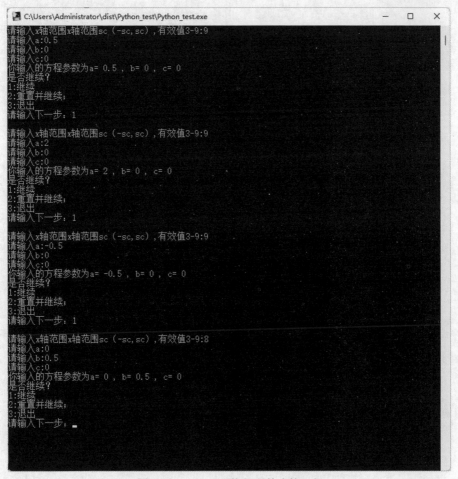

图 11.7（一）　可执行文件直接运行

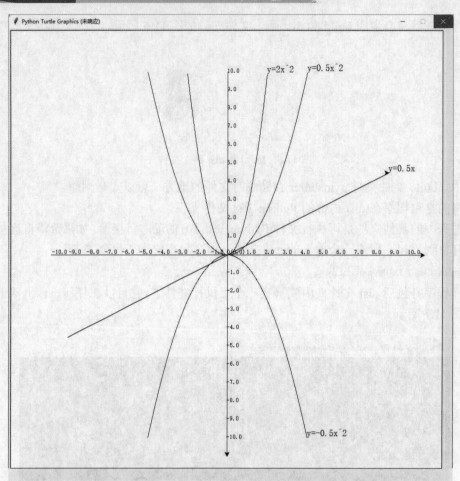

图 11.7（二）　可执行文件直接运行

第 12 章　项目 2：办公自动化程序设计

本章导读

在本章中，我们将根据实际需求设计若干复杂的应用场景，这些场景可能会在你今后的工作或学习生活中遇到，或者你现在正在被这样的重复而烦琐的事务纠缠。通过本项目的学习，你可以了解到如何使用 Python 实现电子表格及电子文档的自动化生成和简单数据处理，从而提高工作效率。

本章要点

- 按需求批量生成电子表格。
- 电子表格数据分类及处理。
- 电子文档的批量处理及格式转换。

12.1　批量创建 Excel 文档

在本节中，我们将对电子表格的使用场景进行详细阐述，给出电子表格的基本模型及常用的第三方库（包），并采用相关模型解决实际问题。

12.1.1　任务介绍

我们针对实际需求设计以下电子表格的应用场景，这些场景来自某些实际需求或者更为复杂，下面先对这个任务进行一些初步介绍。

某超市需要对所有商品信息进行统计，每种商品均需统计商品的类型、品牌、型号、价格，除此之外还需要根据商品种类统计不同字段的信息，创建若干统计信息表。在这里，我们摘取了其中 16 种家用电器商品，这 16 种商品及需要处理的个性字段如下（在实际应用场景中，可能会有上千种商品需要处理，而每种商品需要处理的字段还会更多）：

（1）冰箱：门款式、总容积、放置方式、能效等级、深度、宽度、高度、是否变频、颜色。

（2）洗衣机：放置方式、洗涤容量、能效等级、是否变频、排水方式、深度、宽度、高度、颜色。

（3）电视机：能效等级、分辨率、语音控制、护眼电视、摄像头。

（4）空调：匹数、能效等级、冷暖类型、是否变频、适用户型、操控方式、净化类型、风口位置。

（5）电风扇：操控方式、是否变频、特色功能。

（6）加湿器：水箱容量、额定加湿量、加水方式。

（7）取暖器：适用面积、放置方式、最大功率、特色功能。

（8）净水器：款式、出水速度、操控方式。

（9）吸尘器：吸力、续航时间、特色功能。

（10）除螨仪：适用场景、是否无线、拍打方式、除螨方式。

（11）洗地机：电机类型、清洁范围、额定功率、擦地方式。

（12）扫地机器人：导航技术、避障类型、水箱容量、续航时间、虚拟墙类型。

（13）电饭煲：容量、适用人数、加热方式、内胆材质。

（14）微波炉：容量、底盘类型、内胆材质、开门方式。

（15）电热水壶：容量、材质、功能。

（16）电磁炉：功率、能耗等级、灶具面尺寸。

本项目任务目标是创建 16 种商品的数据统计表，每个表格中需要包含商品的类型、品牌、型号、价格及其个性统计字段，以冰箱和洗衣机为例，需要创建如图 12.1 所示的两个电子表格。

冰箱.xlsx

冰箱													
序号	类型	品牌	型号	价格	门款式	总容积	放置方式	能效等级	深度	宽度	高度	是否变频	颜色

洗衣机.xlsx

洗衣机													
序号	类型	品牌	型号	价格	放置方式	洗涤容量	能效等级	是否变频	排水方式	深度	宽度	高度	颜色

图 12.1　需要创建的电子表格示例

在这个需求中，如果使用人工创建，存在着大量重复性的工作，不但会浪费很长时间，而且容易出现错误。如果采用 Python 编程来实现就会快捷便利很多。在编程之前需要先了解 Excel 的基本模型概念，接下来的内容可以让大家从程序设计方面更好地认识和使用 Excel。

12.1.2　Excel 基本模型概念与常用第三方库（包）

我们对 Excel 的认知是从在单元格上填写各种信息开始的，在 Excel 中通过使用公式能够完成计算单元格中的数据之和、乘积等基本操作或者更高级的使用功能，如果能够了解到在程序中这些单元格都叫什么，我们就可以编写程序来轻松实现批量处理表格。

1. Excel 基本模型概念

我们需要了解的 Excel 模型至少包括以下几个关键知识点：

（1）workbook：工作簿。

（2）worksheet：工作表。

（3）row：行。

（4）column：列。

（5）cell：单元格。

（6）range：单元格区域。

先来认识一下 Excel 文件。一个 Excel 文件一般称为工作簿（workbook），每个工作簿是若干个工作表（worksheet）的列表，这些工作表就是我们日常使用的 sheet，每个 sheet 中分为行（row）和列（column），行一般用数字来标识，列一般用英文字母来标识，行和列交叉形成了我们看到的单元格（cell），例如第一行第一列的单元格被称为 A1，第三行第四列的单元格被称为 D3。另外我们可以通过冒号来标识单元格区域（range），例如 A1:D3 为以 A1 为左上角，D3 为右下角的单元格区域，如图 12.2 所示。

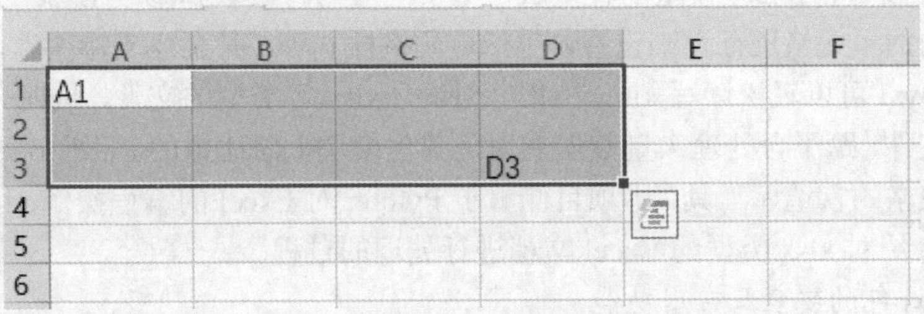

图 12.2　采用 A1:D3 标识的单元格区域

由此可以使用公式=SUM(A1:D3)来求得该区域内所有数字之和，如果需要引用其他 worksheet 甚至其他 wrokbook 中的单元格区域，则可以通过以下命名方式来进行引用：

[工作簿名]工作表名!单元格地址

例如需要对 sale.xlsx 文件中的 sheet1 下的 A3 到 F5 单元格求和，则可以在需要填写数据的单元格内填入以下公式来实现：

=SUM([sale.xlsx]Sheet1!A3:F5)

对于不同的第三方库（包），这些模型的类名不尽相同，但由于这些均源自 Excel 的 VBA 对象模型，它们的命名规则也类似，我们可以查看其文档获取这些类标识的对象并对其进行编程。

2．Excel 常用第三方库（包）

常言道：工欲善其事，必先利其器。目前常用的与 Excel 相关的第三方 Python 库（包）见表 12.1，这些库有各自的特点，有的小快灵，有的功能强大到能与 VBA 模型媲美；有的可以不依赖于 Excel，有的必须依赖 Excel；有的效率高，有的效率低；有的使用起来复杂，有的简单。

表 12.1　Excel 相关的 Python 库（包）

Python 库（包）	特点说明
xlrd	对 xls 格式的 Excel 文件进行读取
xlwt	对 xls 格式的 Excel 文件进行写入
openpyxl	实现了对 xlsm、xlsx 开放电子表格格式的读写，支持 Excel 对象模型，不依赖 Excel
XlsxWriter	支持 xlsx 文件的写入和 VBA
win32com	全面封装 VBA 的所有 Excel 对象
xlwings	重新封装 win32com，能够与 VBA 混合编程并对各种数据进行类型转换
pandas	能够对 xls、xlsx 文件读写，提供各种函数处理数据，简洁快速，依赖 xlrd、xlwt 等包

本书第 8 章曾对 xlrd、xlwt 模块进行了简单介绍，并给出了使用这两个模块对 xls 版文件进行编辑的代码，但它们只能处理早期的 xls 文件，有一定的局限性。模块 XlsxWriter、win32com 和 xlwings 支持 VBA 使用的 Excel 对象模型，功能更为强大。Pandas 是一个基于 NumPy 的第三方库，它是为解决数据分析任务而创建的，具有处理数据的函数和方法，它与 xlrd、xlwt 等包一起也可以进行 Excel 文件的操作。

openpyxl 模块是一个可以读写 Excel 2010 文档的 Python 库，是一款比较综合的工具。它可以被看作是 VBA 中 Excel 模型的轻量版，不仅能够同时读取和修改 Excel 文档，而且可以对 Excel 文件内的单元格进行详细设置，包括单元格样式等，甚至还支持图表插入、打印设置等。使用 openpyxl 可以轻松读写 xltm、xltx、xlsm、xlsx 等类型的文件，同时可以处理数据量较大的 Excel 文件，跨平台处理大量数据能力是其他模块无法比拟的。目前 openpyxl 已成为处理 Excel 电子表格的首选库工具，本项目侧重于 Python 对 Excel 的编程操作，因此本章将使用 openpyxl 模块介绍对 xlsx 类型的 Excel 文档进行处理的过程。

3. openpyxl 包的安装及常用功能

与其他第三方库相同，openpyxl 在使用前也需要安装，需要在 cmd 窗口中执行以下安装命令：

```
>>>pip install openpyxl
```

也可以如图 12.3 所示通过 Anaconda Navigator 搜索未安装的模块来进行下载安装。

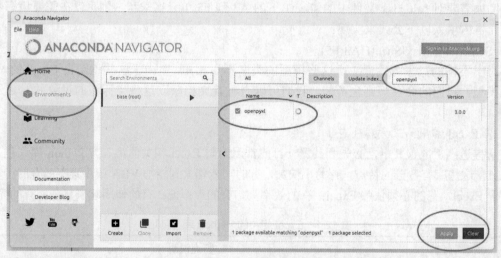

图 12.3　通过 Anaconda Navigator 搜索安装 openpyxl 模块

安装后可以通过导入 openpyxl 模块验证是否成功，在 spyder 中执行以下代码：

```
>>> import openpyxl
```

如果出错则说明安装并未成功。

12.1.3　任务处理

安装好 openpyxl 后即可利用 Python 处理我们的任务。先打开 Excel，向表中输入要统计的商品信息，如图 12.4 所示，输入规则为：第一列为统计商品的类别名称，后面若干列为需要统计商品的属性字段，统计字段个数按实际需求可多可少。将其保存为"商品品类.xlsx"。

图 12.4　商品品类.xlsx

下面我们需要做的就是用 Python 打开这个表，获取到需要统计商品的名称和每种商品需要统计的字段名称，然后根据这些信息创建和保存表格，具体如下：

（1）打开现有的 Excel 文件读取数据。

（2）按行获取需要的数据进行处理。

（3）创建工作簿、工作表。

（4）设置表头标题格式，合并单元格。

（5）填入表格数据。

（6）保存工作簿。

为完成上述任务，需要使用 openpyxl 中的一些模块和函数：工作簿 Workbook 模块，用来创建一个新的工作簿；load_workbook 函数，用来打开已经存在的工作簿文件；openpyxl.styles 模块，用来设置单元格相关格式属性。引入它们的代码如下：

```
from openpyxl import Workbook          #引入工作簿 Workbook 模块
from openpyxl import load_workbook     #引入打开工作簿函数
from openpyxl.styles import Alignment  #在 openpyxl.styles 中引入对齐方式类 Alignment
```

1. 打开现有的 Excel 文件读取数据

```
wb=load_workbook("商品品类.xlsx")
sheets=wb.worksheets
ws=sheets[0]
```

上述代码中的第一行，通过 load_workbook 函数打开已保存的文件"商品品类.xlsx"，并将其赋值给变量 wb，此时变量 wb 就是我们打开的一个工作簿 Workbook 的对象，由 Excel 模型可知，这个工作簿管理所有工作表，可以通过它来获取文件中的所有工作表。

代码第二行完成了这项任务，通过 wb.worksheets 属性可以获取 wb 对象下的所有 sheet 对象列表，由于我们创建的工作簿中只有一个 sheet1，因此通过这个属性得到的列表为：

```
[<Worksheet "Sheet1">]
```

如果文档中包含 3 个 sheet，则会得到如下列表：

```
[<Worksheet "Sheet1">, <Worksheet "Sheet2">, <Worksheet "Sheet3">]
```

要获得某一页 sheet 可以直接通过列表序号实现，例如：

```
ws=wb.worksheets[0]    #获取第一个 worksheet
```

也可以通过工作表的名称获得，获取方法如下：

```
ws=wb. get_sheet_by_name("sheet1")        #在工作簿 wb 中获取名为"sheet1"的工作表
```

第三行代码通过第一种方式获得了当前工作簿 wb 中的第一个工作表。

2. 按行获取需要的数据进行处理

（1）获取单个单元格内的数据。在获取到当前的工作表后，里面的数据都被存放在了工作表 worksheet 对象变量 ws 中，在这个 worksheet 对象中封装着当前表格内的所有单元格对象 cell 列表。

我们只需要知道某一单元格地址即可方便地获取到这个单元格对象，例如可以通过 mycell=ws["A1"]获得当前工作表内的 A1 单元格对象，这个 cell 类的对象除了封装在里面的内容，还包含该单元格的行号、列号、字体、颜色等其他属性信息，可以使用 ws["A1"].value 或 mycell.value 获取该单元格内的值。

（2）通过获取整行单元格遍历所有单元格。我们需要通过程序遍历所有单元格数据，通过坐标逐一访问是最直接的一种方法。除此之外，openpyxl 工作表对象为我们提供了可迭代对象 rows 来获取整行单元格对象，因此也可以通过遍历的方式访问表格中的所有单元格，遍历方法如下：

```
for row in ws.rows:                      #遍历所有行列表元素
    for cel in row:                      #遍历每行内的所有单元格列表元素
        print (cel.value,end=' ')        #打印当前单元格元素的值
    print()                              #遍历一行后回车
```

运行结果：

```
冰箱 品牌 型号 价格 门款式 总容积 放置方式 能效等级 深度 宽度 高度 是否变频 颜色 控温方式 面板材质
洗衣机 品牌 型号 价格 类型 放置方式 洗涤容量 能效等级 是否变频 排水方式 深度 宽度 高度 颜色 抗菌类型
电视机 品牌 型号 价格 能效等级 屏幕尺寸 刷屏率 电视类型 能效等级 分辨率 推荐观看距离 语音控制 护眼电视 摄像头 None
空调 品牌 型号 价格 类型 匹数 能效等级 冷暖类型 是否变频 适用户型 操控方式 净化类型 风口位置 None None
电风扇 品牌 型号 价格 类型 能效等级 操控方式 是否变频 特色功能 None None None None None None
加湿器 品牌 型号 价格 类型 适用场景 水箱容量 额定加湿量 加水方式 None None None None None None
取暖器 品牌 型号 价格 类型 适用场景 适用面积 放置方式 最大功率 特色功能 None None None None None
净水器 品牌 型号 价格 款式 适用场景 出水速度 操控方式 None None None None None None None
吸尘器 品牌 型号 价格 类型 适用场景 吸力 续航时间 特色功能 None None None None None None
除螨仪 品牌 型号 价格 适用场景 是否无线 拍打方式 除螨方式 None None None None None None None
洗地机 品牌 型号 价格 类型 电机类型 清洁范围 额定功率 擦地方式 None None None None None None
扫地机器人 品牌 型号 价格 类型 适用面积 导航技术 避障类型 水箱容量 续航时间 虚拟墙类型 None None None None
电饭煲 品牌 型号 价格 容量 适用人数 加热方式 内胆材质 None None None None None None None
微波炉 品牌 型号 价格 容量 底盘类型 内胆材质 开门方式 None None None None None None None
电热水壶 品牌 型号 价格 容量 材质 功能 None None None None None None None None
电磁炉 品牌 型号 价格 功率 类型 能耗等级 灶具面尺寸 None None None None None None None
```

可以看到，通过这样的方式可以获取到该数据表格内的所有有效数据，但由于表格中每行数据的长度不同，为避免数据丢失，openpyxl 在获取的时候会按照最大的行和列获取数据，因此空白单元格中的数据被设置为 None。若想要去除所有 None 的数据，则可以使用列表生成式进行筛选，以获取所有有效数据，代码如下：

```
lines=[]
for row in ws.rows:
```

```
line=[cell.value for cell in row if cell.value!=None]
lines.append(line)
```

得到的 lines 列表如图 12.5 所示。

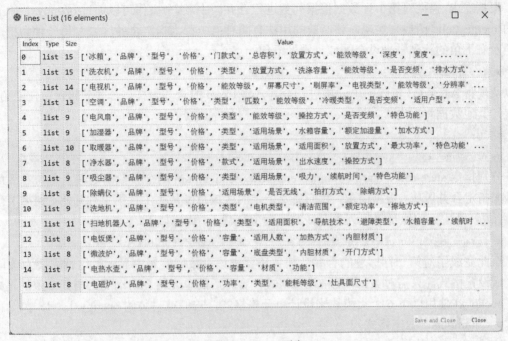

图 12.5　lines 列表

至此，就通过 openpyxl 打开了现有工作表并获取到所需要的全部有效数据，下面开始创建新的工作表并填入数据。

3. 创建工作簿和工作表

openpyxl 创建工作簿的方法很简单，使用以下代码即可创建一个工作簿对象：

```
wb_new=Workbook()
```

工作簿创建后会包含一个工作表对象，通过列表序号可以访问该工作表。

```
ws_new=wb_new.worksheets[0]
```

通过 workbook 的 create_sheet()方法可以在工作簿中创建新的工作表，例如：

```
ws1=wb_new.create_sheet()              #在 wb_new 中创建一个新的 sheet，命名按 sheet1、sheet2、sheet3 顺序增加
ws2=wb_new.create_sheet("mysheet")     #在 wb_new 中创建一个新的 sheet，指定命名 mysheet
```

上述代码在 wb_new 中再创建两个工作表。

删除该工作表的方法为：

```
wb_new.remove(ws1)          #在 wb_new 中删除 ws1
del wb_new["mysheet"]       #在 wb_new 中删除名 mysheet 的工作表
```

再回来看我们的任务，需要从获取的二维数据列表 lines 中为每一行创建一个工作簿并获取到工作簿中的默认工作表，因此代码可以写为：

```
for line in lines:                      #遍历 lines 列表，每个元素是一行数据
    wb_new=Workbook()                   #创建一个新的工作表
    ws_new=wb_new.worksheets[0]         #获取默认工作表
```

需要注意的是，以上操作均为针对遍历过程中的一个 sheet 进行的操作，因此后续均为 for 语句缩进内的代码。

4. 设置表头标题格式，合并单元格

根据需求，需要对第 1 行数据根据列数进行合并居中，这个操作可以通过 openpyxl 中 sheet 类的 merge_cells 函数来实现，该函数的用法有两种：一种为指定合并区域，另一种为指定左上角及右下角的行列号来设定区域。例如语句：

```
ws_new.merge_cells("A1:C3")
```

可以实现将 A1 至 C3 范围的单元格进行合并，与 Excel 的合并一样，合并后将保留左上角 A1 的值，其他数据将丢失。

语句：

```
ws_new.merge_cells(start_row=1,start_column=3,end_row=1,end_column=3)
```

通过分别指定 start_row、start_colunm、end_row、end_colum 四个参数确定左上角与右下角的标号来指定合并区域。根据需求，我们需要指定的区域范围从第 1 行第 1 列开始，到第 1 行第 n 列结束，其中 n 的值是每行列表 line 的元素个数减 1，代码如下：

```
ws_new.merge_cells(start_row=1,start_column=1,end_row=1,end_column=len(line)-1)
```

至此完成了对第一行标题的合并，任务还要求该行数据应居中显示。这就需要为该单元格区域设置格式，只需对 A1 单元格设置格式，合并后的单元格会自动变为与其一致的格式。openpyxl 使用以下 6 个类模块来设计单元格格式，它们被封装到 openpyxl.style 中：

- numbers：数字格式。
- Font：字体样式。
- Alignment：对齐样式。
- PatternFill：填充样式。
- Border：边框样式。
- Protection：保护样式。

Alignment 为对齐样式设置，居中显示通过它来实现。在任务开始时，已通过 from openpyxl.styles import Alignment 将 Alignment 类导入到代码中，因此可直接使用以下代码将 A1 单元格设置为居中对齐：

```
align=Alignment(vertical='center',horizontal='center')    #获取一个上下居中、水平居中的对齐方式并命名为 align
ws_new['A1'].alignment=align                               #将 A1 单元格的对齐方式设置为 align
```

在 Alignment 类的构造函数中，通过设置参数 horizontal 为 center 令其水平对齐，该参数还可以通过设置以下值实现其他对齐方式：

- general：常规。
- center：居中。
- justify：两端对齐。
- distributed：分散对齐。
- fill：填充。
- right：右对齐。
- centerContinuous：跨列居中。
- left：左对齐。

通过设置参数 vertical 为'center'令其垂直对齐，该参数还可以通过设置以下值实现其他对齐方式：

- bottom：靠下对齐。
- distributed：分散对齐。
- justify：两端对齐。
- center：居中对齐。
- top：靠上对齐。

例如，可以通过以下命令设置其 D 列为水平右对齐、垂直靠下对齐：

```
align=Alignment(vertical='bottom',horizontal='right')    #获取一个水平右对齐、垂直靠下的对齐方式并命名为 align
ws_new['D'].alignment=align                              #将 D 列单元格的对齐方式设置为 align
```

5. 填入表格数据

格式设置完毕后，需要将数据填充入表格，首先是表头的标题数据，分析每行的 line 列表可知，line[0]数据为该表格的标题，因此可以直接将 line[0]写入 A1 单元格，由于已设好格式，该标题将显示在合并居中的单元格内。

```
ws_new['A1']=line[0]     将 line[0]数据写入 A1 单元格
```

line 数据的后面部分为需要制作表格的表头字段，可以通过 line[1:]来获取，将其添加入当前表格的最后一行，可以使用 openpyxl 模块 sheet 类中的 append 方法来实现，代码如下：

```
ws_new.append(line[1:])
```

至此已将原有数据中的一行完整填入到该数据表中。

6. 保存工作簿

现在，我们创建了工作簿文件并填入了数据表格，但仍未保存，因此在文件夹中还不能看到创建的文件，在完成对 wb_new 对象的保存后就能够看到这个文件了。

openpyxl 对工作簿的保存方法非常简单，不需要再去考虑 sheet 和 cell，仅对 workbook 对象进行保存即可。

```
wb_new.save(line[0]+".xlsx")
```

该代码将 wb_new 工作簿保存为当前目录下的"冰箱.xlsx"文件（当前为第一次遍历循环，获取到的数据为冰箱行，因此 line[0]为字符串"冰箱"）。

在第 8 章介绍了 os 模块，通过 os 模块可以指定文件保存的路径，然后通过 save()函数将文件保存到指定路径中。

保存完毕后可以通过 wb_new.close()将该对象关闭。

下面是该例程的全部代码。

```
from openpyxl.styles import Alignment
from openpyxl import Workbook
from openpyxl import load_workbook

wb=load_workbook("商品品类.xlsx")
sheets=wb.worksheets
ws=sheets[0]
#lines=[]
for row in ws.rows:
```

```
line=[cell.value for cell in row if cell.value!=None]
#lines.append(line)
wb_new=Workbook()
ws_new=wb_new.worksheets[0]
ws_new.merge_cells(start_row=1,start_column=1,end_row=1,end_column=len(line)-1)
align=Alignment(vertical='center',horizontal='center')
ws_new['A1'].alignment=align
ws_new['A1']=line[0]
ws_new.append(line[1:])
wb_new.save(line[0]+".xlsx")
wb_new.close()
```

程序运行结束后，在当前目录下生成 16 个 Excel 文件，每个文件的表格结构与任务要求一致，如图 12.6 所示。

（a）自动生成的 16 个 xlsx 文件

冰箱													
序号	类型	品牌	型号	价格	门款式	总容积	放置方式	能效等级	深度	宽度	高度	是否变频	颜色

（b）冰箱.xlsx 表头结构

图 12.6　生成的文件及其表格结构

12.2　批量处理 Excel 数据

在上一节中，使用 openpyxl 库为某超市自动生成了信息统计表格，节省了工作时间，提高了工作效率。本节继续为该超市解决数据分类处理和统计整理的问题，以更好地提高工作效率。

12.2.1　任务介绍

该超市现有商品 6140 种，根据商品属性又分为大类 15 个、中类 176 个、小类 759 个，每种商品都对应其不同的大类、中类和小类。现有 2023 年 1～4 月的详细销售记录清单 sales_m.xlsx，如图 12.7 所示，文件包含 1 月、2 月、3 月、4 月四个 sheet，数据表格格式一致，要求汇总四个表格为一个总表，并对汇总后的表格按大类重新分配至不同的 sheet，按大类统计每月的销售额。

图 12.7 超市商品销售数据集

要求任务达到的目标是生成分类汇总数据表，包含 1～4 月销售数据表及按大类分开的若干个分表格，如图 12.8 所示，同时生成按大类产品销售金额汇总数据表，如图 12.9 所示。

图 12.8 1～4 月销售数据表

大类编号	大类名	1月	2月	3月	4月	合计
			产品销售金额数据表（按大类汇总）			
22	休闲	18756.61	25261.07	14661.13	15439.74	74118.55
33	文体	705.9	579.7	368.6	316.1	1970.3
20	粮油	19270.35	17456.56	11838.41	12347.23	60912.55
12	蔬果	22357.1	15187.08	22093.63	21720.81	81358.62
15	日配	20043.63	24301.15	16708.79	20878.89	81932.46
23	酒饮	6089	31805.6	7868.5	9027.8	54790.9
34	针织	1624.6	1720.3	966.2	1375.8	5686.9
31	家居	1379.7	1714.4	1725.6	1488.4	6308.1
30	洗化	11434	7899.6	8567.4	10091	37992
10	肉禽	9198.41	5754.38	4878.62	5353.72	25185.13
13	熟食	1742.91	1132.44	1367.08	1689.87	5932.3
21	冲调	3065.6	6059.9	2324.4	2526.7	13957.6
11	水产	357.84	669.49	539.19	1324.48	2891
14	烘焙	53.35	50.81	0.6	6.14	110.9
32	家电	399.9	183.9	209.4	60.7	853.9
合计		116478.9	139776.4	94098.55	103647.4	454001.2

图 12.9 按大类产品销售金额汇总数据表

12.2.2 任务分析

分析此任务，第一步工作是新建一个 Excel 文件并创建一个汇总 sheet 表，增加商品销售信息的表头，再打开销售记录清单 sales_m.xlsx，对其中的 1 月、2 月、3 月、4 月四个 sheet

进行遍历，将每个 sheet 中除去表头的所有有效数据添加到新建的汇总 sheet 表中，完成数据的汇总工作。

第二步工作是对这个汇总表数据进行分析处理，遍历该表的有效数据，根据大类的不同创建新的 sheet 并命名为大类名称，将数据记录添加到对应的 sheet 中，同时计入该大类每月的销售金额中。

第三步工作是在数据遍历完成后，根据大类及每月的销售金额创建 sheet "汇总数据"，按要求设置标题及表头单元格，设置数据单元格边框格式，进行数据计算和填充，最后将新建的工作簿保存为 "分类数据汇总.xlsx"，任务完成。

通过任务分析可知，本项目的重点依然是对 Excel 文件的操作，虽然有一部分数据处理功能，但相对来说比较简单，因此依然选择 openpyxl 库来进行编程开发，较为复杂的数据分析和计算可以使用 pandas 库来处理。

12.2.3　任务处理

为完成上述任务，我们将其分解为以下详细任务：

（1）创建新的工作簿文件，重新命名默认工作表为 "1～4 月销售数据"。

（2）打开 sales_m.xlsx 文件，获取默认 sheet 中的首行表头数据，加入 "1～4 月销售数据"。

（3）合并原有工作表数据：遍历 sales_m.xlsx 中所有的 sheet，将除标题外的数据依次添加到 "1～4 月销售数据" 中。

（4）开始处理数据：遍历新 sheet 中的所有数据，按需求创建新的大类工作表，过程（5）和（6）为本过程的循环内部过程。

（5）遍历过程中遇到新的大类，创建新表，添加表头，再加入数据，同时将记录对应值加入大类名称字典及大类销售金额字典（该字典变量在下面介绍）。

（6）若该记录对应的大类表格已被创建，则定位到已创建的大类表格，加入数据，同时将记录对应值加入大类名称字典及大类销售金额字典。

（7）创建汇总数据表：在新建工作簿中创建新的 sheet "汇总数据"，加入表头并将大类名称字典变量和销售金额字典变量中的数据对应填入。

（8）设置 sheet "汇总数据"，包括首行合并，设置字体、字号、对齐方式、边框风格等。

（9）处理完毕，保存文件。

在进行数据处理时，利用几个字典变量来方便计算汇总：

1）大类名称字典：type_big={}。

其数据格式为：{大类编号：大类名称}。

该变量初始值为空，遍历全部销售记录过程，若某大类编码被第一次访问到，将其编码及名称按此格式加入该大类字典变量中，若不是第一次被访问到则不添加。

2）大类销售金额字典：sales_money_big={}。

其数据格式为：{大类编号：[1,2,3,4 月销售金额列表]}。

初始值为空，在遍历全部销售记录过程中，若该条数据的大类编码未被访问过，则创建以下元素加入字典中：

{大类编码：[0,0,0,0]}

此元素的键为大类编码，键值为一个列表 [0,0,0,0]，分别对应该大类商品四个月的销售总额。同时将此数据加入对应月份的金额中，若大类编码已被创建，则只需加入金额即可。

例如，此记录为大类编码 22 的商品在 3 月份的销售记录，金额为 58，若该字典中没有大类编码 22 的记录，则创建{22: [0,0,0,0]}，并将金额加入列表的第三个值中，即{22: [0,0,58,0]}，若下一条记录同样为大类编码 22 的商品在 3 月份的销售记录，金额为 100，则直接将 100 加入 58 处，变为{22: [0,0,158,0]}。这样，在完成所有数据遍历后，即可获得按大类商品汇总的每月销售金额记录。

本任务的完整代码如下：

```
#引入第三方库相关模块及函数
from openpyxl import Workbook
from openpyxl import load_workbook
from openpyxl.styles import Alignment
from openpyxl.styles import Font
from openpyxl.styles import Border,Side


#（1）创建新工作簿、工作表
wb_new=Workbook()                              #新建工作簿
ws_n=wb_new.worksheets[0]                      #获取默认工作表
ws_n.title="1～4 月销售金额汇总"               #重新命名默认工作表


#（2）获取表头数据并加入新工作表
headline=[]                                    #表头数据列表
wb=load_workbook("sales_m.xlsx")               #打开 1～4 月的详细销售表文件
ws=wb.worksheets[0]                            #定位到默认 sheet
for c in range(1,ws.max_column+1):             #遍历第一行，获取表头数据
    headline.append(ws.cell(1,c).value)
ws_n.append(headline)                          #将表头数据加入新建工作表中


#（3）开始合并原有表格数据
for ws in wb.worksheets:                       #遍历原有 1～4 月的详细销售表文件中的所有 sheet
    print("开始复制",ws.title)
    for row in ws:                             #遍历 sheet 中的所有行
        if row[0].row !=1:                     #非表头行
            ws_n.append([cell.value for cell in row]) #将该行数据加入新建的工作表中


print("复制完毕")

#（4）开始处理全部数据
type_big={}                 #大类名称字典，{大类编号：大类名称}
sales_money_big={}          #大类销售金额字典，{大类编号：[1,2,3,4 月销售金额列表]}

for row in ws_n.rows:                          #遍历新 sheet 中的所有数据
    if row[0].row!=1:                          #第 1 行标题不处理
        if row[4].value not in type_big :      #（5）如果是新的大类名，创建新表加入数据
            type_big[row[4].value]=row[5].value
            #将{大类编号：大类名称}加入大类名称字典
            sales_money_big[row[4].value]=[0]*4
            #将{大类编号：[1,2,3,4 月销售金额列表]}加入大类销售金额字典，初始值为 0
            print("创建",row[4].value,row[5].value,"大类表格")

            #创建工作表，添加表头，再加入数据
```

```
            ws_new1=wb_new.create_sheet(row[5].value)      #创建新的大类表格，按大类名命名
            ws_new1.append(headline)                        #加入表头
            ws_new1.append([cell.value for cell in row])    #添加本行数据至表格

                #金额汇总数据变量增加
            month=int(str(row[1].value)[-2:])               #获取当前记录所属月份
            sales_money_big[row[4].value][month-1]+=float(str(row[13].value))
                #将金额加入到对应大类的月份销售列表中
        else:                                  #（6）若已有对应的大类表格，则直接处理
            ws_now=wb_new[row[5].value]                     #定位到已创建的大类表格
            ws_now.append([item.value for item in row])     #添加本行数据至表格
            month=int(str(row[1].value)[-2:])               #获取当前记录所属月份
            sales_money_big[row[4].value][month-1]+=float(str(row[13].value))
                #将金额加入到对应大类的月份销售列表中
print("数据整理完毕，开始创建汇总数据表")

#（7）创建汇总数据表
st=wb_new.create_sheet("汇总数据")
st.append(["产品销售金额数据表（按大类汇总）"])                   #添加标题
st.append(['大类编号','大类名']+[str(x)+"月" for x in range(1,5)]+["合计"])  #添加表头
for item in type_big:                       #遍历所有大类名称字典和销售金额字典，填入数据
    st.append([item,type_big[item]]+sales_money_big[item]+[sum(sales_money_big[item])])
        #添加汇总数据
        #[大类编号，大类名，1月金额合计，2月金额合计，3月金额合计，4月金额合计，总合计]
st.append(['合计',""]+['=sum('+ x + '3:' + x +'17)' for x in "CDEFG"])
#加入最后一行，向单元格中加入数据汇总公式，分别为"=sum(C3:C17)"~"=sum(N3:G17)"

#（8）开始设置格式
st.merge_cells("A1:G1")     #合并首行 A1:G1
ft=Font(name="微软雅黑",size="20",color='ff0000',bold=True)      #首行字体、字号、颜色、加粗
align=Alignment(vertical='center',horizontal='center')          #首行居中对齐方式
sd=Side(border_style='thin')                                    #边框风格为细线
bd=Border(left=sd,right=sd,top=sd,bottom=sd)                    #上下左右边框均为细线风格的边框样式

st["A1"].font=ft                    #设置 A1 单元格的字体为刚刚创建的 ft 字体样式
st["A1"].alignment=align            #设置 A1 单元格的对齐方式为创建的 align 方式
for r in st["A1:G18"]:              #为 A1:G18 单元格区域内的所有单元格设置边框为 bd 样式
    for c in r:
        c.border=bd

#（9）处理完毕，保存文件
wb_new.save("分类数据汇总.xlsx")     #保存新建工作簿
wb.close()                          #关闭原有工作簿
wb_new.close()                      #关闭新建工作簿
print("任务处理完毕，已保存至分类数据汇总.xlsx")
```

运行后可以得到一个"分类数据汇总.xlsx"文件，其内容与图 12.8 和图 12.9 一致。

12.3　批量处理 Word 文档

在前两节中为大家介绍了使用 openpyxl 包对 Excel 文件的操作。本节将介绍如何利用第

三方库对 Word 文档进行批量操作。

Word 是一种创建专业文档的工具，一直以来 Microsoft Office Word 都是非常流行的文字处理程序。但是也会发现在日常工作中除了对某一文档进行排版外，还有很多类似文档合并、格式转换、文字替换等重复性工作需要处理，如果是对多个文件的批量操作，手动执行就会比较麻烦。

通过本节的案例大家可以了解对应的 Python 库，通过编码的方式来实现对 Word 文档的批量处理。

12.3.1　任务介绍

某公司举办活动，需要向若干合作伙伴发送邀请函，这就需要为每人制作一份电子邀请函并且打印。为此我们将本任务分解为以下几个环节：

（1）制作邀请函模板文档（使用 Word）。

（2）根据模板创建多个不同文档。

（3）合并多个文档打印。

（4）批量转 PDF 格式。

本应用场景不讨论如何通过程序去排版制作文档，而主要围绕对多个文档的自动化创建、合并及格式转换来设计，这些工作可能通过 Word 的邮件合并等高级操作也可以实现，但通过编程实现会更加灵活，并能实现更复杂的操作。

12.3.2　相关模块介绍

与 Excel 相同，使用 Python 完成这项工作依然需要使用到第三方库，与本项目的 Word 相关第三方库有以下三个：

- python-docx：用于读取、写入和修改 Microsoft Word 文档。
- docxcompose：用于串联/附加 Microsoft Word（.docx）文件。
- comtypes：用于调用实现 com 接口（调用 word 进行格式转换）。

首先安装 python-docx 模块。python-docx 是一个很强大的包，可以用来读取和创建 Word 文档，包含段落、分页符、表格、图片、标题、样式等几乎所有的常用功能。

在 CMD 窗口通过 pip 命令：

```
pip install python-docx
```

进行 python-docx 模块安装，安装完成后测试一下是否安装成功。

```
>>> import docx
```

如果不弹出错误提示，则说明安装成功。

接着，同样使用 pip 命令安装 docxcompose 模块：

```
pip install docxcompose
```

同时，为完成本项目的格式转换任务，可以使用 comtypes 模块来调用 Word 实现，这要求在系统里提前安装好 Word 软件。如果使用 Anaconda，comtypes 模块会被默认安装，如图 12.10 所示，如果尚未安装，则可以使用 pip 命令安装。

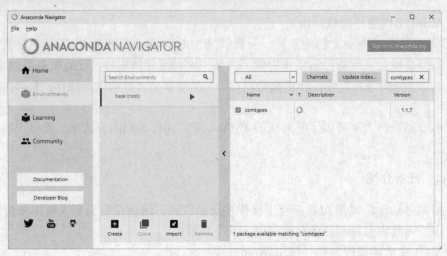

图 12.10   comtypes 模块

至此，已为项目做好了环境配置准备。为了更好地处理 Word，我们还需要了解一下与 Word VBA 模型相关的几个概念。

- Document：Word 文档对象。不同于 VBA 中 Worksheet 的概念，Document 是独立的，打开不同的 Word 文档，就会有不同的 Document 对象，相互之间没有影响。
- Paragraph：段落，一个 Word 文档由多个段落组成，当在文档中输入一个回车，就会成为新的段落，输入 Shift+回车则不会分段。
- Run：节段，每个段落由多个节段组成，一个段落中具有相同样式的连续文本组成一个节段，所以一个 Paragraph 对象有一个 Run 列表，一个 Document 由若干个 Paragraph 的列表组成。

除此之外，一个 Document 还拥有若干个表格（table）、分隔符（page_break）、样式（styles）等对象列表，也可以通过这些列表对它们进行操作。图 12.11 所示就是对 Word 文档的对象的描述。

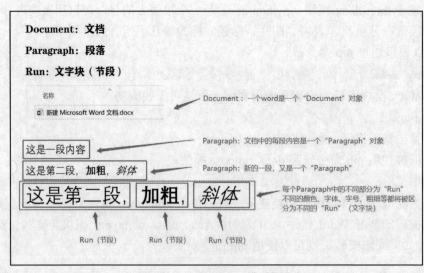

图 12.11   Word VBA 模型描述

12.3.3　任务处理

（1）制作邀请函模板。通过任务分析，使用 Word 来编辑一份邀请函，如图 12.12 所示。

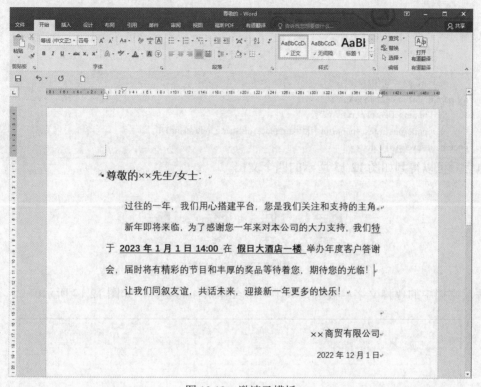

图 12.12　邀请函模板

（2）需要用程序读取这个.docx 文件，根据供应商的姓名和性别将文档中的"XX 先生/女士"替换为想要的文字，另存为该经销商的名字的新文档，例如将其保存为"张三先生.docx"文档。代码如下：

```
from docx import Document                    #引入 docx 模块中的 Document
document = Document("邀请函模板.docx")         #读取"邀请函模板"文档
oldstring="××先生/女士"                        #需要替换的文字
newstring="张三先生"                           #替换的新文字
for para in document.paragraphs:             #遍历文档 document 对象中的所有段落列表 paragraphs
    for i in range(len(para.runs)):          #遍历段落 paragraph 对象中的所有节段列表 runs
        para.runs[i].text=para.runs[i].text.replace(oldstring, newstring)    #替换新文字
document.save('张三先生.docx')                 #保存成新文档
```

如果我们有一个合作伙伴的姓名、性别列表，例如创建列表：

```
partners=['张三,男', '李四,女', '王五,女', '赵六,未知]
```

那么可以将其改为以下代码：

```
from docx import Document
partners= [['张三', '男'], ['李四', '女'], ['王五', '女'], ['赵六', '未知']]
newstring=""
oldstring="××先生/女士"
```

```
for x in partners:
    document = Document("邀请函模板.docx")
    newstring=x[0]
    sex=x[1]
    if sex=="男":
        newstring+="先生"
    elif sex=="女":
        newstring+="女士"
    else:
        newstring+="先生/女士"
    for para in document.paragraphs:
        for i in range(len(para.runs)):
            para.runs[i].text=para.runs[i].text.replace(oldstring, newstring)
    document.save(x[0]+'.docx')
```

执行后可以得到如图 12.13 所示的四个文档

图 12.13 运行结果

每篇文档中的尊称文字已被替换成了对应合作伙伴的名称，如图 12.14 所示。

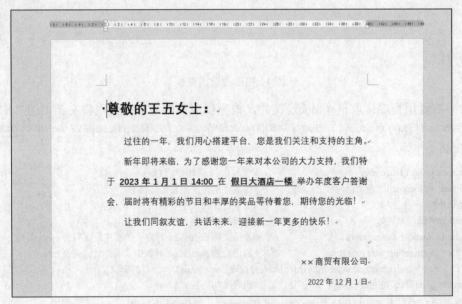

图 12.14 新生成的邀请函

（3）合并打印。合作伙伴可能有几百个之多，如果要挨个打印这些邀请函，无疑是个灾难性的工作。在 Python 中，用 Docxcompose 库可以方便地将所有文档合并为一个，你只需要打开这一个文档打印即可。

首先将需要合并的文件放到一个新建目录里，使用 os 模块获取到这个目录及其下的所有文件名列表，然后采用 Docxcompose 库中的 Composer 模块通过首页文档创建一个 Composer 中间文档，再依次使用 docx 模块打开后续的文档，加入分页符，将其添加到我们的 Composer 中间文档中，最后保存这个中间文档。

代码如下：

```
import os                                        #引入系统模块，获取当前目录
from docx import Document                        #引入 Document
from docxcompose.composer import Composer        #引入 Composer

original_docx_path=os.path.curdir                #获取当前目录，指定目录可修改为 original_docx_path='d:/所有邀请函'
new_docx_path='合并.docx'                        #指定新的目录，这里与代码保存路径相同，直接指定文件名即可

all_word=os.listdir(original_docx_path)          #获取指定目录下的所有文件
all_file_path=[]                                 #所有文件带路径的列表
for file_name in all_word:                       #循环该目录下的所有文件，将.docx 文件加入列表中
    if file_name[-5:]=='.docx':
        all_file_path.append(original_docx_path+"/"+file_name)

master=Document(all_file_path[0])    #打开列表第一个文档作为首页，修改 all_file_path[0]为指定文件名更换首页
master.add_page_break()              #加入分页符

middle_new_docx=Composer(master)     #使用 Composer，通过 master 首页生成中间文档
num=0
for word in all_file_path:                       #遍历所有文档
    word_document=Document(word)                 #打开文档
    word_document.add_page_break()               #加入分页符
    if num!=0:                                   #若不是首页文档则加入到中间文档中
        middle_new_docx.append(word_document)    #加入到中间文档中
    num=num+1
middle_new_docx.save(new_docx_path)              #保存新文件
```

打开"合并.docx"，该目录中的所有文档已被合并至新文档中，直接单击打印即可一次完成所有工作。

（4）批量转换为 PDF。

如果发送电子邀请函，则需要保证其不被修改的特性，PDF 文件是最好的选择，它能够帮助保护文件的排版不被干扰，从而帮助我们能够更加"原汁原味"地还原出文件的内容；同时，PDF 格式不受系统的束缚，MAC、Linux、Windows 都能够打开，兼容性强。因此，需要将之前任务创建的若干个文档挨个打开并另存为 PDF 文件，这也是一个令人烦躁的工作。通过编程，可以采用 comtypes 模块调用 Word 软件来完成。

首先将所有要转换的文件放置到一个与我们的代码相同的新文件夹中，在代码中使用 os 模块获取所有 Word 文件的文件名列表，根据这个列表生成对应 PDF 文件的文件名，这里原有的文件名不变，只把原来的 docx 变为 PDF。这样就生成了一个转换文件名列表 word2pdf_list，如下：

```
[    ['F:\\ doc\\张三.docx', 'F:\\ doc\\张三.pdf'], ['F:\\ doc\\李四.docx', 'F:\\ doc\\李四.pdf'],
     ['F:\\ doc\\王五.docx', 'F:\\ doc\\王五.pdf'], ['F:\\ doc\\赵六.docx', 'F:\\ doc\\赵六.pdf']    ]
```

接着设置循环完成以下两个步骤后这个任务即可完成：

● 打开 Word 文档。
● 另存为新的 PDF 文件。

完整任务代码如下：

```
import os                              #引入 os
import comtypes.client                 #引入 comtypes


path = os.path.abspath(".")            #获取当前目录的绝对路径
filename_list = os.listdir(path)       #获取所有文件列表
wordname_list = [filename for filename in filename_list if filename.endswith((".doc", ".docx"))]    #获取所有 Word 文档名


word2pdf_list=[]                       #转换文件名列表

for wordname in wordname_list:         #根据 Word 文件名列表生成要生成的 PDF 文件名并加入列表
    #分离 Word 文件名称和后缀，转化为 PDF 名称
    pdfname = os.path.splitext(wordname)[0] + '.pdf'
    wordpath =os.path.join(path, wordname)
    pdfpath = os.path.join(path, pdfname)
    word2pdf_list.append([wordpath,pdfpath])

for name in word2pdf_list:             #循环遍历所有待转换文件名列表
    print("正在转换文件:",name[0])
    word=comtypes.client.CreateObject('Word.Application')    #创建 comtypes 的 Word 应用对象类
    doc=word.Documents.Open(name[0])                         #打开待转换的 Word 文档
    doc.SaveAs(name[1],FileFormat=17)                        #另存为 PDF
    doc.Close()
    word.Quit()
    print("已生成文件",name[1])
```

　　由于程序运行需要不停地打开 Word 和另存为 PDF，过程稍显漫长，但是不需要我们手动介入。在等候一段时间后，在当前目录下就可以看到转换完成的文档了，如图 12.15 所示。

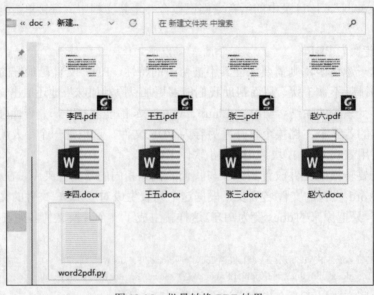

图 12.15　批量转换 PDF 结果

第 13 章 项目 3：网页数据下载与处理

 本章导读

本项目的基本任务是从豆瓣音乐排行榜网页上获取本周上榜的歌曲名称和排名并存放到列表中，然后将列表数据保存到本地文件（CSV 文件和 TXT 文件）中。为了区分不同时间获取的数据，要求文件名中包含当前日期。在基本任务的基础上，对从网页上爬取的文字类信息（已存为 TXT 文件）进行文本分词处理，以词云方式实现数据可视化。

本章要点

- 掌握 urllib 库、request 库、Pandas 库、time 库、jieba 库、wordcloud 库、matplotlib 库、HTTP 协议、HTML 语法、xpath 等第三方库提取数据。
- 系统当前时间的获取。
- 文件读写。
- 文本分词和词云分析展示。

从网上获取数据最直接的方法是复制/粘贴，这也是大家从网上查阅资料最经常用的方法。但如果要复制 100 条、1000 条类似的数据呢？手工复制/粘贴的方法显然不可取。于是，程序员们想到了用程序从网页上爬取数据。

网页爬取就是把 URL 地址中指定的网络资源从网络数据流中读取出来，保存到本地。从豆瓣音乐排行榜网页下载指定数据并进行数据处理的步骤如下：

（1）获取一个页面的内容。

（2）从页面中提取需要的数据。

（3）将读取的数据保存为便于程序进行数据处理的文件（如 TXT、CSV 等格式）。

（4）处理数据：对下载后的数据进行分词，然后对分词进行词云分析和显示。

为了让读者能够循序渐进地学会下载数据和处理数据的全过程，我们将案例的任务分解，逐步实现，以在实现的过程中学会相关的知识和方法。

相关的知识点：urllib 库、request 库、Pandas 库、time 库、jieba 库、wordcloud 库、matplotlib 库、HTTP 协议、HTML 语法、xpath 提取数据、系统当前时间的获取、文件读写、文本分词和词云分析与展示等。

13.1 使用 urllib 库爬取数据

Python 中用于爬取网页的库有很多，跟随任务的需要先来学习 urllib 库。

使用 urllib 库爬取豆瓣音乐排行榜页面内容，仅用下面的几行代码即可轻松爬取一个页面。

【任务 1 实现：爬取页面】

```
#（1）导入 urllib 库的 request 模块
from urllib import request
#（2）发起网络请求，从指定的 url 返回服务器响应的类文件对象
response = request.urlopen(' https://music.douban.com/chart')
#（3）读取页面内容：用类文件对象的 read()方法读取文件全部内容（字节流）
content = response.read()
#（4）转码：将读取到的页面进行解码（一般页面的编码为 utf-8 格式），返回字符串
html = content.decode('utf-8')
print(html)                              #测试语句，查看爬取的页面与原网页的代码是否一致
#（5）保存页面文件
fp = open('douban.html','w',encoding='utf-8')      #打开文件
fp.write(html)                                      #将网页内容写入文件
```

运行以上程序，可以用以下方法之一查看页面是否已正确爬取：

（1）查看 print(html)输出的网页内容，与"右击网页→查看源代码"的内容是不是完全一样。

（2）在程序的当前目录下用记事本打开 douban.html 文件，查看与网页的源代码是不是一样。

（3）用浏览器打开 douban.html 文件，看看是否与用浏览器打开的 https://music.douban.com/chart 网页内容一样。

如果查看与显示一样，那么恭喜你，第一步爬取网页数据大功告成。但是大家发现没有，这样的网页数据不仅有我们想要的如歌曲名称、歌曲排名、播放次数等关于音乐排行榜的数据，还包含了大量的网页格式信息。因此，下一步的数据提取工作与爬取工作同样重要。为了更好地提取数据，需要先搞清楚网页的格式，以及如何根据网页的结构查找我们需要的数据。下面结合案例需要简要介绍一下相关的知识。

13.2　相关知识点

13.2.1　网络请求与响应

网页浏览是通过 HTTP 或 HTTPS 协议实现的，同样的道理，也可以用 FTP 协议从 FTP 服务器上下载文件。

（1）HTTP 协议（HyperText Transfer Protocol，超文本传输协议）：是一种发布和接收 HTML 页面的方法。

（2）HTTPS（HyperText Transfer Protocol over Secure Socket Layer）：简单来讲是 HTTP 的安全版，在 HTTP 下加入了 SSL 层。SSL（Secure Socket Layer，安全套接层）是用于 Web 的安全传输协议，在传输层对网络连接进行加密，保障在 Internet 上数据传输的安全。

（3）URL（Uniform / Universal Resource Locator）：统一资源定位符，是用于完整地描述 Internet 上网页和其他资源的地址的一种标识方法。URL 就是我们上网时用的网址，例如 https://www.baidu.com/和 https://music.douban.com/chart。

浏览器的主要功能是向服务器发出请求，在浏览器窗口中展示服务器返回的网络资源，即用户要访问的网页。

HTTP 通信由两部分组成：客户端请求消息和服务器响应消息。HTTP 的工作原理如图 13.1 所示：首先由浏览器发送 HTTP 请求，HTTP 服务器根据请求的 URL 地址和参数找到相应的内容，以文件对象的形式发送回浏览器，于是我们看到了要浏览的内容。

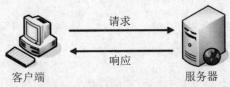

请求

响应

客户端　　　　　　　　　服务器

图 13.1　HTTP 的工作原理

1. 浏览器发送 HTTP 请求的过程

（1）当用户在浏览器的地址栏中输入一个 URL 并按回车键之后，浏览器会向 HTTP 服务器发送 HTTP 请求。HTTP 请求主要分为 Get 和 Post 两种方法。

（2）当在浏览器中输入 http://www.baidu.com 的时候，浏览器发送一个 Request 请求去获取 http://www.baidu.com 的 HTML 文件，服务器把 Response 文件对象发送回给浏览器。

（3）浏览器分析 Response 中的 HTML，发现其中引用了很多其他文件，例如 Images 文件、CSS 文件、JS 文件。浏览器会自动再次发送 Request 去获取图片、CSS 文件、JS 文件。

（4）当所有的文件都下载成功后，网页会根据 HTML 语法结构完整地显示出来。

网络爬虫抓取数据的过程可以理解为模拟浏览器操作的过程。

2. 服务端 HTTP 响应

HTTP 响应由四个部分组成：状态行、消息报头、空行、响应正文，其中响应正文就是网页源代码，即 HTML 格式的网页内容。

13.2.2　字符编码与解码

前面案例中用到了 utf-8 编码，因为该网页的字符编码格式是 utf-8，如图 13.2 所示。

```
<!DOCTYPE html>
<html lang="zh-cmn-Hans" class="ua-windows ua-webkit">
<head>
    <meta http-equiv="Content-Type" content="text/html; charset=utf-8">
    <meta name="renderer" content="webkit">
    <meta name="referrer" content="always">
    <meta name="google-site-verification" content="ok0wCgT20tBBgo9_zat2iAcimtN4Ftf5ccsh092Xeyw" />
    <title> 音乐排行榜 </title>
```

图 13.2　豆瓣音乐排行榜的页面源代码（部分）截图

浏览器可以接受和识别的字符编码有以下几种：

（1）ISO8859-1：通常称为 Latin-1，Latin-1 包括了书写所有西方欧洲语言不可缺少的附加字符，英文浏览器的默认值是 ISO-8859-1。

（2）gb2312：标准简体中文字符集。

（3）utf-8：是 Unicode 的一种变长字符编码，可以解决多种语言文本显示问题，从而实现应用国际化和本地化，因此通常都使用 utf-8 编码。

为了实现数据在不同浏览器或不同应用程序中的使用，经常需要对数据进行编码和解码，可用 encode() 和 decode() 函数实现。例如：

```
#用不同的格式编码和解码
>>>word='Python 语言'
>>>str1=word.encode('gb2312')          #用 gb2312 格式编码
>>>print(str1)
b'Python\xd3\xef\xd1\xd4'
>>>str2=word.encode('utf-8')           #用 utf-8 格式编码
>>>print(str2)
b'Python\xe8\xaf\xad\xe8\xa8\x80'
#解码
>>>word2=str1.decode('gb2312')
>>>print(word2)
Python 语言
>>>word3=str2.decode('utf-8')
>>>print(word3)
Python 语言
>>>str1.decode('utf-8')                #用错解码格式，报错
Traceback (most recent call last):
  File "<iPython-input-30-4e1478c076f2>", line 1, in <module>
    str1.decode('utf-8')
UnicodeDecodeError: 'utf-8' codec can't decode byte 0xd3 in position 6: invalid continuation byte
```

由前两条运行结果可知：编码后形成的是字节流，对于英文字符不同的编码没有影响，但中文字符的不同编码形成的字节流是不同的。

由后面三条运行结果可知：解码时必须用相同的格式才能正确解码。例如，要解码用 utf-8 格式编码的字节流，必须使用 utf-8 格式，否则系统会报错。

在 Python 编程中，也要合理使用字符编码和解码，避免在处理中文时出现乱码。

13.2.3　HTML

HTML（HyperText Markup Language）是使用特殊标记来描述文档结构和表现形式的一种语言，HTML 文件是纯文本文件，可以使用任何一种文本编辑软件来编写。

上面的案例已经实现了网页爬取，下一步需要从网页中提取歌曲名称、播放次数等我们需要的数据，因此需要先了解 HTML 文件的结构。

HTML 语言使用"标记对"的方法编写文件，通常用<标记名>…</标记名>表示一个标记对，也称为"标签"，所有的标签都是成对使用的（个别单标记指令除外）。图 13.3 所示是一个简单的 HTML 网页结构，若保存为文件 example.html，则用浏览器打开该网页文件后看到的页面如图 13.4 所示。

图 13.3　HTML 实例

图 13.4　网页效果

结合项目案例介绍以下几个常用的标签：

（1）一个 HTML 文件以<html> </html>标记。

（2）网页的标题用<head> </head>标记。

（3）网页的内容用<body> </body>标记，即网页的主体。

（4）文中的分类标题根据重要程度可以分别用<h1> </h1>、<h2> </h2>、<h3> </h3>、<h4> </h4>标记。

（5）<ul>和<li>是一个标签组合，用于描述"无序列表"。例如，图 13.3 中用<ul>…</ul>表示一个无序列表，<li>咖啡</li>表示一个列表项。

（6）标签<a> </a>用于标记一个超链接，<div></div>标记一节，<p> </p>标记一段。

更多内容请查阅 HTML 的相关资料。

13.3　用 etree 和 xpath 提取数据

xpath 是一门在 XML 文档中查找信息的语言，可用来在 XML 文档中对元素和属性进行遍历。lxml 库是 Python 中经常用于解析网页数据的另一个功能强大的库。用 xpath 解析网页文件时，首先要将已经爬取的网页文件用 etree 模块的方法生成 HTML 节点树（元素树），然后从树的根节点或某个子节点出发，以文档中的标签为下级子节点，用 xpath 方法指定标签标记的数据。例如图 13.3 所示的 HTML 文件中，<html>是根节点，它的子节点有<head>和<body>，<body>的子节点有<h4>和<ul>。

数据提取的一般步骤（在 13.1 节案例代码的基础上继续下述代码）：

（1）导入 lxml 库的 etree 模块。

```
from lxml import etree
```

（2）生成节点树。

```
tree = etree.HTML(html)
```

（3）用 xpath 方法提取数据。

```
title = tree.xpath('//head/title/text()')     #用 text()获取标签的文本: 音乐排行榜
print(title)
```

说明：获取标题的路径'//head/title/text()'是通过查看和分析豆瓣音乐排行榜（https://music.douban.com/chart）网页源代码（图 13.5）确定的，其中'//'表示根节点<html>。

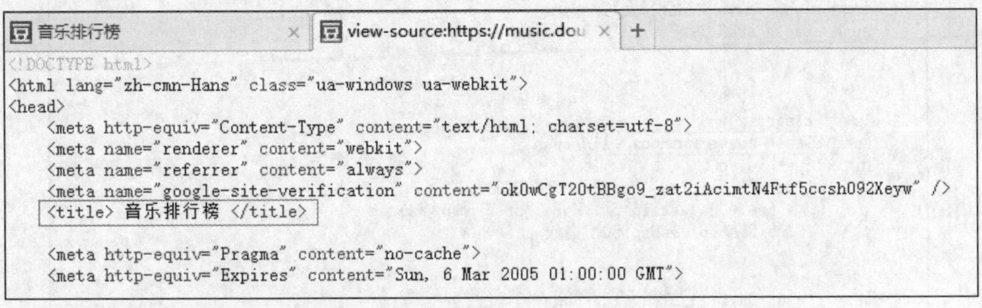

图 13.5　豆瓣音乐排行榜网页源代码（开头部分）截图

接下来要找到音乐排行榜的主体内容对应的源代码并分析其标签结构。

右击"豆瓣音乐排行榜"网页查看源代码，先查看第一名的歌曲对应的源代码，如图13.6所示。分析代码结构，找出歌曲排名、歌名等对应代码中的标签和位置。

```
<h2>
    <span>本周音乐人最热单曲榜  </span>
    <span class="span-player-btn">
        <i class="icon icon-play">□</i>
    </span>
</h2>

<ul class="col5">

    <li class="clearfix">
        <span class="green-num-box">1</span>
        <a class="face" href="https://site.douban.com/wpoxs/" target="_blank">
            <img src="https://img1.doubanio.com/view/site/small/public/fc00cb95a9b74d9.jpg">
        </a>
        <div class="intro">
            <h3 class="icon-play" data-sid="732149">
                <a href="javascript:;">仰世而来</a>
            </h3>

            <p>放肆的肆 / 1905次播放</p>
        </div>
        <span class="days">上榜4天</span>
        <span class="trend arrow-up"> 6 </span>
    </li>
```

图 13.6　豆瓣音乐排行榜的页面源代码（排名第一的歌曲）截图

经分析，所有的上榜歌曲都放在标签<ul></ul>中，因此可以一次读取<ul>节点下的所有子节点<li>（每个子节点对应一首歌的信息），生成节点列表 li_list。

```
li_list = tree.xpath('//ul[@class="col5"]/li')
```

继续往下分析，发现从第 11 名歌曲开始，歌曲名称所在的标签与前 10 名的有所不同，如图 13.7 所示：前 10 名歌曲的名称放在标签<h3></h3>中，之后的歌曲的名称放在标签<p></p>中，所以获取歌曲名称的时候需要区分一下。

```
<li class="clearfix">
    <span class="green-num-box">10</span>
    <a class="face" href="https://site.douban.com/mondialito/" target="_blank">
        <img src="https://img3.doubanio.com/view/site/small/public/799ae303726c5cd.jpg">
    </a>
    <div class="intro">
        <h3 class="icon-play" data-sid="731272">
            <a href="javascript:;">2.modern love</a>
        </h3>

        <p>梦的雅朵 / 400次播放</p>
    </div>
    <span class="days">上榜6天</span>
    <span class="trend arrow-up"> 1 </span>
</li>


<li class="clearfix">
    <span class="green-num-box">11</span>
    <div class="intro">
        <p class="icon-play" data-sid="732201">
            <a href="javascript:;">Hope For Winter</a>
            Club 8 / 50次播放
        </p>
    </div>
    <span class="days">上榜2天</span>
    <span class="trend arrow-up"> 10 </span>
</li>
```

图 13.7　豆瓣音乐排行榜的页面源代码（第 10 名和第 11 名的区别）截图

另外，从列表 li_list 中读取每个节点的数据时可以用相对路径表示，Python 中用"."表示当前节点。例如获取歌曲排名：index = li.xpath('./span[@class="green-num-box"]/text()')，"."表示当前节点\<li\>，\<span\>是\<li\>的子节点。请参照图 13.6 和图 13.7 理解节点树的结构。

【任务 2 实现：爬取页面并读取标题和排名前 10 的歌曲名称和排名】

```
#1．获取页面
#（1）导入 urllib 库的 request 模块
from urllib import request
#（2）发起网络请求
response = request.urlopen('https://music.douban.com/chart')
#（3）读取页面内容
content = response.read()
#（4）转码：将网页文件解码，返回字符串
html = content.decode('utf-8')
#2．提取数据
#（1）导入 lxml 库的 etree 模块
from lxml import etree
#（2）生成节点树（以页面起点为根节点）
tree = etree.HTML(html)
#（3）用 xpath 提取页面数据
title = tree.xpath('//head/title/text()')        #text()获取标签的标题文本"音乐排行榜"
print(title)                                     #测试语句：输出标题
#提取前 20 名上榜歌曲的排名和名称
li_list = tree.xpath('//ul[@class="col5"]/li')   #获取<ul>下的子节点列表
print(li_list)                                   #测试语句：输出列表
#从列表中循环读取歌曲排名和名称
i = 1
for li in li_list:
    index = li.xpath('./span[@class="green-num-box"]/text()')    #获取排名
    #获取歌曲名称
    if i<=10:
        name = li.xpath('./div/h3/a/text()')
    else:
        name = li.xpath('./div/p/a/text()')
    #输出歌曲排名和歌曲名称
    print(index,name)
    i+=1
```

运行结果：

```
[' 音乐排行榜 ']
[<Element li at 0xb175f88808>, <Element li at 0xb175967f08>, <Element li at 0xb1757008c8>, <Element li at 0xb1756eca88>, <Element li at 0xb1756ec848>, <Element li at 0xb175977c48>, <Element li at 0xb175977dc8>, <Element li at 0xb175fdba48>, <Element li at 0xb175fdbac8>, <Element li at 0xb1759777c8>, <Element li at 0xb175fdba08>, <Element li at 0xb175fdb948>, <Element li at 0xb175fdb908>, <Element li at 0xb175fdb988>, <Element li at 0xb175fdb888>, <Element li at 0xb175fdb688>, <Element li at 0xb175fdb808>, <Element li at 0xb175fdb8c8>, <Element li at 0xb175fdbc08>, <Element li at 0xb175fdb248>]
['1'] ['仰世而来']
['2'] ['是非']
['3'] ['half space, backspace']
['4'] ['Valiasr']
```

['5'] ['@Who？']

['6'] ['Galaxy']

['7'] ['2.modern love']

['8'] ['Hope For Winter']

['9'] ['一亿年前是海']

['10'] ['时光坠']

['11'] ['如果你也在那间房子里你会是唯一不会太吵的光']

['12'] ['时间在流逝']

['13'] ['All i have to do is dream']

['14'] ['水（demo）']

['15'] ['i can never get drunk enough']

['16'] ['葬礼']

['17'] ['Fallen Star']

['18'] ['猫与夏季']

['19'] ['Crash   ']

['20'] ['噢']

13.4 将提取的数据存到列表中

上一节已经实现了将爬取的网页中的数据提取出来并显示到屏幕上。分析以上运行结果可知：提取的每一首歌的排名和名称都是列表类型的数据。因此，为了后续的数据处理，需要将提取出来的多个列表数据整合到一起。对于本案例的数据，最方便的方式就是存放到列表中；如果是类似文章一样的纯文本数据，可以考虑直接整合为一个字符串。

【任务 3 实现】在任务 2 的基础上，将提取的数据存放到两个列表中。具体实现思路如下：创建两个列表 index_list 和 name_list，分别存放歌曲排名和歌曲名称。由于从网页提取的数据是列表类型，因此需要取出列表中的数据后再添加到以上两个列表中。将"任务 2 实现"代码中的"#（3）用 xpath 提取页面数据"的代码做如下改写即可实现任务 3 的功能：

```
#（3）用 xpath 提取数据，存放到两个列表中
title = tree.xpath('//head/title/text()')        #text()获取标签的标题文本"音乐排行榜"
print(title)
li_list = tree.xpath('//ul[@class="col5"]/li')
i = 1
index_list=[]              #存放歌曲排名的列表
name_list=[]              #存放歌曲名称的列表
for li in li_list:
    index = li.xpath('./span[@class="green-num-box"]/text()')        #获取排名
    index_list.append(index[0])    #将排名字符串添加到排名列表中
    #获取歌曲名称
    if i<=10:
        name = li.xpath('./div/h3/a/text()')
    else:
        name = li.xpath('./div/p/a/text()')
    name_list.append(name[0])        #将歌曲名称字符串添加到歌曲名称列表中
    i+=1
```

说明：

（1）可以用 print()方法输出 index_list 和 name_list 列表的数据，查看结果是否正确。

（2）歌曲排名和歌曲名称也可以整合到一个列表中，本例中采用两个列表存放歌曲排名和歌曲名称是为了后续采用"按列转换"的方式将列表中的数据存入 CSV 文件。

13.5　将列表中的数据存为 CSV 文件和 TXT 文件

如果想要永久地保存爬取的数据，则需要用文件保存。常用的文件格式有 CSV 文件、TXT 文件等。如果提取的数据是由多个数据项组成的多条记录，例如本例中的歌曲排名和歌曲名称，每一首歌的数据是一条记录，包含两个数据项，则适合保存为 CSV 文件或 Excel 文件；如果提取的数据是纯文本，如网上的评论、文章等，则适合保存为 TXT 文件。

【任务 4】在任务 3 的基础上获取系统当前时间，将列表中的数据保存到 CSV 文件中（文件名中要包含当前时间），将歌曲名称另存为 TXT 文件。

该任务涉及的知识点主要有三个：一是获取系统的当前时间；二是将列表中的数据另存为 CSV 文件；三是将列表中的歌曲名称存入 TXT 文件。

13.5.1　用 time 库获取日期时间

time 库提供了关于系统时间的很多操作，如获取系统当前时间（年月日时分秒）、当前日期是星期几等。获取系统当前时间的一般步骤如下：

```
#导入 time 库
import time
# （1）获取当前时间戳
now_time=time.time()
# （2）将当前时间转换为由年、月、日、时、分、秒等组成的时间元组
now_time=time.localtime(now_time)
# （3）从时间元组中获取年、月、日等数据，类型为 int
tm_year=now_time[0]
tm_month=now_time[1]
tm_day=now_time[2]
# （4）使用时间，例如输出获取的时间
print(now_time)
print('%d-%d-%d'%(tm_year,tm_month,tm_day))
```

运行结果：

```
time.struct_time(tm_year=2018, tm_mon=8, tm_mday=28, tm_hour=13, tm_min=47, tm_sec=11, tm_wday=1, tm_yday=240, tm_isdst=0)
2018-8-27
```

说明：时间戳是指从 1970 年 1 月 1 日午夜至现在经历的时间，而时间元组是一个 struct_time 元组，元组包含 9 个元素，每个元素的含义及其值见表 13.1。

表 13.1　时间元组的结构

序号	字段	值
0	年：4 位数	例如 2018
1	月	1～12
2	日	1～31

续表

序号	字段	值
3	小时	0～23
4	分钟	0～59
5	秒	0～61（60 或 61 是闰秒）
6	一周的第几日	0～6（0 是周一）
7	一年的第几日	1～365
8	夏令时	-1、0、1，其中-1 是夏令时的标识

13.5.2 使用 Pandas 库实现数据处理

Pandas 是 Python 的一个数据分析包，提供了大量能使用户快速便捷地处理数据的函数和方法，从而使 Python 成为强大而高效的数据分析环境。

本例中使用 Pandas 库的方法将列表数据保存为 CSV 文件，具体实现的方法有两种：一种是将多个列表的数据存入一个 CSV 文件（每个列表作为一列）；另一种方法是将列表数据（包含多个子列表）按行存入 CSV 文件。下面介绍第一种方法，假如已经有两个列表 index_list 和 name_list，代码如下：

```
index_list=['1','2']
name_list=['text-1','text-2']
#将列表按列转换为 CSV 文件
# （1）导入 Pandas 库
import pandas as pd
# （2）设置 CSV 文件的数据结构（两列：index、name，以及列对应的列表名）
dataframe = pd.DataFrame({'index':index_list,'name':name_list})
# （3）将 dataframe 存为 CSV 文件
dataframe.to_csv("test.csv",index=True,sep=',')
```

运行结果：用 Excel 打开 test.csv 文件，内容如图 13.8 所示。

	A	B	C
		index	name
	0	1	text-1
	1	2	text-2

图 13.8　将列表数据存为 CSV 文件

说明：

（1）设置要保存的 CSV 文件的结构，主要是设置表格的列字段名，以及每个列字段对应的列表，例如 dataframe = pd.DataFrame({'index':index_list,'name':name_list})中设置了两列 index 和 name，对应程序中的数据为列表 index_list 和 name_list。

（2）将 dataframe 存为 CSV 文件：dataframe.to_csv("test.csv",index=True,sep=',')。其中，第 1 个参数是要保存的文件名（可以指定路径），第 2 个参数用于设置是否要在 CSV 表中显示列字段的名字（默认为 False），第 3 个参数用于设置列表中的数据的分隔符。本例中列表中的数据是以逗号分隔的，所以设置 sep=','。

【任务 4 实现：将获取的数据存为 CSV 文件和 TXT 文件】

```
#3．获取系统当前日期作为 CSV 文件的主文件名的后缀，以便区分不同时间获取的数据文件
#（1）引入 time 模块
import time
#（2）获取当前时间（元组 now_time）
now_time=time.localtime(time.time())
#（3）从元组 now_time 中获取年、月、日，并将 int 型的数据组合为字符串
tm_year=now_time[0]
tm_month=now_time[1]
tm_day=now_time[2]
now_time_str='%4s%2s%2s'%(tm_year,tm_month,tm_day)    #格式：2018 827
now_time_str=now_time_str.replace(' ','0')            #格式：20180827
#（4）创建包含当前日期的文件名（含存放路径）
filename= "D:\\music_top"+now_time_str+".csv"         #D:\music_top20180827.csv
#4．将歌曲排名列表和名称列表写入 CSV 文件
#（1）引入 Pandas 库
import pandas as pd
#（2）设置 CSV 文件的列名以及列对应的列表名
dataframe = pd.DataFrame({'music_index':index_list,'music_name':name_list})
#（3）将 dataframe 存为 CSV 文件
dataframe.to_csv(filename,index=True,sep=',')
#5．将歌曲名称 name_list 列表数据存入 TXT 文件
name_file=open('D:\\musicname.txt','w')
name_str=''
for name in name_list:              #将歌曲名称列表转换成字符串
    name_str+=name
name_file.write(name_str)           #将歌曲名称字符串写入文件
name_file.close()
```

运行结果：在 D:盘中生成了两个文件 music_top20180827.csv 和 musicname.txt，用 Excel 打开 music_top20180827.csv 文件，内容如图 13.9 所示；用记事本打开 musicname.txt 文件，可以看到内容与原网页中的歌曲名称相同。

	A	B	C
1		music_index	music_name
2	0	1	仰世而来
3	1	2	拼出个未来（Demo）
4	2	3	流年未亡（demo）
5	3	4	Hope For Winter
6	4	5	Valiasr
7	5	6	幻视你／Vision of You
8	6	7	一亿年前是海
9	7	8	星期五的早晨
10	8	9	4.from now on [acoustic].MP
11	9	10	Normal Person
12	10	11	Last Days of Louis XIV（Mark Lee mix）
13	11	12	Darren Espanto - Chandelier
14	12	13	奴隶
15	13	14	Gigantic Moon
16	14	15	生产大合唱，第二乐章
17	15	16	Galaxy
18	16	17	Fallen Star
19	17	18	海都
20	18	19	2.modern love
21	19	20	All i have to do is dream

图 13.9　歌曲排行榜前 20 名的 CSV 文件

说明：

（1）程序中语句 index_list.append(index[0])中的 index[0]的使用：通过任务 2 的运行结果可以看出，从歌曲排名列表 li_list 中提取出来的排名 index 是一个列表数据（如['1']），因此程序中先用 index[0]取出 index 中的排名字符串(如'1')，然后将该字符串添加到排名列表 index_list 中；如果直接参数用 index，则会将一个列表（如['1']）添加到排名列表中。

（2）为什么要将爬取的数据存为 CSV 文件？原因有以下两个：

1）CSV 文件可以用 Excel 文件直接打开，可以像操作 Excel 文件一样使用 Excel 中强大的数据处理功能（丰富的函数和图表工具），能够非常方便地求最大值、最小值、平均值，排序、分类汇总等，还能用各种图表工具（如柱状图、折线图、饼图等）直观地实现数据的可视化处理。所以，爬取数据后将其保存为 CSV 文件，任务基本就算完成了。

2）CSV 文件既可以方便地被直接转换成数据库文件，也可以方便地将 CSV 中的数据读入数据库，因此可以用于不同系统之间的数据交换。

13.6 分词数据和词云数据分析

下载数据的目的是为了后续的数据处理和数据分析。一般情况下，直接获取的数据是不适合直接进行处理的，需要先进行数据清洗，例如去掉文本数据中的标点符号和括号等，找出表格数据中的非法数据或不全的数据等；然后再根据需要进行不同的数据处理和数据分析；最后是数据可视化，即以各种图、表的方式形象地展示数据处理和分析的结果。

【任务 5】在任务 4 的基础上，从 TXT 文件中读取歌曲名称，进行分词处理和词语分析并以词云方式显示。

该任务涉及的主要知识点有三个：一是用 jieba 库进行分词处理；二是用 wordcloud 库进行词语分析，生成词云；三是用 matplotlib.pyplot 实现词云图的显示。

13.6.1 使用 jieba 库实现分词

jieba 是一个分词库，对中文分词的能力尤为强大。使用 jieba 库对文本分词的步骤如下：

```
# （1）引入 jieba 库
import jieba
# （2）用 cut 方法分词
word_list=jieba.cut('用 jieba 分词非常方便，词典可以动态调整',cut_all=False)
# （3）用 join 方法将分词连接成字符串
word_list1=' '.join(word_list)          #生成分词字符串，用''分隔
print(word_list1)
# （4）如果有需要，也可以将字符串分割为分词列表
word_list2=word_list1.split(' ')
print(word_list2)
```

运行结果：

```
用 jieba 分词 非常 方便 ，  词典 可以 动态 调整
['用', 'jieba', '分词', '非常', '方便', '，', ' ', '词典', '可以', '动态', '调整']
```

说明：

（1）如果导入 jieba 时出现错误提示 "No module named jieba"，则说明系统中未安装 jieba

库，需要先下载（http://pypi.Python.org/pypi/jieba/），然后安装（根据不同的 Python 版本其路径有所不同，在此不再详述，需要时可查阅网上的资料）。

（2）分词模式。jieba 分词支持以下三种分词模式：

● 精确模式（默认）：试图将句子最精确地切开，适合文本分析。

● 全模式：把句子中所有可以成词的词语都扫描出来，速度非常快，但不能解决歧义。

● 搜索引擎模式：在精确模式的基础上对长词再次切分，提高召回率，适合用于搜索引擎分词。

其中，cut()方法的第一个参数是需要分词的字符串，第二个参数 cut_all 用来控制是否采用全模式，默认 cut_all=False 为精确模式，cut_all=True 为全模式。不同模式的具体效果大家可以选择一个例句实际运行进行体会。

13.6.2　使用 wordcloud 库生成词云

wordcloud 库提供了对文本词汇分析的功能，以词云分析图的方式显示分析结果。

词云也称文字云，是对文本数据中出现频率较高的"关键词"在视觉上的突出呈现，通过对关键词的渲染形成类似"云"一样的彩色图片，从而一眼就可以领略文本数据要表达的主要内容。不仅如此，词云还可以展现在不同的背景图片中，以增强显示效果。例如图 13.10 所示是关于卡耐基的《人性的弱点》的部分内容的词云图。

图 13.10　词云图

使用 wordcloud 库生成文本词云分析图的步骤如下：

（1）引入 wordcloud 库，如果该库未安装，需要下载安装后才能使用，安装方法与前面的 jieba 库等类似，下载参考网址为 https://github.com/amueller/word_cloud。

（2）获取要处理的文本内容（字符串）。

（3）最关键的一步：用 WordCloud 方法生成词云。首先用 WordCloud()创建词云对象，然后用该对象的方法将文本转换为词云，如 generate(text)将根据文本 text 生成词云，最后用 to_file(filename)方法将词云另存为图片文件。

其中，WordCloud 方法包含丰富的参数，用于设置词云的字体、图片大小、背景图片、颜色、允许的最大词量等。

```
class wordcloud.WordCloud(font_path=None, width=400, height=200, margin=2, ranks_only=None, prefer_horizontal=0.9,
mask=None, scale=1, color_func=None, max_words=200, min_font_size=4, stopwords=None, random_state=None,background_
color='black', max_font_size=None, font_step=1, mode='RGB', relative_scaling=0.5, regexp=None, collocations=True,colormap=
None, normalize_plurals=True)
```

例如，font_path 用于指定词云所用的字体，width 和 height 用于设置词云显示的宽度和高度，mask 用于设置词云的背景图。关于各参数的更多细节以及词云函数请参考 https://blog.csdn.net/u010309756/article/details/67637930。

13.6.3 使用 matplotlib 库实现词云的可视化

matplotlib 库提供了丰富的绘图功能，其中 pyplot 模块能够实现在图中显示字符、绘制各种图表等功能。本例用 pyplot 模块的方法实现词云分析图的显示，主要包括以下两个步骤：

（1）导入 matplotlib.pyplot。

```
import matplotlib.pyplot as plt
```

（2）用 imshow()和 show()方法显示词云。

```
plt.imshow(my_word_cloud)        #my_word_cloud 为词云对象
plt.axis('off')                  #去掉坐标轴和标签
plt.show()
```

【任务 5 实现：生成并显示词云】

```
#5. 将歌曲名称文本文件中的数据进行分词处理并生成词云，然后将词云保存为图片文件
# （1）导入相关的库
import jieba
from wordcloud import wordcloud
import matplotlib.pyplot as plt
# （2）读取文本文件的内容
text=open('D:\\musicname.txt').read()
# （3）文本分词
word_list=jieba.cut(text)                    #返回分词迭代器
word_list_split=' '.join(word_list)          #生成分词字符串，用空格（''）分隔
# （4）生成词云
my_word_cloud=wordcloud.WordCloud(font_path='C:\\windows\\fonts\\simhei.ttf').generate(word_list_split)
# （5）显示词云分析图
plt.imshow(my_word_cloud)
plt.axis('off')                              #去掉坐标轴和标签
plt.show()
# （6）保存词云图片
my_word_cloud.to_file('D:\\music_name.jpg')
```

运行结果：在 D:盘中产生了图片文件 music_name.jpg，打开图片文件，如图 13.11 所示。

图 13.11　歌曲名称词云图

说明：

（1）字体库的选择：在上面生成词云的语句中，开始 font_path 使用的是默认参数，结果生成的词云中的词并未显示，而是呈现出多个方框。这是因为默认的字体库是 DroidSansMono.ttf，不支持中文。需要查看本机字体库中的字体，选择一个支持中文的 ttf 字库（如 C:\windows\fonts\simhei.ttf）即可，完整的语句如下：

```
my_word_cloud=wordcloud.WordCloud(font_path='C:\\windows\\fonts\\simhei.ttf').generate(word_list_split)
```

如果将 simhei.ttf 字库文件复制到 wordcloud 文件夹，则使用时可以省略路径。

（2）本例中用 generate(text) 根据文本生成了词云。为了更好地突出呈现文本的主要内容，通常使用 fit_words(frequencies) 来根据词频生成词云，其中参数 frequencies 是包含了词语和频率的元组组成的列表。

（3）对现有输出的词云重新着色可用 recolor([random_state, color_func, colormap]) 方法，因为重新着色会比重新生成整个词云快得多，对于大型的词云这一点很有用。

通过该项目的实现可以看出，Python 强大的功能库让编程变得简单、高效。如果你想实现某个任务，不要着急马上开始编程，先到网上搜一下有哪些工具库可用，然后再研究一下如何用，即可轻而易举地解决问题，这就是 Python 在 IT 圈内圈外都很火的原因。

第 14 章 项目 4: Django+MySQL Web 开发

本章导读

Web 开发的途径有很多种，比如传统的.NET，还有很火爆的 Java。Python 作为一种灵活易学的脚本语言，已经越来越受程序员的欢迎和热捧，甚至成为程序员的必备技能。Django 是 Python 的 Web 开放框架，很多人说学习 Python 就是在学习 Django，从这也可以看出 Django 的强大。本章在介绍 Web 开发相关概念的基础上介绍了如何应用 Python 和 Django 进行简单的 Web 开发。

本章要点

- Web 开发的相关概念。
- Django 应用方法。
- 使用 Python 和 Django 进行简单的 Web 开发。

14.1 概　　述

由于 WWW 技术的出现，人们可以在世界上的任何一个角落，通过一个浏览器访问因特网上任何一台远程计算机上的资源，或者与远程计算机进行通信，因而诞生了"地球村"的概念。

WWW（World Wide Web）简称万维网。通俗地说，WWW 是一套技术规范，它里面包含很多技术和协议，人们通过这套技术规范可以对 Internet 网络上主机的资源进行描述，进而可以通过一个 WWW 的客户端访问这些资源。常用的 WWW 客户端有 IE、Foxfire 等浏览器。

而 Web 就是用来表示 Internet 主机上供外界访问的资源的。在英语中，Web 表示网页的意思，网页也统称为 Web 资源。Internet 上供外界访问的 Web 资源主要分为以下两类：

（1）静态 Web 资源：指 Web 页面中供人们浏览的数据始终是不变的，例如 HTML 页面。

（2）动态 Web 资源：指 Web 页面中供人们浏览的数据是由程序产生的，不同时间点访问 Web 页面看到的内容各不相同。

微软对 Web 开发的定义：Web 开发是一个指代网页或网站编写过程的广义术语。这些页面可能是类似于文档的简单文本和图形，也可以是交互式的或显示变化的信息。编写交互式服务器页面略微复杂一些，但却可以实现更丰富的网站。如今的大多数页面都是交互式的，并提供了购物车、动态可视化甚至复杂的社交网络等现代在线服务。

通俗地说，Web 开发就是做网站。它分为网页部分和逻辑部分，也就是我们说的前台和后台，前台负责与用户的交互和显示数据，用 HTML 显示数据，用 CSS 控制样式，用 JavaScript

编写复杂交互；后台编写处理这些逻辑的程序，可以用 C#、Java、PHP 等语言。

现在 Web 应用程序已经和我们的生活息息相关，小到博客、空间，大到大型社交网站，更复杂的如电子商务中的 C2C、B2B 等网站，给我们带来了很大的便利。

那么 Web 开发与 C/S 开发有什么区别呢？

C/S 结构（图 14.1），即 Client/Server（客户机/服务器）结构，是大家熟知的软件系统体系结构，通过将任务合理分配到 Client 端和 Server 端降低了系统的通信开销，可以充分利用两端硬件环境的优势。

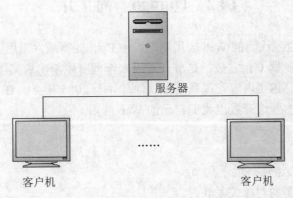

图 14.1　C/S 结构

B/S 结构（图 14.2），即 Browser/Server（浏览器/服务器）结构，是随着 Internet 技术的兴起对 C/S 结构的一种变化或改进的结构。在这种结构下，用户界面完全通过 WWW 浏览器实现，一部分事务逻辑在前端实现，但是主要事务逻辑在服务器端实现，形成所谓 3-tier（三层）结构。B/S 结构利用不断成熟和普及的浏览器技术实现原来需要专用软件才能实现的强大功能，节约了开发成本，是一种全新的软件系统构造技术，这种结构已成为当今应用软件的首选体系结构。

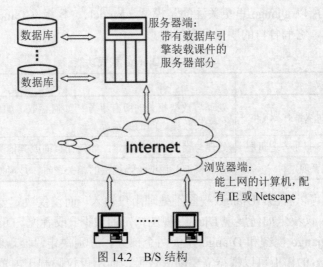

图 14.2　B/S 结构

C/S 和 B/S 并没有本质的区别：B/S 是基于特定通信协议（HTTP）的 C/S 架构，也就是说 B/S 包含在 C/S 中，是特殊的 C/S 架构。从根本上说，C/S 开发更适合开发单机的应用程序或者业务逻辑比较固定、对硬件要求较高的程序，比如杀毒软件、教学软件这些与服务器逻辑交互较少，而且程序与客户端硬件有密切联系的程序。而 B/S 开发趋向于电子商务、社交网络等这些需要服务端密切配合的软件。B/S 开发由于客户端只有一个浏览器，开发方便，用户体验简洁，但是会受到网络通信的限制，因此必须考虑服务器性能。

本项目介绍 Python 环境下的 B/S 应用，也称为 Web 应用开发，通过强大的 Web 应用框架快速构建自己的 Web 应用程序。

14.2　Django　简　介

Django 是一个开放源代码的 Web 应用框架，由 Python 写成，采用了 MVC 框架模式，即模型 M、视图 V 和控制器 C。它最初是被开发用来管理劳伦斯出版集团旗下的一些以新闻内容为主的网站的，即 CMS（内容管理系统）软件，并于 2005 年 7 月在 BSD 许可证下发布。利用 Django 可以快速方便地开发出我们自己的 Web 应用。

14.2.1　框架介绍

Django 框架的核心组件有以下几个：
（1）用于创建模型的对象关系映射。
（2）为最终用户设计的完美管理界面。
（3）一流的 URL 设计。
（4）设计者友好的模板语言。
（5）缓存系统。

14.2.2　架构设计

Django 是一个基于 MVC 构造的框架。但是在 Django 中，控制器接收用户输入的部分由框架自行处理，所以 Django 里更关注的是模型（Model）、模板（Template）和视图（View），称为 MTV 模式，它们各自的职责见表 14.1。

表 14.1　Django 模式功能

层次	职责
模型（Model），即数据存取层	处理与数据相关的所有事务：如何存取、如何验证有效性、包含哪些行为、数据之间的关系等
模板（Template），即业务逻辑层	处理与表现相关的决定：如何在页面或其他类型文档中进行显示
视图（View），即表现层	存取模型及调取恰当模板的相关逻辑，是模型与模板的桥梁

从以上表述可以看出，Django 视图不处理用户输入，而仅仅决定要展现哪些数据给用户，而 Django 模板仅仅决定如何展现 Django 视图指定的数据。或者说，Django 将 MVC 中的视图进一步分解为 Django 视图和 Django 模板两个部分，分别决定"展现哪些数据"和"如何展现"，使得 Django 的模板可以根据需要随时替换，而不仅仅限制于内置的模板。

至于 MVC 控制器部分，由 Django 框架的 URLconf 来实现。URLconf 机制是使用正则表达式匹配 URL，然后调用合适的 Python 函数。URLconf 对于 URL 的规则没有任何限制，程序员可以设计成任意的 URL 风格，不管是传统的还是另类的。框架对控制层进行了封装，与数据交互层均是数据库表的读、写、删除、更新等操作。在写程序的时候，只要调用相应的方法即可，非常方便。程序员把控制层交给 Django 自动完成，只需要编写非常少的代码就可以完成很多的事情。所以，它比 MVC 框架考虑的问题要深一步，因为程序员大都在写控制层的程序。现在这个工作交给了框架，仅需要写很少的调用代码，从而大大提高了工作效率。

14.2.3　工作机制

（1）用 manage.py runserver 启动 Django 服务器时就载入了在同一目录下的 settings.py。该文件包含了项目中的配置信息，比如前面讲的 URLConf 等，其中最重要的配置就是 ROOT_URLCONF，它告诉 Django 哪个 Python 模块应该用作本站的 URLConf，默认的是 urls.py。

（2）当访问 URL 的时候，Django 会根据 ROOT_URLCONF 的设置来装载 URLConf。

（3）按顺序逐个匹配 URLConf 中的 URLpatterns。如果找到则会调用相关联的视图函数，并把 HttpRequest 对象作为第一个参数（通常是 request）。

（4）该 View 函数负责返回一个 HttpResponse 对象。

Django 的工作原理如图 14.3 所示。

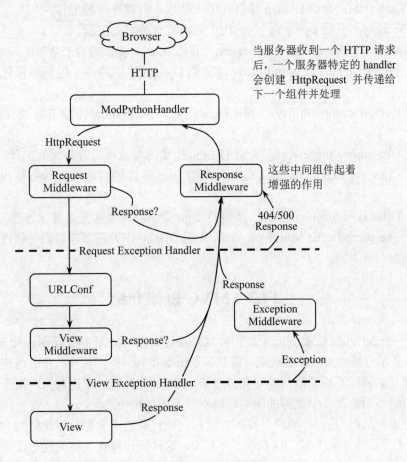

图 14.3　Django 的工作原理

14.2.4　部署

Django 可以运行在 Apache、Nginx 上，也可以运行在支持 WSGI、FastCGI 的服务器上，支持多种数据库，目前已经支持 Postgresql、MySQL、Sqlite3、Oracle。Google App Engine 也支持 Django 的某些部分，国内支持的平台有 Sina App Engine（SAE）和百度应用引擎（BAE）。

14.2.5　文档

Django 建立了强大完整的文档体系，涵盖了 Django 的方方面面，并且适合各种水平的读者和开发者，其中还包含了若干的简单示例，让我们可以跟随它们一步步体验 Django 的优美。

Django 的文档非常全面，主要由以下几部分组成：

（1）First steps：提供一个快速起步的教程，可以很快开始使用 Django。

（2）The model layer：介绍 Django 的抽象模型层。

（3）The view layer：介绍 Django 的视图层。

（4）The template layer：介绍 Django 的模板层。

（5）Forms：介绍 Django 提供的一系列用于帮助使用表单的工具。

（6）The development process：介绍 Django 提供的一系列用于开发和测试的工具。

（7）The admin：介绍 Django 提供的用于站点、内容管理的工具。

（8）Security：介绍 Django 提供的用于站点安全控制的工具。

（9）Internationalization and localization：介绍 Django 提供的用于全球化和本地化的工具。

（10）Performance and optimization：介绍 Django 提供的用于性能和优化方面的工具及建议。

（11）Python compatibility：介绍 Django 在不同 Python 环境下的兼容性（Jython 和 Python3）。

（12）Geographic framework：介绍 Django 提供的与地理位置相关的工具。

（13）Common web application tools：介绍 Django 提供的常用的 Web 应用程序工具（如 RSS 等）。

（14）Other core functionalities：介绍 Django 提供的其他重要工具（如跳转、路由等）。

（15）The django open source project：介绍 Django 作为开源项目的一些内容，比如设计哲学、如何参与开发等。

14.3　MVC 框架介绍

MVC（Model View Controller）是一种软件设计典范，如图 14.4 所示，用一种业务逻辑、数据、界面显示分离的方法组织代码，将业务逻辑聚集到一个部件中，在改进和个性化定制界面及用户交互的同时不需要重新编写业务逻辑。MVC 被独特地发展起来，用于映射传统的输入、处理和输出功能在一个逻辑的图形化用户界面的结构中。

简单地说，MVC 是一种软件开发的方法，它把代码的定义和数据访问的方法（模型）与请求逻辑（控制器）和用户接口（视图）分开来。这种设计模式关键的优势在于各种组件都是松散结合的。这样，每个由 Django 驱动的 Web 应用都有着明确的目的，并且可独立更改而不影响其他的部分。比如，开发者更改一个应用程序中的 URL 而不会影响到这个程序底层的实现。设计师可以改变 HTML 页面的样式而不用接触 Python 代码。数据库管理员可以重新命名数据表并且只需更改一个地方，无需从一大堆文件中进行查找和替换。

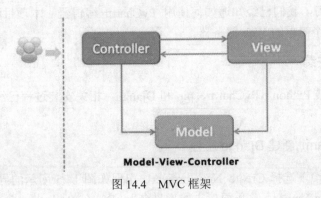

图 14.4　MVC 框架

14.4　Python Django 的安装

在 Django 官网上下载适合自己 Python 的 Django 版本（https://www.djangoproject.com/download/）。在安装 Django 前先确定已成功安装了 Python。

1．在 Windows 系统下安装 Django

解压缩下载的 Django 压缩包，找到其中的 setup.py 文件，打开 cmd 命令窗口，在其对应的路径下执行以下命令：

```
Python setup.py install
```

2．在 Linux 系统下安装 Django

依次在 Shell 中输入以下命令：

```
$ tar xzvf Django-*.tar.gz
$ cd Django-*
$ sudo Python setup.py install
```

3．在 Anaconda 下安装 Django

如果使用的是 Anaconda 集成环境，可以直接打开 Anaconda Navigator，在 Environments 中搜索 Django 并安装即可在 Spyder 下使用了。

还可以使用前面介绍的 pip 命令安装 Django 模块。

```
pip install django
```

确认 Django 是否安装成功，在 Python 环境下输入以下代码：

```
import django
django.VERSION
```

注意在输入时 VERSION 使用大写字母，如果你看到如下类似的结果，其中数字表示的是安装的 Django 的版本号，就说明你的 Django 已经成功安装了。

```
(4, 2, 3, 'final', 0)
```

14.5 使用 PyCharm 和 Django 创建简单的 Web 服务器

通过前面的学习，我们已经知道如何使用 PyCharm 编辑器，本项目将通过 PyCharm 和 Django 共同搭建一个简单的 Web 服务器。

14.5.1 软件安装

该实例需要安装 Python、PyCharm、pip 和 Django，相关安装过程已经在前面进行了详细讲解。

14.5.2 PyCharm 新建 Django 工程

在 PyCharm 环境下选择 Create New project，出现如图 14.5 所示的界面，再选择 Django 类型项目，在 Project Name 下输入要建立的项目名 MyDjangoProject。

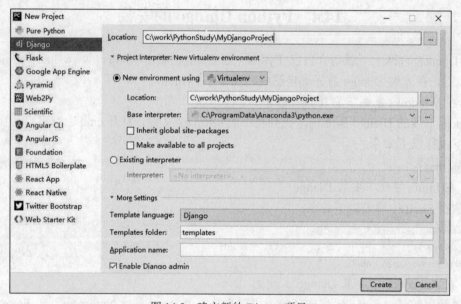

图 14.5 建立新的 Django 项目

完成后其窗口显示如图 14.6 所示。

在窗口的左侧可以看到项目的目录和文件列表。

子目录 MyDjangoProject 下表示工程的全局配置，分别为 setttings.py、urls.py 和 wsgi.py，其中 setttings.py 包括了系统的数据库配置、应用配置和其他配置，urls.py 表示 Web 工程 URL 映射的配置。

接下来生成一个 Django 项目 App。App 可以在图 14.5 中的 Application Name 文本框中直接输入 App 名字生成。如果在第一步没有生成，则可以在 PyCharm 的工具栏中单击 Tools→Run manage.py task，PyCharm 下面会出现一个输入界面，在其中输入 startapp student，按回车键后即可在工程下面看到新建的 App，该 App 的名字是 student，也可以起其他的名字。可以看到 student 包含了 models.py、tests.py 和 views.py 等文件，如图 14.7 所示。

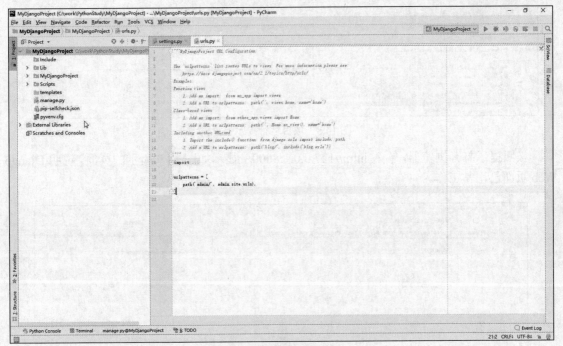

图 14.6　Django 项目窗口

图 14.7　Django 项目文件树

templates 目录为模板文件的目录，manage.py 是 Django 提供的一个管理工具，可以同步数据库等。

14.5.3　项目启动

创建完成后就可以正常启动了。单击 Run 按钮，系统提示信息如图 14.8 所示。

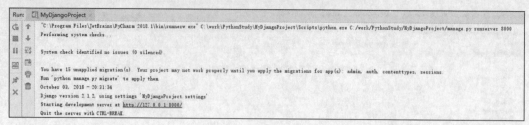

图 14.8　项目运行提示信息

按照提示打开浏览器，输入 http://127.0.0.1:8000/，显示如图 14.9 所示的页面，说明 Django Web 页面已正常工作。

图 14.9　项目运行页面

14.5.4　Web 工程添加页面

此时，我们虽然没有写一行代码，但已经可以显示初始页面了。

下面开始添加自己的页面。

1. 修改 views.py

在 myDjangoProject/student/views.py 中建立一个路由响应函数。

```python
from django.shortcuts import render
from django.http import HttpResponse

#Create your views here.
def sayHello(request):
    return HttpResponse("<h1>Hello World!</h1>")
```

以上代码定义了一个函数 sayHello()，返回一条信息"Hello World!"。

2. 新建 App 的 urls.py

通过 URL 映射将用户的 HTTP 访问与 sayHello()函数绑定起来。

右击页面左侧文件树中的 student 并选择 New-Python File 新建一个文件，命名为 urls.py，如图 14.10 所示，该文件的作用是管理 student App 中的所有 URL 映射，文件内容如下：

```python
from django.conf.urls import url
from . import views

urlpatterns = [
    url(r'', views.sayHello)
    ]
```

3. 修改项目的 urls.py

注意，这里是项目 MyDjangoProject 的文件 urls.py，与上一个文件名字相同，但是在不同的目录下。

双击项目 MyDjangoProject\urls.py，如图 14.11 所示，修改其文件代码如下：

```python
from django.contrib import admin
from django.urls import path
from django.conf.urls import include,url

urlpatterns = [
    url('', include('student.urls')),
    path('admin/', admin.site.urls),
]
```

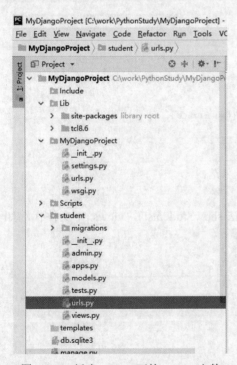

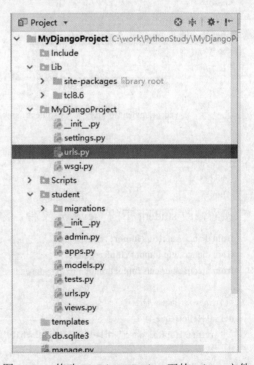

图 14.10　新建 student 下的 urls.py 文件　　图 14.11　修改 MyDjangoProject 下的 urls.py 文件

通过分析代码可以看到，该文件代码通过 include() 函数将两个 urlpatterns 连接起来了。

单击 Run 按钮，按照提示打开浏览器，输入 http://127.0.0.1:8000/，显示页面如图 14.12 所示，说明我们所写的代码已经开始工作了。

图 14.12　Django 的第一个运行显示页面

14.5.5　动态数据显示

在 views.py 页面中可以将页面需要的元素通过字符串的形式调用 HttpResponse()类作为响应返回到浏览器。但这样，页面逻辑和页面混合在一起，手写起来很烦琐，工作量比较大。

如果需要展示一些动态数据，而页面基本不改变，该怎么做呢？例如在用户访问 http://127.0.0.1:8000/时我们想动态展示一些学生的数据。首先在 templates 目录下新建 student.html 文件，该文件作为模板，内容如下：

```html
<!DOCTYPE html>
<html>
<head>
    <title></title>
</head>
<body>
    <ul>
        {% for student in students %}
        <li>
            id:{{ student.id }},姓名:{{ student.name }},age: {{ student.age }}
        </li>
        {% endfor %}
    </ul>
</body>
</html>
```

接着修改 student 下的 views.py 文件，添加方法 showStudents()，views.py 文件代码如下：

```python
from django.shortcuts import render
from django.http import HttpResponse
from django.shortcuts import render_to_response

#Create your views here.
def sayHello(request):
    return HttpResponse("<h1>Hello World!</h1>")

def showStudents(request):
    list = [{id: 1, 'name': '张三'}, {id: 2, 'name': '李四'}]
    return render_to_response('student.html', {'students': list})
```

showStudents 方法将 list 作为动态数据，通过 render_to_response 方法绑定到模板页面 student.html 上。

最后修改 student\urls.py 文件内容如下以添加 url 新的映射：

```
from django.conf.urls import url
from . import views

urlpatterns = [
    url(r'^sayHello', views.sayHello),
        url(r'^showStudents', views.showStudents),
    ]
```

单击 Run 按钮重启服务，在浏览器中访问 http://127.0.0.1:8000/sayHello，出现的页面如图 14.13 所示。

图 14.13　修改的静态数据显示页面

在浏览器中访问 http://127.0.0.1:8000/showStudents，出现如图 14.14 所示的页面。

图 14.14　动态数据显示页面

14.5.6　数据库准备

MySQL 的官网下载地址为 https://dev.mysql.com/downloads/mysql/，如图 14.15 所示，选择对应的下载文件（以下载 64 位的下载文件为例）。

将下载后的压缩文件解压，例如解压至 C:\mysql-8.0.12-winx64 目录下，通过文件浏览器进入该目录，右击并选择"新建文件"建立 my.ini 文件，输入以下内容：

```
[mysql]
#设置 MySQL 客户端默认字符集
default-character-set=utf8
[mysqld]
#设置 3306 端口
port = 3306
#设置 MySQL 的安装目录
basedir=D:\mysql-8.0.11-winx64
#设置 MySQL 数据库数据的存放目录
datadir=D:\mysql-8.0.11-winx64\data
#允许最大连接数
```

```
max_connections=200
#服务端使用的字符集默认为 8 比特编码的 latin1 字符集
character-set-server=utf8
#创建新表时将使用的默认存储引擎
default-storage-engine=INNODB
```

图 14.15　MySQL 下载网址

在"开始"菜单中输入 cmd，右击并选择管理员模式运行，如图 14.16 所示。

图 14.16　管理员模式运行的 cmd 窗口

打开命令行窗口，进入 MySQL 的 bin 目录，输入命令 mysqld --initialize-insecure，如图 14.17 所示。

图 14.17　MySQL 初始化窗口

会发现程序在 mysql 的根目录下自动创建了 data 文件夹及相关的文件。

在 bin 目录下执行 mysqld -install 和 net start mysql 安装启动 MySQL 服务。

```
C:\mysql-8.0.12-winx64\bin>mysqld -install
C:\mysql-8.0.12-winx64\bin>net start mysql
```

如果之前安装过 MySQL 但不能正常运行，则需要先卸载之前安装的 MySQL，删除之前建立的 data 目录，并且运行：

```
C:\mysql-8.0.12-winx64\bin>mysqld -remove MySQL
```

以卸载之前的 MySQL 服务。

进入操作系统的本地服务窗口，可以发现 MySQL 服务已经正常运行，如图 14.18 所示。

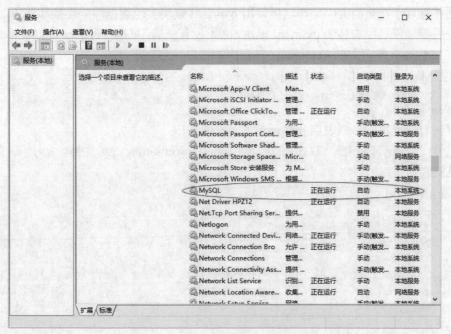

图 14.18　MySQL 服务运行窗口

在这里需要建立一个数据库 student，首先输入 mysql -u root -p，第一次运行不需要输入密码，如图 14.19 所示。

C:\mysql-8.0.12-winx64\bin>**mysql -u root -p**

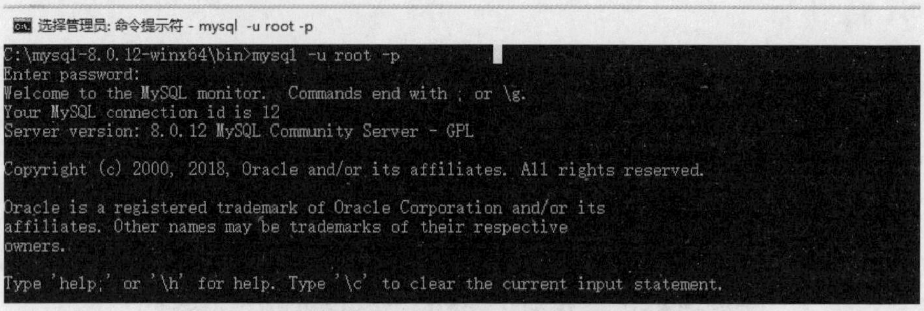

图 14.19　mysql 服务启动窗口

然后输入命令 create database student;，如图 14.20 所示，该命令生成一个数据表 student。

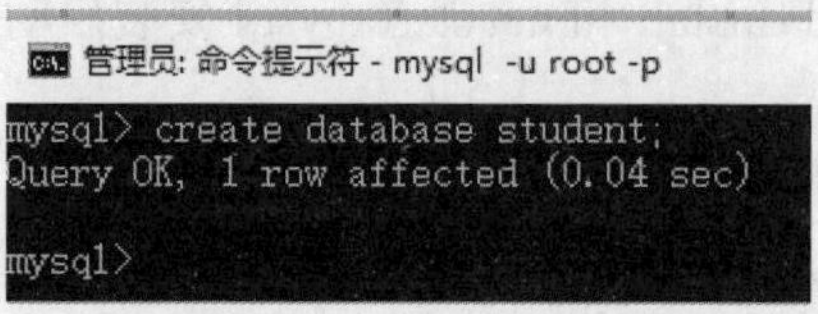

图 14.20　建立 student 数据库

14.5.7　连接数据库

到目前为止，已经可以正常将一些动态数据绑定到模板上了。但是怎样从数据库获取需要的数据并且展示在页面上呢？在这里使用 pymysql 模块实现数据库的连接和使用。

首先需要确保已经安装了 pymysql 模块，如果没有安装，可以打开 Anaconda Prompt 窗口，或者单击 PyCharm 左下方的 Terminal，打开终端窗口，然后运行：

```
pip install pymysql
安装后进入 Python 命令行，输入：
>>>import pymysql
```

如果没有错误提示，则表明 pymysql 正确安装了。

接着配置数据库连接，双击打开 myPjangoProject\settings.py 文件，修改原文件中的 DATABASES 如下：

```
DATABASES = {
    'default': {
        'ENGINE': 'django.db.backends.mysql',
        'NAME': 'student',
        'USER': 'root',
        'PASSWORD': '1234',
        'HOST': '127.0.0.1',
        'PORT': '3306',
    }
}
```

打开 myPjangoProject_init_.py 文件，输入以下语句：

```
import pymysql
pymysql.install_as_MySQLdb()
```

这两条语句用来保证 pymysql 与 PyCharm 之间的版本兼容性。

然后可以创建一个简单的实例 model，打开 models.py，添加一个 Student 类，修改后的 models.py 文件内容如下：

```
from django.db import models

#Create your models here.
class Student(models.Model):
    name = models.CharField(max_length=20)
        age = models.CharField(max_length=10)
```

在这里我们引入了 django.db.models 类，所有的 Django 模型类都继承自它，然后定义了一个子类 Student，在其中定义了两个字段：name 和 age，用来保存学生的姓名和年龄。

接下来需要生成数据移植文件，它是把 models.py 中定义的数据表转换成数据库生成脚本的过程。该过程通过命令行工具 manage.py 来实现。

在命令行模式下，单击 PyCharm 窗口左下方的 Terminal 打开终端窗口，如图 14.21 所示。

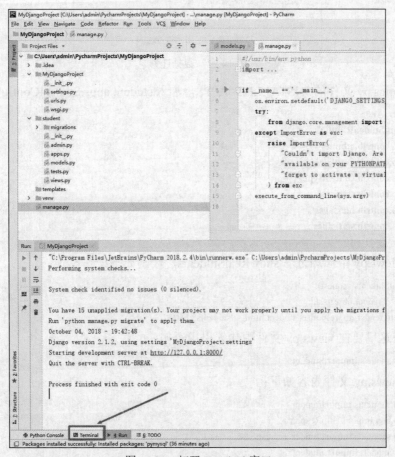

图 14.21　打开 Terminal 窗口

在 Terminal 终端窗口中输入以下语句：

```
Python manage.py makemigrations
Python manage.py migerate
```

显示如图 14.22 所示的内容则说明数据迁移完成了。

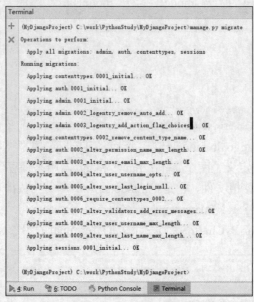

图 14.22　数据迁移

修改 settings.py 文件的 INSTALLED_APPS，加入'student.apps.StudentConfig'字段内容。

```
INSTALLED_APPS = [
'student.apps.StudentConfig',
    'django.contrib.admin',
    'django.contrib.auth',
    'django.contrib.contenttypes',
    'django.contrib.sessions',
    'django.contrib.messages',
    'django.contrib.staticfiles',
]
```

然后在 views.py 中添加方法 showRealStudents，代码如下：

```
def showRealStudents(request):
    list = Student.objects.all()
    return render_to_response('student.html', {'students': list})
```

注意，在这里要在 views.py 文件中加入引用语句：

```
from student.models import Student
```

完整的 views.py 文件内容如下：

```
from django.shortcuts import render
from django.http import HttpResponse
from django.shortcuts import render_to_response
from student.models import Student

#Create your views here.
def sayHello(request):
    return HttpResponse("<h1>Hello World!</h1>")
```

```
def showStudents(request):
    list = [{id: 1, 'name': '张三'}, {id: 2, 'name': '李四'}]
        return render_to_response('student.html', {'students': list})

def showRealStudents(request):
        list = Student.objects.all()
#       list = [{id: 1, 'name': '张三'}, {id: 2, 'name': '李四'}]
        return render_to_response('student.html', {'students': list})
```

在 urls.py 文件中添加映射 url(r'^showRealStudents/$', showRealStudents)，重启服务，打开链接 http://localhost:8000/showRealStudents，页面输出正常。

至此，使用 Django 可以正常操作数据库、自定义模板、在页面展示数据了。

如果数据表内容为空，则显示页面如图 14.23 所示。

图 14.23　数据表 Web 端显示界面（无数据）

页面的内容是空的，这是因为建立的数据表里没有记录。可以通过 Navicat 管理 MySQL，在表中手动添加数据内容，如图 14.24 所示。Navicat 的使用在这里不再叙述，感兴趣的读者可参考相关资料。

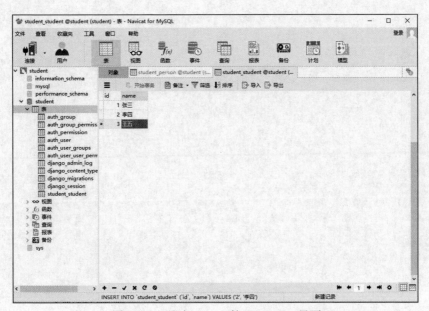

图 14.24　通过 Navicat 管理 MySQL 界面

填好数据记录后再次刷新，可以看到数据库里的记录已经在网页上显示出来了，如图 14.25 所示。

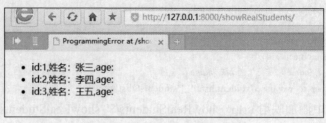

图 14.25　数据表 Web 端显示界面

至此，使用 PyCharm 和 Django 搭建了一个 Web 服务器，并完成了与数据库的连接。

第 15 章 项目 5：二手房价格预测

本章导读

本项目的目标是做一个图形用户界面（GUI），用户在文本框中输入城市名称，单击按钮，程序通过爬取链家网的二手房数据在 GUI 中显示该城市在售二手房信息，然后将爬取到的数据存储到 csv 文件中。在基本任务的基础上，将爬取到的二手房数据进行预处理，并训练一个预测模型，使用户能够通过输入期望居住的区域、户型、楼层、装修类型、建筑年份等信息得到房源的预测价格。

本章要点

- 掌握 tkinter、requests、bs4、pypinyin、pandas、re、sklearn、matplotlib、seaborn 等库的基本使用方法。
- 图形用户界面的实现。
- 使用网络爬虫、网页信息提取。
- 数据的预处理。
- 线性回归、预测模型。

15.1 图形用户界面（GUI）

图形用户界面是使用窗口、菜单、按钮、文本框等组件来进行人机交互的界面。Python 中有多种用于开发 GUI 的库，其中 tkinter 是 Python 的标准 GUI 工具库，包含在了 Python 标准安装中，无须另外下载。先根据任务的需要学习部分 tkinter 库的知识。

使用 Tkinter 库实现一个带有单行文本框、按钮和多行文本框的 GUI 窗口。

【例 15.1】运行下面的代码后会创建一个 GUI 窗口，在窗口左侧单行文本框中输入任意文本，单击"显示"按钮时输入的文本将在右侧的多行文本框中显示。

```
import tkinter as tk
#按钮的事件处理函数，获取输入框中的文本，显示到多行文本框中
def display_city():
    city = city_entry.get()
    city_display.insert(tk.END, city+'\n')
    city_entry.delete(0, tk.END)
#创建窗口
root = tk.Tk()
root.title("城市名称显示器")
#创建输入框
```

```
city_entry = tk.Entry(root)
#创建按钮，并将单击动作关联到 display_city()函数
display_button = tk.Button(root, text="显示", command=display_city)
#创建多行文本框
city_display = tk.Text(root)
#布局
city_entry.pack(side=tk.LEFT)
display_button.pack(side=tk.LEFT)
city_display.pack(side=tk.BOTTOM)
#运行窗口
root.mainloop()
```

运行结果如图 15.1 所示，在单行文本框中输入的内容将显示在多行文本框中。

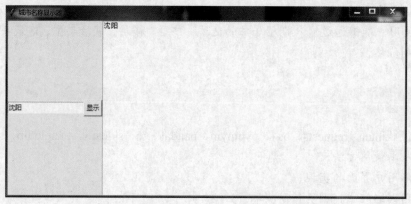

图 15.1　包含单行文本框、多行文本框和按钮的窗口

程序分析：

（1）root = tk.Tk()：创建一个名为 root 的主窗口实例。

（2）root.title("城市名称显示器")：设置主窗口的标题为"城市名称显示器"。

（3）city_entry = tk.Entry(root)：创建一个名为 city_entry 的单行文本输入框，用于收集用户输入，该文本框是主窗口 root 的子组件。

（4）display_button = tk.Button(root, text="显示", command=display_city)：创建一个名为 display_button 的按钮，该按钮的文本为"显示"，command 参数指定了它的单击事件为 display_city()函数。

（5）city_display = tk.Text(root)：创建一个名为 city_display 的多行文本框，该文本框是主窗口 root 的子组件。

（6）city_entry.pack(side=tk.LEFT)、display_button.pack(side=tk.LEFT) 和 city_display.pack (side =tk.BOTTOM)：使用 pack()方法将 city_entry、display_button 和 city_display 这三个子组件布局添加到主窗口中，其中 side 参数用来设置组件布局的方向。

（7）root.mainloop()：启动主窗口的事件循环，等待用户操作。注意，窗口对象必须调用 mainloop 方法，否则窗口将无法正常显示。

对于 display_city()函数，其作用是在用户单击"显示"按钮后将输入框中的城市名称显示到多行文本框中并清空输入框。具体来说，它的实现包括以下几个步骤：

（1）调用 city_entry.get()方法获取输入框中的文本内容，将其保存到 city 变量中。

（2）调用 city_display.insert(tk.END, city+'\n')方法将 city 变量中的内容添加到多行文本框的末尾，并在末尾加上一个换行符，以实现多行显示。

（3）调用 city_entry.delete(0, tk.END)方法清空输入框中的内容。

15.2　在界面中集成爬取二手房数据功能

已经成功制作了基本的图形用户界面，接下来在单击按钮时我们希望触发爬取二手房数据的功能并将数据保存到本地的 CSV 文件中，所以除了 tkinter 库之外还将用到 requests、bs4、pypin 和 csv 等库。

15.2.1　使用 pypinyin 库将汉字转换为汉语拼音首字母

本节内容中二手房的数据源来自链家网，因为链家网 URL 包含城市名称的首字母，例如沈阳二手房数据的 URL 为 https://sy.lianjia.com/ershoufang/，其中 sy 代表沈阳的首字母，想要通过用户的文字输入构造一个爬取目标页面的 URL 需要将输入汉字转换为拼音的首字母，所以在接下来的示例代码中用到了 pypinyin 库中的 Style 和 lazy_pinyin 模块对输入内容的首字母进行提取。

【例 15.2】使用 lazy_pinyin 和 Style 模块将字符串中每个字的首字母提取出来。

```
from pypinyin import lazy_pinyin, Style
def get_first_letter(text):
    #将汉字转换为拼音，并使用 Style.First_Letter 指定拼音风格
    pinyin_list = lazy_pinyin(text, style=Style.FIRST_LETTER)
    #将拼音列表转换为字符串并返回结果
    return ''.join(pinyin_list)
#测试代码
text = '沈阳'
result = get_first_letter(text)
print(result)
```

运行结果：

```
sy
```

程序分析：Style 模块是用于将汉字转换为拼音的主要模块，其中最常用的函数是 pinyin()函数，它可以将单个汉字或汉字字符串转换为拼音。此外，Style 模块还提供了一些常量，用于指定拼音风格，其中我们用到了 Style.FIRST_LETTER 这个风格，表示在转换汉字时只会返回每个拼音的首字母。

lazy_pinyin 模块是一个基于 Style 模块的封装，提供了更加简单易用的 API。它的主要功能是将汉字字符串转换为拼音列表。与 Style 模块的 pinyin()函数不同，lazy_pinyin 模块的 lazy_pinyin()函数不支持单个汉字的转换。需要注意的是，在上述代码段中导入的 lazy_pinyin 模块中包含了一个 lazy_pinyin()函数，二者虽然同名，但是性质不同，使用 lazy_pinyin()函数之前需要先导入 lazy_pinyin 模块。

15.2.2　使用 requests 库发送 HTTP 请求

在项目 3 中学习了使用 urllib 库中的 request 模块进行网页内容的获取，并介绍了网络请

求与响应的相关知识点。在本项目中将使用另一个用于发送 HTTP 请求的库——requests 库。相较于 urllib，requests 库的功能更加强大，更容易使用，性能也更高，并且对 Python 版本的兼容性更好。在使用 requests 库之前，需要先通过 pip install requests 或其他方式安装 requests 库。

【例 15.3】使用 requests 库，仅用以下几行代码即可轻松爬取链家网中沈阳市的二手房数据，并保存在了 HTML 文件中。

```
#导入 requests 库，用于发起 HTTP 请求和处理响应
import requests
#链家网二手房房源信息的 URL
url = 'https://sy.lianjia.com/ershoufang/'
#HTTP 请求头部信息，模拟浏览器发起请求
headers = { "User-Agent": "Mozilla/5.0 (Windows NT 10.0; Win64; x64)AppleWebKit/537.36 (KHTML, like Gecko) "
"Chrome/91.0.4472.124 Safari/537.36" }
#发起 GET 请求，获取响应对象
res = requests.get(url, headers=headers)
#打开本地文件，以写入模式写入 HTML 文本
with open('ShenyangHouseInfo.html', 'w', encoding='utf-8') as f:
    f.write(res.text)                #将响应对象中的 HTML 文本写入本地文件
```

运行以上程序将生成 ShenyangHouseInfo.html 文件，用记事本打开文件，查看与网页的源代码是否一致。

15.2.3　使用 bs4 库解析 HTML 页面

在获取到 HTML 页面之后，还需要提取其中的有效信息。在项目 3 中已经学习了 HTML 的相关知识以及如何使用 etree 和 xpath 提取 HTML 页面的数据。在本项目中介绍另一种简单的 HTML 页面解析库——bs4 库。如果只需要解析 HTML 页面并进行基本的数据提取和操作，可以使用 bs4 库，而如果需要更复杂的数据提取和查询操作，可以考虑使用 lxml 的 etree 模块。

【例 15.4】结合例 15.2，爬取链家网中沈阳市的二手房数据，并且使用 bs4 库提取总价、单价、户型、面积、朝向、楼层、建筑年份、小区-版块信息并打印。

```
#导入 requests 库，用于发起 HTTP 请求和处理响应
import requests
#导入 BeautifulSoup 库，用于解析 HTML 文档
from bs4 import BeautifulSoup
#链家网沈阳市二手房房源信息的 URL，用城市名拼音首字母 sy 构造
url = 'https://sy.lianjia.com/ershoufang/'
#HTTP 请求头部信息，模拟浏览器发起请求
headers = { "User-Agent": "Mozilla/5.0 (Windows NT 10.0; Win64; x64)AppleWebKit/537.36 (KHTML, like Gecko) "\
"Chrome/91.0.4472.124 Safari/537.36" }
#发起 GET 请求，获取响应对象
res = requests.get(url, headers=headers)
#使用 html.parser 解析器对获取的 HTML 页面文本进行解析
soup = BeautifulSoup(res.text, "html.parser")
house_list = soup.find_all("div", class_="info clear")
#打印表头
print(["总价", "单价", "户型", "面积", "朝向", "楼层", "建筑年份", "小区-版块"])
#提取二手房信息
```

```
for house in house_list:
    #提取总价
    total_price = house.find("div", class_="totalPrice").text.strip()
    #提取单价，去掉结尾 3 个字符"元/平"
    unit_price = house.find("div", class_="unitPrice").text.strip()[:-3]
    #提取户型、面积、朝向、装修、楼层、年份等信息的合集，之间用"|"分隔
    room_info = house.find("div", class_="houseInfo").text.strip()
    #从合集中提取户型
    room_num = room_info.split("|")[0].strip()
    #提取房屋面积，去掉结尾的 2 个字符"平米"
    area = room_info.split("|")[1].strip()[:-2]
    #提取朝向
    orientation = room_info.split("|")[2].strip()
    #提取楼层
    floor = room_info.split("|")[4].strip()
    #提取建筑年份
    year = room_info.split("|")[5].strip()
    #提取小区-版块
    community = house.find("div", class_="positionInfo").text.strip()
    #打印提取出的二手房信息
    print([total_price, unit_price, room_num, area, orientation, floor, year, community])
```

运行结果：由于篇幅所限，仅显示部分运行结果，首行为表头，信息之间用逗号分隔。

```
['总价', '单价', '户型', '面积', '朝向', '楼层', '建筑年份', '小区-版块']
['200 万', '18,189', '3 室 2 厅', '109.96', '南　北', '中楼层(共 33 层)', '2019 年建', '中海和平之门四期城市庭院　　　- 长白']
['205 万', '14,953', '3 室 2 厅', '137.1', '南　北', '高楼层(共 27 层)', '2008 年建', '格林生活坊三期　　　- 长白']
['90 万', '9,009', '3 室 2 厅', '99.91', '南　北', '中楼层(共 6 层)', '2012 年建', '泰莱 16 区　　　- 理工大学']
…
```

程序分析：bs4 是 BeautifulSoup4 库的简称，是 BeautifulSoup 的最新版本，而 from bs4 import BeautifulSoup 则是把 bs4 的核心类之一 BeautifulSoup 导入到环境中。在使用 BeautifulSoup 类之前，需要先通过 pip install bs4 或其他方式安装 bs4 库。

在发起 HTTP 请求后，使用 html.parser 解析器对获取到的 HTML 页面文本进行解析，创建一个 BeautifulSoup 对象。

```
res = requests.get(url, headers=headers)
soup = BeautifulSoup(res.text, "html.parser")
```

在爬取到的 HTML 源代码中，class_="info clear"的"div"标签内容是该页面上一个房屋信息的摘要信息。具体来说，这个标签包含以下子标签：

（1）totalPrice 和 unitePrice：包含了该房屋的总价和单价信息，位于<div class="priceInfo">标签中，其结构如下，表示该房屋的总价为 650 万，单价为 69712 元/平米：

```
<div class="priceInfo">
    <div class="totalPrice">
        <span>650</span>万
    </div>
    <div class="unitPrice">
        <span>69712</span>元/平米
    </div>
</div>
```

可以使用 house.find("div", class_="totalPrice").text 将"class_=totalPrice"这个子标签中的内

容提取出来，然后用 str.strip()将前后的空白去掉，即可得到房源总价的数据。单价数据位于"class_=unitPrice"标签中，提取方法同理。

（2）houseInfo：该标签包含了房屋的摘要信息，包括户型、面积、朝向、装修程度、楼层、建筑年份、楼型等信息，其位于<div class="address">标签中，结构如下：

```
<div class="address">
    <div class="houseInfo">
        <span class="houseIcon"></span>
        <a href="房屋详情页链接" target="_blank">3 室 1 厅 | 89.15 平米 | 南 | 精装 | 高楼层（共 30 层）| 2019 年建 | 板楼</a>
    </div>
    <!-- 其他信息 -->
</div>
```

可以使用 house.find("div",class_="houseInfo").text.strip()将"class = houseInfo"这个子标签中的内容提取出来，由源代码可知，提取出来的信息由"|"分隔，我们需要使用 str.split()方法按照"|"分别将户型、面积、朝向、装修程度、楼层、建筑年份、楼型等信息提取出。

（3）positionInfo：该标签包含了房屋所在的小区名称、版块的位置信息，其位于<div class = "flood">标签中，结构如下：

```
<div class="flood">
    <div class="positionInfo">
        <span class="positionIcon"></span>
        <a href="https://sy.lianjia.com/xiaoqu/3113489497715627/" target="_blank" data-log_index="1" data-el="region">格林生活坊三期</a>
        -  <a href="https://sy.lianjia.com/ershoufang/changbai/" target="_blank">长白</a>
    </div>
</div>
```

可以看出，房屋所在的小区名为"格林生活坊三期"，所在版块为"长白"。

最后使用 house.find("div", class_="positionInfo").text.strip()将"class = positionInfo "这个子标签中的内容提取出来，即可得到房源位置的信息。

了解了标签的构造之后，只需要调用 BeautifulSoup 对象的 find_all()方法查找 HTML 页面中所有 class 为"info clear"的<div>元素，并将它们存储在 house_list 列表中，然后遍历列表中的数据所在的<div>元素，使用 split()方法提取每个房源的总价、单价、户型、面积、朝向、楼层、建筑年份、小区-版块等信息，最后将它们存储在一个列表中并打印到控制台中。

15.2.4 使用 csv 模块将数据写入文件

csv 是 Python 内置的一个模块，提供了读取和写入 CSV 文件的功能，若想用该模块储存已经爬取到的数据，应先试着将表头信息写入文件。

【例 15.5】将数据写入 CSV 文件中。

```
import csv
#打开 CSV 文件并写入数据
with open('house_info.csv', 'w', newline='', encoding='utf-8') as f:
    writer = csv.writer(f)
    writer.writerow([ "总价", "单价", "房间数", "面积", "朝向", "楼层", "年份","小区-版块"])
```

运行结果：用记事本打开 house_info.csv 文件，内容如图 15.2 所示。

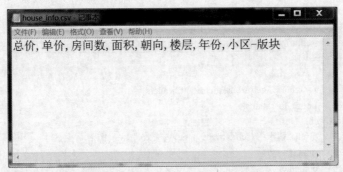

图 15.2   使用 csv 库将表头写入文件

程序分析：使用 open()函数打开 CSV 文件，指定文件名为 house_info.csv，打开模式为"w"（写入模式），并指定编码方式为 utf-8。

使用 csv.writer()方法创建一个 CSV 写入器对象 writer：writer = csv.writer(f)。使用 writer.writerow()方法向 CSV 文件中写入一行数据，数据内容为：["总价", "单价", "房间数", "面积", "朝向", "楼层", "年份", "小区-版块"]。

15.2.5 整合代码

【例 15.6】通过之前的学习，我们已经具备了制作简单 GUI 界面、汉字转换为首字母、爬取网页、解析网页和写入 CSV 文件的能力，接下来进一步将例 15.1 至例 15.5 中实现的功能融合，实现一个具备某城市二手房数据查询、结果显示功能的图形界面。这需要将用户输入的城市名称先用 pypinyin 库提取城市的拼音首字母，然后动态构造要爬取的 URL。并且，在之前的例子中仅爬取了一个页面，这对于一个爬虫来说是远远不够的，本次爬取页面时将尝试爬取多个页面，并将爬取的内容解析后显示到图形界面中，最后保存到 CSV 文件中。

```
import tkinter as tk
import requests
from bs4 import BeautifulSoup
from pypinyin import Style,lazy_pinyin
import time
import csv
class HouseInfoCrawler:
    def __init__(self):
        self.headers = {"User-Agent": "Mozilla/5.0 (Windows NT 10.0; Win64; x64)AppleWebKit/537.36 (KHTML, like Gecko) "
    "Chrome/91.0.4472.124 Safari/537.36"
        }
        self.url_prefix = "https://{}.lianjia.com/ershoufang/pg{}/"
        self.current_page = 1   #当前爬取页数
        self.max_page = 2       #最大爬取页数，增大该数字以爬取更多数据
        self.city_pinyin = ""
    def crawl(self, city_name):
        #将城市名称转换为拼音
        self.city_pinyin = "".join(lazy_pinyin(city_name,style=Style.FIRST_LETTER))
        #将数据写入 CSV 文件
        with open("house_info.csv", "w", newline="", encoding="utf-8") as f:
```

```
                    writer = csv.writer(f)
                    writer.writerow([ "总价", "单价", "房间数", "面积", "朝向", "楼层", "年份", "小区-版块"])
                    #当前爬取页面数小于最大爬取页数时一直爬取
                    while self.current_page <= self.max_page:
                        url = self.url_prefix.format(self.city_pinyin, self.current_page)
                        #请求页面
                        try :
                            r = requests.get(url, headers=self.headers)
                            r.raise_for_status()
                        except:
                            print(f"请求第{self.current_page}页失败，等待 10 秒后重试")
                            time.sleep(5)
                            continue
                        #解析页面
                        soup = BeautifulSoup(r.text, "html.parser")
                        house_list = soup.find_all("div", class_="info clear")
                        #遍历所有"info clear"标签，提取二手房信息
                        for house in house_list:
                            total_price = house.find("div", class_="totalPrice").text.strip()
                            unit_price = house.find("div", class_="unitPrice").text.strip()
                            room_info = house.find("div", class_="houseInfo").text.strip()
                            room_num=room_info.split("|")[0].strip()
                            area = room_info.split("|")[1].strip()[:-2]
                            orientation = room_info.split("|")[2].strip()
                            floor = room_info.split("|")[4].strip()
                            year = room_info.split("|")[5].strip()
                            community = house.find("div", class_="positionInfo").text.strip()
                    #将数据写入 CSV 文件
                        writer.writerow([ total_price, unit_price, room_num, area, orientation, floor, year, community])
                        #增加页面计数器，设置爬取时间间隔，避免被封 IP
                            self.current_page += 1
                            time.sleep(5)
                    print(f"成功爬取{self.max_page}页数据，保存在 house_info.csv 中")
                        #重置页面计数器
                    self.current_page = 1
    #App 类，用于制作 GUI 界面
    class App:
        def __init__(self, root):
            self.root = root
            self.root.title("链家二手房信息爬虫")
            self.root.geometry("500x300")
            self.house_crawler = HouseInfoCrawler()
            #创建 GUI 界面
            self.create_widgets()
    #创建各个 GUI 控件
        def create_widgets(self):
            #标签控件
            label1 = tk.Label(self.root, text="请输入城市名称：")
            label1.pack()
            #单行文本框控件
            self.city_entry = tk.Entry(self.root)
```

```
            self.city_entry.pack()
            #按钮控件
            button1 = tk.Button(self.root, text="爬取数据", command=self.start_crawl)
            button1.pack()
            #多行文本框控件
            self.textbox = tk.Text(self.root)
            self.textbox.pack()
    #单击按钮的响应事件，爬取网页并存储数据
        def start_crawl(self):
            #获取用户输入的城市名称
            city_name = self.city_entry.get().strip()
            #爬取数据
            self.house_crawler.crawl(city_name)
            #在多行文本框中显示爬取结果
            self.textbox.delete("1.0", "end")
            with open("house_info.csv", "r", encoding="utf-8") as f:
                for line in f:
                    self.textbox.insert("end", line)
        def run(self):
            self.root.mainloop()
    #程序的模拟入口
    if __name__ == "__main__":
        root = tk.Tk()
        app = App(root)
        app.run()
```

运行结果如图 15.3 所示。

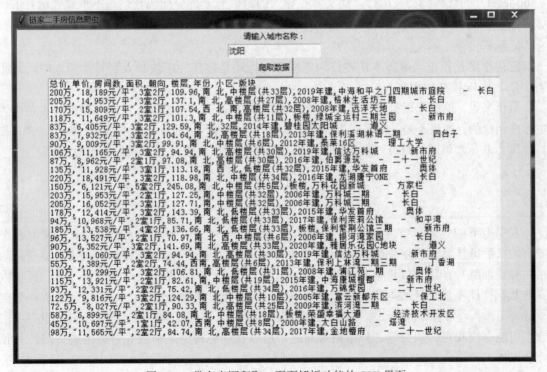

图 15.3　带有房源爬取、页面解析功能的 GUI 界面

程序分析：在这个例子中，用面向对象的方法将之前例子中的所有代码封装到了类里，使代码更加易懂、易维护。

（1）创建一个 HouseInfoCrawler 类，在这个类中定义了一些变量和常量，包括请求头、URL 前缀、当前爬取的页数（self.current_page）、要爬取的最大页数（self.max_page）和城市拼音（self.city_pinyin）等。还定义了一个 crawl() 方法，用于爬取二手房信息并将数据写入 CSV 文件中，在 crawl() 方法中还设置了爬取页面的时间间隔，以免过于频繁地访问目标 URL 而被封 IP。time.sleep() 是 Python 标准库 time 模块中提供的一个方法，用于暂停程序的执行，让程序休眠一段指定的时间。其语法如下：

```
import time
time.sleep(seconds) #参数 seconds 指定休眠的时间，单位是秒。
```

（2）在实际应用中，time.sleep() 方法可以用于各种场景，例如等待文件下载完成、模拟用户输入、控制程序的运行速度等。需要注意的是，由于该方法会暂停程序的执行，因此不应在程序的关键部分过于频繁地使用它，否则会导致程序变得非常缓慢。

（3）创建一个 App 类，用于制作 GUI 界面。其中 start_crawl() 方法用于在用户输入城市名称后单击按钮调用 HouseInfoCrawler 类的 crawl() 方法爬取数据，而 run() 方法用于启动 GUI 应用程序。

（4）C 语言、C++，以及完全面向对象的编程语言 Java 和 C#程序都必须要有一个程序入口。但是 Python 不同，它属于脚本语言，不像编译型语言那样先将程序编译成二进制再运行，而是动态地逐行解释运行，没有统一的入口。并且，Python 的源码文件可以作为主程序直接运行，也可以作为模块导入到其他脚本中，不管是被导入还是直接运行，源码中最顶层（top-level）的代码都会被运行，而实际在导入的时候有一部分代码我们是不希望被运行的。这时，下面这行代码就起到了关键作用。

```
if __name__ == "__main__":
```

它的作用是检查当前脚本是被作为主程序运行还是被作为模块导入到其他脚本中，就相当于是 Python 模拟的程序入口。

具体来说，这行代码检查当前模块的名称是否为"main"。如果是，就说明当前脚本是作为主程序运行的；如果不是，就说明当前脚本被其他模块导入，并且不是主程序。如此一来，在其他脚本中导入该模块时可以不执行主程序入口下的代码，而只导入其中的函数或类。

15.3 房 价 预 测

利用上节的代码，当将 self.max_page 设置成一个较大的数字时完全可以大量爬取某个城市的二手房挂牌数据并保存在 CSV 文件中，可以通过这些实时的新数据，利用机器学习的相关知识训练一个用来做价格预测的模型。但是，在这之前还需要做一些准备工作，真实世界的数据往往不像公开数据集一样干净整齐，因为公开数据集经过了一定的数据清洗和数据预处理工作，通常会排除掉一些低质量的数据或异常值，数据质量相对较高；而真实世界中的数据可能存在噪声、缺失值、异常值等问题，所以在训练模型之前应先对数据进行清洗和预处理工作。

15.3.1　数据清洗、预处理

数据清洗和预处理是机器学习模型建立前的重要步骤。这些步骤可以有效地提高模型预测能力的准确性和可靠性，其中包括：

（1）识别和处理数据中的缺失值、异常值和重复值：清洗数据可以帮助发现数据中的任何缺失值、异常值和重复值，并采取适当的措施来处理它们，以确保模型能够在这些问题的影响下得出准确的结果。

（2）标准化和归一化数据：在某些情况下，数据可能会以不同的度量单位或尺度进行记录。这种情况下，对数据进行标准化或归一化可以使它们具有相似的尺度，并提高模型的性能。

（3）处理分类数据和文本数据：如果数据包含分类数据或文本数据，则需要进行适当的编码或转换，以使其能够被机器学习模型所处理。

（4）选择和提取相关特征：数据预处理还可以帮助识别和提取与问题相关的特征，并删除与问题无关的特征，从而提高模型的预测能力。

如图 15.4 和图 15.5 所示，由于信息录入人员的疏忽或信息本身的残缺致使某些爬取到的房源信息中建筑年份缺失，这样将影响接下来的数据分析，使数据无法对齐，出现未知错误。

图 15.4　网页中房源信息的建筑年份字段缺失

总价	单价	户型	面积	朝向	楼层	建筑年份	小区-版块
205万	14,953元/平	3室2厅	137.1	南 北	高楼层(共27层)	2008年建	格林生活坊三期　- 长白
200万	18,189元/平	3室2厅	109.96	南 北	高楼层(共33层)	2019年建	中海和平之门四期城市庭院　- 长白
135万	11,928元/平	3室1厅	113.18	南 西 北	低楼层(共32层)	2015年建	华发首府　- 奥体
90万	9,009元/平	3室2厅	99.91	南 北	中楼层(共6层)	2012年建	泰莱16号　- 理工大学
65万	8,207元/平	2室1厅	79.21	南	中楼层(共33层)	2018年建	郡原小石城二期C区　- 白塔
85万	6,390元/平	3室1厅	133.03	南 北	低楼层(共34层)	2009年建	万科明日之光　- 会展中心
70万	10,153元/平	2室2厅	68.95	西北	高楼层(共18层)	2018年建	保利香槟国际　- 新立堡
56万	5,708元/平	3室2厅	98.12	南	低楼层(共33层)	2018年建	雅居乐花园C地块　- 道义
97万	9,965元/平	3室2厅	97.35	南 北	低楼层(共33层)	板楼	中海城尚城　- 荷兰村
115万	13,915元/平	2室2厅	82.65	北 南	高楼层(共18层)	2014年建	中海康城橙郡　- 新市府
93万	10,457元/平	2室1厅	88.94	南 北	中楼层(共34层)	2019年建	首创光和城　- 新市府
105万	12,003元/平	2室1厅	87.48	南 北	高楼层(共7层)	2017年建	中海康城橙郡　- 新市府
130万	10,925元/平	3室2厅	119	南 北	低楼层(共18层)	板楼	保利茉莉公馆　- 和平湾
74.3万	7,335元/平	3室1厅	101.3	南 北	高楼层(共18层)	2008年建	荣盛幸福大道　- 经济技术开发区
79.5万	7,457元/平	3室2厅	106.62	南 北	中楼层(共34层)	板塔结合	中粮锦云天城　- 道义

图 15.5　爬取到的数据中建筑年份缺失导致数据无法对齐

【例 15.7】通常需要先统计这些异常数据的数量，再做下一步的处理，如果数据中只是少量地出现缺失值，则可以直接将含有缺失值的行删掉弃用。这里使用 pandas 库，使用 read_csv()方法将数据按照 CSV 格式读入，然后取出建筑年份中不包含数字的行，保存在一个单独的 dataframe 数据结构中，然后使用内置函数 len()统计其行数。具体代码如下：

```
import pandas as pd
#读入数据，分隔符为","
df = pd.read_csv('house_Info.csv', sep=',')
#查找建筑年份这一列中不包含数字的行
no_year = df[~df['建筑年份'].str.contains('\d')]
#统计行数
total_rows = len(df)
num_non_digit_rows = len(no_year)
#输出结果
print('总共收集到的行数为：', total_rows)
print('建筑年份字段不包含数字的行为：', num_non_digit_rows)
```

运行结果：运行上述脚本，统计出在总共收集的 37050 条数据中有 4940 条数据没有建筑年份信息。

```
总共收集到的行数为：37050
建筑年份字段不包含数字的行数为：4940
```

由常识判断，一个房源的建筑年份直接关系着房价的高低，如果必须使用建筑年份这个字段进行接下来的数据分析，除非有其他方法将信息补全，否则只能将这 4940 条信息删掉，幸运的是我们的房源数据足够多，而且如果想要更多的数据也可以通过改变 self.max_page 变量来补充，当前沈阳市二手房的挂牌数量已经超过 10 万，所以删掉这 4940 条数据不会对预测模型产生重大影响。代码如下：

```
#删除建筑年份字段不包含数字的行
df.drop(no_year.index, inplace=True)
#将非数字的字符串替换为空字符串
df['建筑年份'] = df['建筑年份'].str.replace(r'\D+', '')
#将处理完的结果保存到 CSV 文件中
df.to_csv('result.csv', index=False)
```

程序分析：dataframe.drop()方法用于删除 DataFrame 或 Series 中的某些行或列，其中第一个参数表示要删除的行或列的标签，可以是单个标签或标签列表。在这里将所有没有年份信息的行号传入，如果不设置 inplace=True 参数，则该操作不会对原 DataFrame 产生影响，而是返回一个新的 DataFrame。

运行结果：如图 15.6 所示，数据中的大部分字段都是字符串，而在构建预测模型时需要数据类型为数字，所以接下来需要对数据中的各个字段进行处理。首先，将"总价"字段中的"万"字去掉，并把数据格式转变为数字类型。有很多种办法可以做到这点，例如：

```
df['总价'] = df['总价'].map(lambda e: e.replace('万',''))
df['总价'] = df['总价'].astype(float)
```

这里对 df 中的"总价"这一列进行了操作。具体来说，map()方法将"总价"这一列中的每一个元素（即一个房屋的总价）用匿名函数进行映射。匿名函数中的操作是将字符串中的"万"字替换成空字符串，并使用 dataframe.astype()方法将数据类型转换为浮点型。这样，每一个房屋的总价就从原来的带有"万"字符的字符串类型变成了没有"万"字符的浮点型数值类型。

	A	B	C	D	E	F	G	H
1	总价	单价	户型	面积	朝向	楼层	建筑年份	小区 - 版块
2	205万	14,953元/平	3室2厅	137.1	南 北	高楼层(共27层)	2008	格林生活坊三期　 - 长白
3	200万	18,189元/平	3室2厅	109.96	南 北	中楼层(共33层)	2019	中海和平之门四期城市庭院　 - 长白
4	135万	11,928元/平	3室1厅	113.18	南 西 北	低楼层(共32层)	2015	华发首府　 - 奥体
5	90万	9,009元/平	3室2厅	99.91	南 北	中楼层(共6层)	2012	泰莱16区　 - 理工大学
6	65万	8,207元/平	2室1厅	79.21	南	中楼层(共33层)	2018	郡原小石城二期C区　 - 白塔
7	85万	6,390元/平	3室1厅	133.03	南 北	低楼层(共34层)	2009	万科明日之光　 - 会展中心
8	70万	10,153元/平	2室2厅	68.95	西北	高楼层(共18层)	2018	保利香槟国际　 - 新立堡
9	56万	5,708元/平	3室2厅	98.12	南	低楼层(共33层)	2018	雅居乐花园C地块　 - 道义
10	115万	13,915元/平	2室2厅	82.65	北 南	高楼层(共18层)	2014	中海康城橙郡　 - 新市府
11	93万	10,457元/平	2室1厅	88.94	南 北	中楼层(共34层)	2019	首创光和城　 - 新市府
12	105万	12,003元/平	2室1厅	87.48	南 北	高楼层(共7层)	2017	中海康城橙郡　 - 新市府
13	74.3万	7,335元/平	3室1厅	101.3	南 北	高楼层(共18层)	2008	荣盛幸福大道　 - 经济技术开发区

图 15.6　将建筑年份中的非数字字符删掉

可以观察到"单价"中最后三个字符总是"元/平"，并且使用逗号作为千分位分隔符，可以继续使用上述方法将其删除并转换为数字类型。代码如下：

```
df['单价'] = df['单价'].map(lambda e: e.replace('元/平',''))
df['单价'] = df['单价'].map(lambda e: e.replace(',',''))
df['单价'] = df['单价'].astype(int)
```

然后继续处理"户型"字段，例如将"3 室 2 厅"这个字段在数据预处理中拆分成"室"和"厅"这两列，这种行为通常被称为"数据拆分（Data Splitting）"或者"数据分列（Data Columnization）"。这是一种将原始数据按照一定的规则或格式进行拆分、转换或者整合的操作，以满足后续分析或应用的需要。具体代码如下：

```
df[['室','厅']] = df['户型'].str.extract(r'(\d+)室(\d+)厅')
df.drop("户型", axis=1,inplace=True)
```

上述代码针对数据进行了以下两个操作：

（1）从"户型"这一列中提取出"室"和"厅"两列的数据并将其赋值给 df 中的新的"室"和"厅"两列。具体来说，该行代码使用了 str.extract()方法，结合正则表达式从"户型"这一列中提取数字（\d+）作为"室"和"厅"的数量，并将结果赋值给 df 的新列，从而实现了"数据拆分"或者"数据分列"的目的。

（2）使用 drop()方法删除原始数据 df 中的"户型"这一列。其中 axis=1 参数表示删除列（如果删除行，axis=0），执行该操作后，"户型"这一列被删除，df 中只包含"室"和"厅"两列。

运行结果如图 15.7 所示，到目前为止已成功处理完"总价""单价""户型"字段。

	A	B	C	D	E	F	G	H	I
1	总价	单价	面积	朝向	楼层	建筑年份	小区 - 版块	室	厅
2	205	14953	137.1	南 北	高楼层(共27层)	2008	格林生活坊三期　 - 长白	3	2
3	200	18189	109.96	南 北	中楼层(共33层)	2019	中海和平之门四期城市庭院　 - 长白	3	2
4	135	11928	113.18	南 西 北	低楼层(共32层)	2015	华发首府　 - 奥体	3	1
5	90	9009	99.91	南 北	中楼层(共6层)	2012	泰莱16区　 - 理工大学	3	2
6	65	8207	79.21	南	中楼层(共33层)	2018	郡原小石城二期C区　 - 白塔	2	1
7	85	6390	133.03	南 北	低楼层(共34层)	2009	万科明日之光　 - 会展中心	3	1
8	70	10153	68.95	西北	高楼层(共18层)	2018	保利香槟国际　 - 新立堡	2	2
9	56	5708	98.12	南	低楼层(共33层)	2018	雅居乐花园C地块　 - 道义	3	2
10	115	13915	82.65	北 南	高楼层(共18层)	2014	中海康城橙郡　 - 新市府	2	2
11	93	10457	88.94	南 北	中楼层(共34层)	2019	首创光和城　 - 新市府	2	1
12	105	12003	87.48	南 北	高楼层(共7层)	2017	中海康城橙郡　 - 新市府	2	1
13	74.3	7335	101.3	南 北	高楼层(共18层)	2008	荣盛幸福大道　 - 经济技术开发区	3	1

图 15.7　将"户型"字段拆分成"室"和"厅"两个字段

朝向对二手房价格有很大影响，例如市场更青睐"南北"向的房源，所以朝向"南北"

的房源价格比"东西"向更高，"朝向"字段中可能出现"东""西""南""北"这四个字符串的组合，按照上述思路需要对"朝向"字段做数据拆分以满足后续分析或者应用的需要。具体代码如下：

```
df['朝向南'] = df['朝向'].apply(lambda x: 1 if '南' in x else 0)
df['朝向北'] = df['朝向'].apply(lambda x: 1 if '北' in x else 0)
df['朝向东'] = df['朝向'].apply(lambda x: 1 if '东' in x else 0)
df['朝向西'] = df['朝向'].apply(lambda x: 1 if '西' in x else 0)
df.drop("朝向", axis=1,inplace=True)
```

上述代码中的 lambda 表达式对每一行的'朝向'进行操作，如果'南'/'北'/'东'/'西'在'朝向'中出现，则返回 1，否则返回 0。apply()函数则将 lambda 表达式应用于'朝向'列中的每一个元素并返回结果，结果将被存储在新创建的'朝向南'、'朝向北'、'朝向东'、'朝向西'四个列中。最终结果是新的 DataFrame，其中包含原始数据和新创建的四列。

运行结果如图 15.8 所示，到目前为止已成功处理完"总价""单价""户型""朝向"字段。

	A	B	C	D	E	F	G	H	I	J	K	L
1	总价	单价	面积	楼层	建筑年份	小区-版块	室	厅	朝向南	朝向北	朝向东	朝向西
2	205	14953	137.1	高楼层(共27层)	2008	格林生活坊三期　-　长白	3	2	1	1	0	0
3	200	18189	109.96	中楼层(共33层)	2019	中海和平之门四期城市庭院　-　长白	3	2	1	1	0	0
4	135	11928	113.18	低楼层(共32层)	2015	华发首府　-　奥体	3	1	1	1	0	1
5	90	9009	99.91	中楼层(共6层)	2012	泰莱16区　-　理工大学	3	2	1	1	0	0
6	65	8207	79.21	高楼层(共33层)	2018	郡原小石城二期C区　-　白塔	2	1	1	0	0	0
7	85	6390	133.03	低楼层(共34层)	2009	万科明日之光　-　会展中心	3	1	1	1	0	0
8	70	10153	68.95	高楼层(共18层)	2018	保利香槟国际　-　新立堡	2	2	0	1	0	1
9	56	5708	98.12	低楼层(共33层)	2018	雅居乐花园C地块　-　道义	3	2	1	0	0	0
10	115	13915	82.65	高楼层(共18层)	2014	中海康城郡郡　-　新市府	2	1	1	1	0	0
11	93	10457	88.94	中楼层(共34层)	2019	首创光和城　-　新市府	2	1	1	1	0	0
12	105	12003	87.48	高楼层(共7层)	2017	中海康城郡郡　-　新市府	2	1	1	1	0	0
13	74.3	7335	101.3	高楼层(共18层)	2008	荣盛幸福大道　-　经济技术开发区	3	1	1	1	0	0

图 15.8　将"朝向"字段拆分成"朝向南""朝向北""朝向东""朝向西"四个字段

接下来处理"楼层"字段，"楼层"字段包含了房源位于楼内的相对位置，还包含了房源所在楼的总层数，在二手房市场中，总楼层和相对楼层对房价有很大的影响，例如"洋房"（总楼层小于 9 层）的价格要比"高层"高，处在"低楼层"的房源售价相对便宜，所以将"楼层"字段的内容进行数据拆分，代码如下：

```
df['高楼层'] = df['楼层'].apply(lambda x: 1 if '高' in x else 0)
df['中楼层'] = df['楼层'].apply(lambda x: 1 if '中' in x else 0)
df['低楼层'] = df['楼层'].apply(lambda x: 1 if '低' in x else 0)
def get_floor_level(floor_info):
    #使用正则表达式提取出括号中的数字
    floor_num = int(re.findall('\d+', floor_info)[0])
    if floor_num < 9:
        return [1, 0, 0, 0]  #洋房
    elif floor_num <= 18:
        return [0, 1, 0, 0]  #小高层
    elif floor_num <= 33:
        return [0, 0, 1, 0]  #高层
    else:
        return [0, 0, 0, 1]  #超高层
#应用函数并新建对应的列
df[['洋房', '小高层', '高层', '超高层']] = df['楼层'].apply(get_floor_level).tolist()
df.drop("楼层", axis=1,inplace=True)
```

程序分析：这段代码的目的是对数据集中的“楼层”这一列进行处理，将其拆分为四列并赋值，同时删除原始的“楼层”这一列。

使用 apply 方法将“楼层”这一列中含有“高”“中”“低”的行转化成 1，否则转化为 0，并新建了“高楼层”“中楼层”“低楼层”这三列来存储结果。

自定义了一个函数 get_floor_level()，用于提取出“楼层”这一列中括号内的数字，并根据数字的大小返回不同的列表，分别代表了“洋房”“小高层”“高层”“超高层”四种类型的建筑，这里采用了正则表达式提取数字。

使用 apply 方法将“楼层”这一列应用到自定义函数 get_floor_level()中，并将得到的列表转化为 DataFrame 中的四列，即“洋房”“小高层”“高层”“超高层”，最后删除原始的“楼层”这一列。

运行结果如图 15.9 所示，到目前为止已成功处理完“总价”“单价”“户型”“朝向”“楼层”字段。

	A	B	C	D	E	F	G	H	I	J	K	L	M	N	O	P	Q	R
1	总价	单价	面积	建筑年份	小区-版块	室	厅	朝向南	朝向北	朝向东	朝向西	高楼层	中楼层	低楼层	洋房	小高层	高层	超高层
2	205	14953	137.1	2008	格林生活坊三期　- 长白	3	2	1	1	0	0	1	0	0	0	0	1	0
3	200	18189	109.96	2019	中海和平之门四期城市庭院　- 长白	3	2	1	1	0	0	0	1	0	0	0	1	0
4	135	11928	113.18	2015	华发首府　- 奥体	3	1	1	1	0	1	0	0	1	0	0	1	0
5	90	9009	99.91	2012	泰莱16区　- 理工大学	3	2	1	1	0	0	0	1	0	1	0	0	0
6	65	8207	79.21	2018	郡原小石城二期C区　- 白塔	2	1	1	0	0	0	0	1	0	0	0	1	0
7	85	6390	133.03	2009	万科明日之光　- 会展中心	3	1	1	1	0	0	0	0	1	0	0	0	1
8	70	10153	68.95	2018	保利香槟国际　- 新立堡	2	2	0	1	0	1	1	0	0	0	1	0	0
9	56	5708	98.12	2018	雅居乐花园C地块　- 道义	3	2	1	0	0	0	0	0	1	0	0	1	0
10	115	13915	82.65	2014	中海康城橙郡　- 新市府	2	2	1	1	0	0	1	0	0	0	1	0	0
11	93	10457	88.94	2019	首创光和城　- 新市府	2	1	1	1	0	0	0	1	0	0	0	0	1
12	105	12003	87.48	2017	中海康城橙郡　- 新市府	2	1	1	1	0	0	1	0	0	1	0	0	0
13	74.3	7335	101.3	2008	荣盛幸福大道　- 经济技术开发区	3	1	1	1	0	0	1	0	0	0	1	0	0

图 15.9　将“楼层”中的信息拆分成多个列

最后，对房价影响最大的非“版块”莫属。一般来说，商业中心区域的房价相对较高，新开发的偏远地区价格较低，为简化预测模型，将小区信息抹除，只对版块信息进行 one-hot 编码。

one-hot 编码是一种将离散特征转换为二进制向量的方法，可以用于在机器学习算法中处理分类数据。对于具有 n 个不同取值的离散特征，one-hot 编码将其转换为 n 个二进制特征，其中每个特征对应于一种可能的取值，且在每个样本中只有一个特征值为 1，其余都为 0。例如，对于一个特征“颜色”，如果可能取值为“红色”“蓝色”和“绿色”，那么 one-hot 编码将其转换为三个二进制特征“红色”“蓝色”和“绿色”，其中每个特征只有一个位置上是 1，表示该样本的“颜色”特征是该取值。one-hot 编码的目的是将分类特征转换为可用于机器学习算法的数值特征，同时避免了算法假定该特征是连续的或具有任何有序性。具体代码如下：

```
#分离出版块信息
df['版块'] = df['小区-版块'].str.split('-').str[1]
#对版块进行 one-hot 编码
dummies = pd.get_dummies(df['版块'], prefix='版块')
#将编码结果与原始数据集合并
df = pd.concat([df, dummies], axis=1)
#删除原始的“小区-版块”和“版块”列
df.drop(['小区-版块', '版块'], axis=1, inplace=True)
```

程序分析：首先需要从"小区-版块"列中分离出"版块"信息，可以使用 str.split()方法将字符串按照指定的分隔符分开，并选择需要保留的列。然后使用 pd.get_dummies()方法对"版块"列进行 one-hot 编码。最后使用 pd.concat 方法将结果与原始数据集进行合并。

数据分列和 one-hot 编码是有区别的。数据分列是将一个包含多个属性或特征的列拆分成多个单独的列。例如，将一个包含"地址"的列拆分成"城市""街道""门牌号"等多个列。one-hot 编码是将一个包含有限个离散取值的列转换成多个二元列，用于处理分类变量。

运行结果如图 15.10 所示。

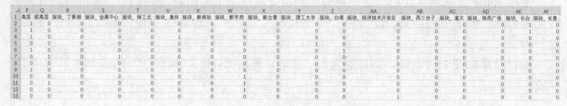

图 15.10　"版块"信息处理

15.3.2　线性回归模型

数据预处理完毕后，接下来用线性回归的方法对整个数据集进行训练，并用于预测一套二手房源的售价。线性回归是一种基本的统计分析方法，是机器学习中最基本的模型之一，也是监督学习中最简单的模型之一。通过建立自变量和因变量之间的线性关系，训练数据学习出一个线性函数，使该函数能够最好地拟合训练数据，并可以用于预测新数据的输出值。其原理是找到最佳的拟合直线，使得该直线与样本点的残差之和最小化。

线性回归模型在机器学习中的作用非常广泛，它可以用于回归问题和分类问题中。在回归问题中，线性回归模型可以用来预测输出值是连续的数值型变量，如预测一个房子的售价；在分类问题中，线性回归模型可以用来预测输出值是离散的类别型变量，如根据某个人的身高、体重等信息预测其是否患有糖尿病等。作为机器学习中最基本的模型之一，不仅本身具有较高的应用价值，而且也为更加复杂的机器学习算法提供了基础和启示。因此，学习和掌握线性回归模型的原理和应用对于理解和掌握机器学习的基本和核心概念是非常重要的。除了线性回归模型之外，其他的回归模型，如随机森林回归、梯度提升回归、决策树回归，甚至当下流行的卷积神经网络（CNN）、循环神经网络（RNN）等深度学习模型都可以用于预测二手房价格。

【例 15.8】训练线性回归模型并预测样本房源的总价。

```
import pandas as pd
import numpy as np
from sklearn.linear_model import LinearRegression
from sklearn.model_selection import train_test_split
from sklearn.preprocessing import StandardScaler
#读取预处理完毕的数据集
df = pd.read_csv('preprocessed.csv')
#将总价作为标签，提取特征和标签，将"单价"列删掉
df = df.drop('单价', axis=1)
```

```
X = df.drop('总价', axis=1)
y = df['总价']
#划分训练集和测试集
X_train, X_test, y_train, y_test = train_test_split(X, y, test_size=0.2, random_state=42)
#特征标准化
scaler = StandardScaler()
X_train_scaled = scaler.fit_transform(X_train)
X_test_scaled = scaler.transform(X_test)
#构建线性回归模型
model = LinearRegression()
model.fit(X_train_scaled, y_train)
#在测试集上进行预测
y_pred = model.predict(X_test_scaled)
print(X_test_scaled)
#输出模型的得分
print('模型的 R^2 得分：', model.score(X_test_scaled, y_test))
        #面积,建筑年份,室,厅
sample = [100, 2015, 3, 1,
        #南,北,东,西
        1, 1, 0, 0,
        #高,中,低
        1, 0, 0,
        #洋房,小高层,高层,超高层
        1, 0, 0, 0,
        #丁香湖,会展中心,保工北,奥体,新南站,新市府,新立堡,理工大学,白塔,经济技术开发区,西三台子,道义,
        #铁西广场,长白,长青
        0, 0, 0, 0, 0, 0, 0, 0, 0, 0, 0, 0, 0, 1, 0]
sample = np.array(sample).reshape(1, -1)        #将样例转换为 2D 数组
#对样例特征向量进行标准化
sample_scaled = scaler.transform(sample)
#对样例进行预测
predicted_price = model.predict(sample_scaled)[0]
#输出预测结果
print("该样例房源的总价预测值为：{:.2f}万元".format(predicted_price))
```

程序分析：

（1）代码首先导入了 pandas 和 numpy 两个数据处理库，以及线性回归模型、数据集划分和特征标准化等功能所在的 sklearn 库中的相关函数。如果首次使用 sklearn 库，则需要使用命令 pip install -U scikit-learn 来安装。

（2）我们的目标是给定房源信息，例如"面积""楼层""建筑年份"等，来预测房源总价，但是"单价"字段和总价存在强相关性，知道了房源的"单价"和"面积"，就能准确计算出"总价"，所以我们需要将"单价"删掉。

（3）将剩下的列作为特征矩阵 X，将"总价"列作为标签 y。在语句 X = df.drop('总价', axis=1)中，axis=1 参数表示删除列，而不是删除行。

（4）在机器学习中，通常会将数据集划分为训练集和测试集，然后使用训练集训练模型，使用测试集评估模型的性能。这个代码中使用了 train_test_split()函数将数据集随机划分成训练

集和测试集。其中 test_size=0.2 表示测试集占总样本的 20%，random_state=42 表示设置随机种子，确保每次划分的结果一致。函数返回四个变量，分别是训练集的特征矩阵 X_train 和标签 y_train，以及测试集的特征矩阵 X_test 和标签 y_test。

（5）特征标准化是对数据进行预处理的一个重要步骤。由于特征矩阵中的不同特征可能具有不同的量纲和数值范围，为了保证每个特征都能对模型产生同等的影响，需要将每个特征都标准化为均值为 0、方差为 1 的标准正态分布。这可以减小不同特征之间的尺度差异，从而提高模型的性能。这里使用 StandardScaler() 方法来完成标准化的操作，将训练集和测试集都分别进行标准化处理。

（6）代码使用 sklearn 库中的 LinearRegression() 方法来构建一个线性回归模型，并使用 fit() 方法拟合模型。最后使用 predict 方法对测试集进行预测，并使用 score 方法计算 R 平方值以评估模型的性能，R2 是一个介于 0 和 1 之间的统计量，用于衡量模型的拟合优度。R2 越接近 1，说明模型的拟合程度越好。R2 越接近 0，则说明模型对数据的拟合程度越差，除此之外，均方误差（Mean Squared Error，MSE）、均方根误差（Root Mean Squared Error，RMSE）、平均绝对误差（Mean Absolute Error，MAE）也是评估模型准确度的指标。

（7）使用构建好的线性回归模型对一个样例 sample 进行预测。变量 sample 中包含了房源的各种特征，如面积、建筑年份、室、厅、朝向、楼层、版块等。我们将这个样例转换成二维数组的形式，并使用标准化处理后的训练集的 StandardScaler() 方法对样例进行标准化处理。然后使用构建好的线性回归模型对标准化后的样例进行预测，得到预测结果。

运行结果：该样例房源的总价预测值为 162.96 万元。

15.3.3　模型性能评估

上一节中简单介绍了对模型性能评估的指标，除了上述的常用指标外，可以通过绘制模型预测值与真实值的散点图和残差图来更详细地评估线性回归模型的性能。下面是一个评估和可视化上述线性回归模型性能的例子。

【例 15.9】模型性能评估并画图。

```python
import matplotlib.pyplot as plt
import seaborn as sns
from sklearn.metrics import mean_squared_error,mean_absolute_error
#在测试集上进行预测
y_pred = model.predict(X_test_scaled)
#计算常用指标
r2 = model.score(X_test_scaled, y_test)
mse = mean_squared_error(y_test, y_pred)
mae = mean_absolute_error(y_test, y_pred)
#绘制预测值与真实值的散点图
plt.scatter(y_test, y_pred, alpha=0.5)
plt.xlabel('True Values')
plt.ylabel('Predictions')
plt.title('Scatter plot of True vs Predicted Values')
plt.show()
#绘制残差图
```

```
residuals = y_test - y_pred
plt.scatter(y_pred, residuals, alpha=0.5)
plt.xlabel('Predicted Values')
plt.ylabel('Residuals')
plt.title('Residual plot')
plt.show()
#绘制残差的分布图
sns.displot(residuals, kde=True)
plt.title('Distribution of Residuals')
plt.show()
#输出常用指标
print('R^2 score: {:.2f}'.format(r2))
print('Mean Squared Error: {:.2f}'.format(mse))
print('Mean Absolute Error: {:.2f}'.format(mae))
```

程序分析：上述代码使用 matplotlib 和 seaborn 库绘制了三张图，分别是预测值与真实值的散点图、残差图和残差的分布图。Seaborn 是一个基于 matplotlib 的可视化库，可以方便地制作出如散点图、线性回归图、热力图、分布图等精美的制图。需要使用 pip install seaborn 命令安装。

（1）预测值与真实值的散点图：散点图是用于评估模型拟合效果的一种可视化方法。这种图形可以将模型的预测结果与真实结果进行比较，从而了解模型在预测过程中的准确性和误差情况。在该图形中，横轴表示真实值，纵轴表示预测值，每个点表示一个样本，样本点的位置越靠近对角线表示预测结果越准确。

（2）残差图：残差图是用于评估线性回归模型的拟合效果和误差分布情况的一种可视化方法。在该图形中，横轴表示样本的真实值，纵轴表示预测值与真实值之间的残差，每个点表示一个样本。残差是指模型预测值与真实值之间的差异，残差越小，表示模型拟合效果越好。在残差图中，我们希望看到残差呈现出随机分布的趋势且在 0 线附近分布，而不是有规律的分布趋势，如果残差呈现出一定的规律性，那么就表明模型存在一定的缺陷。

（3）残差的分布图：残差的分布图用于评估残差的正态性，以及是否存在异常值等。在该图形中，横轴表示残差的值，纵轴表示残差的频数或概率密度。如果残差的分布接近正态分布，那么模型就能够更好地满足线性回归模型的假设条件。如果残差分布存在异常值，那么就可能需要考虑对异常值进行处理。

运行结果：如下列结果所示，R2 值为 0.96，接近 1，说明模型的拟合程度不错。均方误差（Mean Squared Error，MSE）的计算方法是预测值与真实值之差的平方和除以样本数量，模型的均方误差为 108.37，相对较小。平均绝对误差（Mean Absolute Error，MAE）是预测值与真实值之差的绝对值的平均值，说明每次预测平均要比真实值相差 6.93 万元，此项误差有待进一步提升。

又如图 15.10 至图 15.12 所示，散点图、残差图和残差分布图所呈现的效果均体现了模型性能的精准，我们提取的特征向量能够精准地预测一套房源的价格。

```
R^2 score: 0.96
Mean Squared Error: 108.37
Mean Absolute Error: 6.93
```

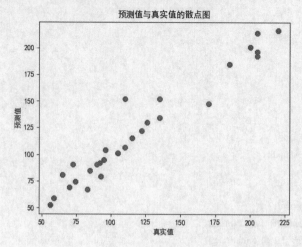

图 15.11　样本点的位置越靠近对角线越好

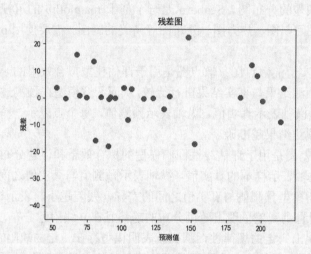

图 15.12　残差越随机分布、越接近 0 线越好

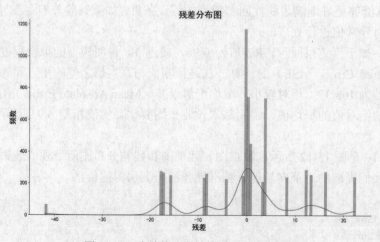

图 15.13　残差的分布越接近正态分布越好

15.4 总 结

尽管我们实现了一个简单的爬取某城市二手房数据的软件，并在此基础上利用线性回归模型对样本房源的价格进行了预测，但软件的功能相对简单，界面也不够友好，很多细节还可以调整和改进：

（1）tkinter 是 Python 自带的标准 GUI 库，提供了创建 GUI 应用程序所需的基本组件，包括窗口、标签、按钮、文本框、滚动条等。相比于其他 GUI 库，不需要安装额外的组件，可以方便地在不同平台上运行。tkinter 的语法简单，易于学习和使用，适合初学者快速开发简单的 GUI 应用程序。缺点是 tkinter 的美观程度较低，难以制作高质量的 UI 设计，而且 tkinter 的功能相对较少，不适用于复杂的 GUI 应用程序，并且需要手动编写大量的代码。如果想要使用 Python 制作精美的 GUI 软件，可以考虑使用 PyQt 或 wxPython 等 GUI 库。

（2）输入类型检查和异常处理。我们在 GUI 中没有对用户输入的数据进行检查，例如用户如果在单行文本框中输入了数字或其他非城市名称的汉字，将无法生成有效的 URL，我们可以添加输入类型检查和异常处理来防止用户输入错误的数据类型或无效数据导致程序崩溃。例如可以使用 try-except 语句来捕获可能引发异常的代码，并在出现异常时给出提示信息。

（3）界面美化和布局改进。pack() 方法是 tkinter 库中的一种最简单的布局方式，但缺点是控件的位置和大小往往难以完全掌控，无法制作精美、复杂的布局。我们可以使用 grid（网格布局）或 place（精确布局）等方法来改善界面的布局，使应用程序更具交互性。

（4）爬取页数的设置。在示例代码中，想要设置爬取页数，必须通过修改源代码中的变量进行设置，这给用户带来了不便。我们可以在交互界面中通过插入控件来获取用户的输入，更轻松地配置爬取的起始页和终止页。这样可以使程序更加灵活和可定制。

（5）分页和数据展示优化。在示例程序中，只是粗暴地把所有爬取到的数据都放进了多行文本框中，查看起来很不方便。我们可以添加分页和数据可视化功能，例如使用图表或表格等方式来更好地展示和解释数据。这可以帮助用户更好地理解爬取到的房源数据。

（6）改进特征向量的提取。虽然只是使用了最简单的线性回归模型，并得到了不错的预测性能，但如果想要让模型预测得更精准，则可以挖掘更多影响房价的因素，例如使用房源所在版块作为特征并不精准，如果数据支持，可以使用房源所在的小区或者开发商的品牌作为特征。还可以对特征向量提取的质量做出评估，以剔除掉重复的、无用的特征。

（7）改进预测模型。可以探索更先进的机器学习算法和模型，例如深度学习算法或支持向量机（SVM）等，以便更准确地预测房价，提高程序的价值。

（8）异常数据处理。虽然本程序已经处理了一部分异常值，但在实际爬取到的数据中可能还会遇到更复杂的异常数据，这将会导致后续程序运行错误。在此版本中可能没有考虑到全部的异常数据情况，需要根据实际情况手动添加异常数据处理。

（9）我们在示例代码中使用了 CSV 文件作为储存数据的容器，简单易用，而且不需要额外地安装其他软件，但 CSV 文件没有内置的安全机制，容易被篡改，而且对于大规模的数据集，使用 CSV 文件会导致数据操作和分析变得缓慢和不可靠。可以使用数据库软件来管理爬取到的二手房数据。

附录 全国计算机等级考试二级 Python 语言程序设计考试大纲（2022 年版）

一、基本要求

1. 掌握 Python 语言的基本语法规则。
2. 掌握不少于 3 个基本的 Python 标准库。
3. 掌握不少于 3 个 Python 第三方库，掌握获取并安装第三方库的方法。
4. 能够阅读和分析 Python 程序。
5. 熟练使用 IDLE 开发环境，能够将脚本程序转变为可执行程序。
6. 了解 Python 计算生态在以下方面（不限于）的主要第三方库名称：网络爬虫、数据分析、数据可视化、机器学习、Web 开发等。

二、考试内容

1. Python 语言基本语法元素
（1）程序的基本语法元素：程序的格式框架、缩进、注释、变量、命名、关键字、数据类型、赋值语句、引用。
（2）基本输入输出函数：input()、eval()、print()。
（3）源程序的书写风格。
（4）Python 语言的特点。
2. 基本数据类型
（1）数字类型：整数类型、浮点数类型和复数类型。
（2）数字类型的运算：数值运算操作符、数值运算函数。
（3）真假无：True、False、None。
（4）字符串类型及格式化：索引、切片、基本的 format( )格式化方法。
（5）字符串类型的操作：字符串操作符、操作函数和操作方法。
（6）类型判断和类型间转换。
（7）逻辑运算和比较运算。
3. 程序的控制结构
（1）程序的三种控制结构。
（2）程序的分支结构：单分支结构、二分支结构、多分支结构。
（3）程序的循环结构：遍历循环、条件循环。
（4）程序的循环控制：break 和 continue。
（5）程序的异常处理：try-except 及异常处理类型。
4. 函数和代码复用
（1）函数的定义和使用。

（2）函数的参数传递：可选参数传递、参数名称传递、函数的返回值。

（3）变量的作用域：局部变量和全局变量。

（4）函数递归的定义和使用。

5．组合数据类型

（1）组合数据类型的基本概念。

（2）列表类型：创建、索引、切片。

（3）列表类型的操作：操作符、操作函数、操作方法。

（4）集合类型：创建。

（5）集合类型的操作：操作符、操作函数、操作方法。

（6）字典类型：创建、索引。

（7）字典类型的操作：操作符、操作函数、操作方法。

6．文件和数据格式化

（1）文件的使用：文件打开、读写和关闭。

（2）数据组织的维度：一维数据和二维数据。

（3）一维数据的处理：表示、存储和处理。

（4）二维数据的处理：表示、存储和处理。

（5）采用 CSV 格式对一二维数据文件的读写。

7．Python 程序设计方法

（1）过程式编程方法。

（2）函数式编程方法。

（3）生态式编程方法。

（4）递归计算方法。

8．Python 计算生态

（1）标准库：turtle 库、random 库、time 库。

（2）基本的 Python 内置函数。

（3）利用 pip 工具的第三方库安装方法。

（4）第三方库的使用：jieba 库、PyInstaller 库、基本 NumPy 库。

（5）更广泛的 Python 计算生态，只要求了解第三方库的名称，不限于以下领域：网络爬虫、数据分析、文本处理、数据可视化、用户图形界面、机器学习、Web 开发、游戏开发等。

三、考试方式

上机考试，考试时长 120 分钟，满分 100 分。

1．题型及分值

（1）单项选择题 40 分（含公共基础知识部分 10 分）。

（2）操作题 60 分（包括基本编程题和综合编程题）。

2．考试环境

Windows 操作系统，建议 Python3.5.3 至 Python3.9.10 版本，IDLE 开发环境。